陕西旧工业建筑
保护与再利用

武 乾 陈 旭 张 勇 编著
李慧民 主审

中国建筑工业出版社

图书在版编目（CIP）数据

陕西旧工业建筑保护与再利用 / 武乾，陈旭，张勇编著 . —北京：中国建筑工业出版社，2017.10

ISBN 978-7-112-21090-9

Ⅰ.①陕… Ⅱ.①武…②陈…③张… Ⅲ.①旧建筑物—工业建筑—废物综合利用—陕西 Ⅳ.①X799.1

中国版本图书馆CIP数据核字（2017）第196327号

　　本书是在对陕西省近百个典型旧工业建筑分布情况及存在现状实地调研的基础上，对陕西旧工业建筑进行不同的分类与统计，发现存在的规律，归纳总结旧工业建筑保护与再利用的应对策略。本书不仅介绍了相关的理论知识，还列举了大量陕西旧工业建筑保护与再利用的实例，力求使读者对旧工业建筑保护与再利用有更深的认识。

　　本书适合旧工业建筑保护与再利用领域规划、设计、施工、科研人员阅读，也可供相关专业管理人员、高校师生参考。

责任编辑：武晓涛
责任校对：李欣慰　芦欣甜

陕西旧工业建筑保护与再利用

武　乾　陈　旭　张　勇　编著

李慧民　主审

＊

中国建筑工业出版社出版、发行（北京海淀三里河路9号）

各地新华书店、建筑书店经销

北京京点图文设计有限公司制版

北京君升印刷有限公司印刷

＊

开本：787×1092毫米　1/16　印张：15¼　字数：323千字

2018年1月第一版　2018年1月第一次印刷

定价：**40.00**元

ISBN 978-7-112-21090-9

（30748）

《陕西旧工业建筑保护与再利用》
编写（调研）组

组　　长：武　乾　　陈　旭　　张　勇

成　　员：王守俊　　李冬元　　张兰兰　　李　辉　　赵　浩

高书华　　万　猛　　胡　鑫　　魏　芳　　王利华

高亚男　　常文广　　李卢燕　　王　冲　　郑德志

武晓然　　余晓松　　师小龙　　王松辉　　宗一帆

刘　涛　　刘江帆　　张特钢　　孔繁熙　　王凤清

何旭东　　杜明明　　于　露　　贾春艳　　王雅兰

张强强　　刘　岩　　崔瑞宏　　左丽丽　　张　旭

前　言

《陕西旧工业建筑保护与再利用》是课题组依托国家自然科学基金面上项目，从保护与再利用的角度，首先对陕西省西安市、咸阳市、榆林市、延安市、宝鸡市、汉中市、安康市等地区近185个工业企业进行考察，并对陕西省近82个典型旧工业建筑的分布情况及存在现状进行重点实地调研，查阅7个地区城建档案资料，参照全国大量旧工业建筑改造项目的成功案例，对陕西旧工业建筑进行不同的分类与统计，发现存在的规律，寻找针对各工业厂房和工业遗址的有效保护途径。其次科学系统地分析陕西省旧工业建筑的调研成果和现存档案资料后，课题组归纳总结出了旧工业建筑保护与再利用的应对策略，从而为旧工业建筑保护与再利用的有效管理，以及为企业和政府决策提供理论支撑和实践指导意义。本书不但介绍了相关的理论知识，而且还列举了大量陕西旧工业建筑保护与再利用的实例，力求使更多的读者对旧工业建筑保护与再利用有更深的认识。

第1章主要对陕西旧工业建筑做了总体的概述。首先明确了本书中工业建筑的涵义和特征，以及工业遗产与一般旧工业建筑的涵义；其次介绍了旧工业建筑保护与再利用的涵义及常见的保护与再利用形式；最后按时间阶段的划分介绍了国内外旧工业建筑的现状。

第2章主要介绍陕西旧工业建筑现状。本章对陕西旧工业建筑建造历史背景进行了简单的概述，并对其自身特征进行深入探究和发掘，提出保护与再利用的必要性，便于进一步论述；其次介绍了陕西旧工业建筑的特征，且通过对陕西旧工业建筑实地调研，分析厂房及附属建筑物的留存情况，收集和归纳保留的档案资料，将陕西旧工业建筑按建设年代、生产功能、结构类型、地理区域划分，系统阐述了陕西旧工业建筑发展情况，以此作为本书的理论基础，增强了本书内容的实用性，并根据旧工业建筑的不同功能属性和结构特点，对其保护再利用方式进行更深的研究。

第3章主要论述了陕西旧工业建筑保护再利用价值评价的相关内容。旧工业建筑是否可以进行保护与再利用，需要对其价值进行充分的评价。本章首先对旧工业建筑的价值评价的基本理论、价值评价的原则、价值评价的意义等方面进行阐述；其次系统介绍了旧工业建筑的价值构成，包括历史价值、文化价值、社会价值等方面；最后建立了旧工业建筑的价值评价体系，并且以实际案例对评价体系进行了例证。

第4章主要论述了陕西旧工业建筑再利用模式的相关内容。本章对旧工业建筑再利用的背景、基本理论、模式选择进行了简单介绍，并以此作为本章的理论基础。首先详细介绍了创意产业园模式、体育场馆模式、展览中心模式、商业改造模式、综合开发模式，其次系统概述陕西旧工业建筑再利用的典型模式；最后对陕西旧工业建筑再利用的其他模式进行探索，根据国内外已有的实例，从主题公园改造、城市开放空间、工业旅游开发三种模式对陕西旧工业建筑再利用模式进行深入研究，以期为今后陕西旧工业建筑保护与再利用做理论铺垫。

第 5 章介绍了陕西旧工业建筑再利用项目的风险管理。本章首先明确了再利用风险的定义、现况以及常见类型，为再利用风险管理的研究提供理论基础；其次对再利用的风险管理全过程进行系统介绍，并列出几种常见风险识别的方法；基于以上对再利用风险及风险管理的阐述，最后小节结合当前新技术和新理念，提出了 BIM 在旧工业建筑风险管理的应用，深入研究传统风险管理的弊端，并分析 BIM 技术的强大功能，针对旧工业建筑项目构建 BIM 模型，并应用模型对其风险进行科学地管理和控制。

第 6 章主要论述了陕西省旧工业建筑保护与再利用的发展策略及展望等方面的内容。对于发展策略，本章从政治层面、设计层面、技术层面三个部分进行系统阐述；对于发展展望，本章结合最新的国家政策与新技术，对旧工业建筑绿色化改造、BIM 技术在保护与再利用中的应用、保护与再利用多重模式的探索等三个方面进行了阐述。

本书由武乾、陈旭、张勇编著，各章编写分工为：第 1 章由武乾、王雅兰等编写；第 2 章由武乾、王雅兰等编写；第 3 章由陈旭、张强强等编写；第 4 章由陈旭、崔瑞宏等编写；第 5 章由张勇、刘岩等编写；第 6 章由张勇、张强强等编写。

本书的编写得到了国家自然科学基金面上项目"绿色节能导向的旧工业建筑功能转型机理研究"（批准号：51678479）；面上项目"基于博弈论的旧工业区再生利用利益机制研究"（批准号：51478384）；陕西省住房和城乡建设厅科技计划项目（计划管理项目）(201519) 的支持；特别是在调研过程中，得到了各单位领导与职工们的大力支持；同时编写过程中参考了许多专家和学者的有关研究成果和文献资料，在此一并表示衷心的感谢！

由于作者水平有限，书中不足之处，敬请广大读者批评指正。

目 录

第1章 陕西旧工业建筑概述

1.1 工业建筑与旧工业建筑

1.1.1 工业建筑

（1）工业建筑的涵义

工业建筑在城市的发展规划过程中有着特殊的历史记忆。在18世纪后期工业建筑最先出现于英国，后来在美国以及欧洲一些国家，也兴建了各种工业建筑。在20世纪20～30年代苏联开始进行大规模工业建设，中国在20世纪50年代开始大量建造各种类型的工业建筑。

工业建筑分狭义和广义两种。狭义的工业建筑，又名厂房或厂房建筑，是指用于工业生产的各种房屋。广义的工业建筑，是指可以进行和实现各种生产活动的建筑物和构筑物，是各类型厂区内各建筑物的统称，既包括用于工业生产加工的建筑物，又包括为保障生产正常进行所建造的各种建筑，如仓库、动力及设备站、工厂管理建筑、工厂生活间等，本文所说的工业建筑是广义上的工业建筑。表1.1对工业建筑不同功能进行分类并举例。

工业建筑具体分类 表 1.1

分类	功能	举例
生产性建筑	进行产品的备料、加工、装配等建筑	主要生产车间等，如铸铁车间、铸钢车间、锻造车间、机械加工及装配等车间
生产辅助性建筑	为生产功能服务的，间接从事工业生产的建筑	修理车间、电修车间、工具车间等
动力设备建筑	为全厂提供能源的建筑	发电站、变电所、煤气发生站、氧气站、锅炉房等
仓库储存建筑	原材料、半成品、成品存放的建筑	各类仓库，如炉料库、砂料库、木材库、半成品库、成品库等
工业区配套设施建筑	城市规划行政主管部门规定需在工业区内配套设置的建筑	办公楼、职工宿舍、职工食堂、职工医院、学校、机车库等
其他建筑	—	垃圾站、变配电所、水泵房、污水处理建筑等

（2）工业建筑的特征

工业建筑的常见特征是内部空间宽敞高大，构造复杂，结构稳定；采光、通风、屋面排水及构造处理较复杂。为满足生产工艺流程的需求，工业建筑设计须紧密结合生产，并根据生产工艺要求、所需材料及施工条件，选择适宜的结构体系，因此工业建筑具备不同的特征。如单层和多层厂房所常用的结构体系常选用钢筋混凝土结构，因其材料易得、施工方便、耐火耐蚀、适应面广、可预制可现场浇筑；而大跨度、大空间或振动较大的生产车间则多用钢结构，且要采取防火防腐蚀措施。工业建筑的设计要求决定了其特征，其基本要求有以下：

①工厂总平面设计合理。厂址选定后，根据其在城市规划中所处的位置、所在地区的条件以及生产工艺流程，合理地解决厂区分区、各建筑物和构筑物的总体平面布局和竖向设计，以及各项公用设施的配置，运输道路和管道网路的分布等。总平面布置的关键是合理地解决全厂各部分之间的分隔和联系。

②自然采光和人工照明良好。一般工业建筑多为自然采光，如纺织厂的精纺和织布车间多为自然采光。

③通风效果良好。依据工业建筑内部散热量、热源状况和当地气象条件等来合理设计通风方式，包括自然通风和机械通风。

④控制噪声。除采取一般降噪措施外，还可设置隔声间。

⑤对于某些在温度、湿度、洁净度、无菌、防微振、电磁屏蔽、防辐射等方面有特殊工艺要求的车间，则要在建筑平面、结构以及空气调节等方面采取相应措施。

⑥要注意厂房内外整体环境的设计，包括色彩和绿化等。

1）单层工业建筑（图 1.1）特征

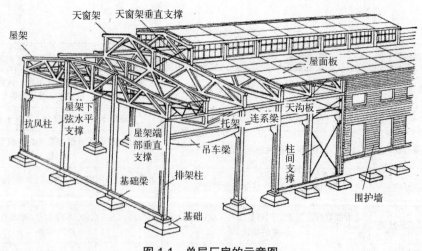

图 1.1　单层厂房的示意图

①结构简单。单层工业建筑可以采用大跨度、大进深，一般按水平方向布置生产线，便于使用重型起重运输设备，地面上可安装重型设备，且可以设置天窗，利用天窗进行天然采光和自然通风。单层工业建筑在重工业生产中的炼钢、铸造、装配、机修等车间，轻工业生产中的纺织车间应用广泛。

②适应性很强。单层工业建筑既可用于生产重型产品，又可用于生产轻型产品；既可建成大跨度、大面积的，也可建成小跨度、小面积的。但是占地面积大，相应地增加了室外道路、管线和运输线路的长度。

③柱网平整。单层工业建筑可以应用单跨、多跨或联跨平面，各跨大部分是平行布置的，也可以有垂直跨。柱间距多用 6m，或采用 9m、12m、18m 等，跨度也采用以 3m 为基本模数，便于构件的定型化。多跨厂房各跨的高度不同，应适当调整，以简化构件和构造处理，改善采光、通风效果。

④灵活性强。单层工业建筑结构通常用钢筋混凝土构架体系，特殊高大或有振动的厂房可用钢结构体系。在不需要重型吊车或大型悬挂运输设备时，还可采用薄壳、网架、悬索等大型空间结构，以扩大柱网，增加灵活性。

⑤易改造。单层工业建筑可以充分利用地基承载力，在地面上放置较重的、有较大振动的机器，扩建或改建比较方便。

⑥模数化。单层工业建筑的设计模数是以 100mm 为基本单位的，用"M"来表示模数。厂房建筑构件的截面尺寸，宜取 M/2 或 1M 进阶；厂房的跨度 <18m 时，跨度取 3m（即 30M）的倍数；厂房的跨度 >18m 时，跨度取 6m（即 60M）的倍数，当工艺布置有明显的优越性时，跨度亦可用 21m（210M）、27m（270M）、33m（330M）；厂房的柱距一般取 6m 或 6m（60M）的倍数，个别亦可采用 9m（90M）；厂房自室内地坪至柱顶和牛腿面的高度取 3M 的倍数。

⑦单层工业建筑的承载力取决于其结构形式。排架结构是由屋架或屋面梁、柱、基础等构件组成，柱与屋架铰接、与基础刚接，能承担较大的荷载，在冶金和机械工业厂房中应用广泛，其跨度可达 30m，高度 20～30m，吊车吨位可达 150t 或 150t 以上；刚架结构的主要特点是梁与柱刚接，柱与基础通常为铰接，因此在刚架的转折处将产生较大的弯矩，容易开裂，刚度较差，仅适用于屋盖较轻的厂房或吊车吨位不超过 10t，跨度不超过 10m 的轻型厂房或仓库等。

2）多层工业建筑特征

我国经济建设转向大力发展无线电电子工业、精密仪表工业、轻工业等，而这些工业适合采用多层工业建筑。多层工业建筑与民用建筑有很多共同点，但又有区别：在功能上，生产类别决定产品加工过程各工序之间的衔接，从而影响建筑的布局。在技术上，多层工业建筑比一般民用建筑复杂，需满足复杂的工艺要求，需配备各种动力管道和运输设施，需提供一定生产环境。多层工业建筑的特征有：

①占地面积小。多层工业建筑管线集中，方便管理，占地面积小，可以节约土地，因而缩短了工艺流程和各种工程管线长度及道路面积，从而可以节约基本建设投资。

②围护结构面积小。同样面积的厂房，随着层数的增加，单位面积的外部围护结构面积随之逐渐减少。有的地区可以减少冬季采暖费用，或是减少空调费用，并且可以达到恒温恒湿的条件，从而节约能源。

③屋盖构造简单，施工方便。多层工业建筑的宽度一般情况下比单层工业建筑小，可以利用外围窗户采光，不用设天窗。从而简化屋面造型，容易清理灰尘积雪。

④灵活性较差。多层工业建筑的工艺布置灵活性比单层工业建筑差，由于柱较多，使得生产使用面积利用率较低。

⑤增加垂直运输。多层工业建筑不仅有水平方向的运输设施，还增加了电梯、楼梯的垂直交通运输设施，从而增加了交通辅助面积，有利于安排竖向生产流程。多层工业建筑各层间主要依靠货梯联系，楼梯宜靠外墙布置。有时为简化结构，也可将交通运输枢纽设在与厂房毗邻的连接体内。

⑥形式多样。多层工业建筑平面有多种形式，最常见的是内廊式不等跨布置，中间跨作为通道；等跨布置，适用于大面积灵活布置的生产车间。以自然采光为主的多层工业建筑，宽度一般为 15～24m，过宽则中间地带采光不足。交通枢纽、管道井常布置在中心部位，空调机房则可设在厂房的一侧或底层，利用技术夹层、竖井通至各层。

3）工业建筑发展的趋向

①适应建筑工业化的要求。扩大柱网尺寸，平面参数、剖面层高尽量统一，楼面、地面荷载的适应范围扩大；厂房的结构形式和墙体材料向高强、轻型和配套化发展。

②适应产品运输的机械化、自动化要求。为提高产品和零部件运输的机械化和自动化程度，提高运输设备的利用率，尽可能将运输荷载直接放到地面，以简化厂房结构。

③适应产品向高、精、尖方向发展的要求，对厂房的工作条件提出更高要求。如采用全空调的无窗厂房，也称密闭厂房，或利用地下温湿条件相对稳定、防振性能好的地下厂房。地下厂房现已成为工业建筑设计中的一个新领域。

④适应生产向专业化发展的要求。不少国家采用工业小区（或称工业园地）的做法，或集中一个行业的各类工厂，或集中若干行业的工厂，在小区总体规划的要求下进行设计，小区面积由几十公顷到几百公顷不等。

⑤适应生产规模不断扩大的要求。因用地紧张，因而多层工业厂房日渐增加，除独立的厂家外，多家工厂共用一幢厂房的"工业大厦"也已出现。

为了保护工业建筑生产工艺复杂多样，在设计配合、使用要求、室内采光、屋面排水及建筑构造等方面，提高环境质量。具有如下特点：

a. 厂房的建筑设计是在具体生产工艺设计图的基础上进行的，建筑设计应首先适应生产工艺要求；

b. 厂房中的生产设备多，体量大，各部分生产联系密切，并有多种起重运输设备通行，厂房内部应有较大的通敞空间；

c. 厂房宽度一般较大或对多跨厂房，为满足室内通风的需要，屋顶上往往设有天窗；

d. 厂房屋面防水、排水构造复杂，尤其是多跨厂房；

e. 单层厂房中，由于跨度大，屋顶及吊车荷载较重，多采用钢筋混凝土排架结构承重；在多层厂房中，由于荷载较大，广泛采用钢筋混凝土骨架结构承重；特别高大的厂房或高地震烈度地区的厂房宜采用钢骨架承重；

f. 厂房多采用预制构件装配而成，各种设备和管线安装施工复杂。

随着我国节能减排政策的不断推进与实施，工业建筑节能的相关规范标准将随之出台与颁布，相关标准将对工业厂房建筑围护体系的节能环保提出更高要求，使之达到节约资源（节能、节地、节水、节材）、保护环境和减少污染的要求，工业厂房建筑将朝着绿色、环保、节能、降耗的方向发展。在工业厂房建筑节能减排政策的推动下，产品将有更大的发展空间。

1.1.2　旧工业建筑

随着城市产业更新、土地性质转换，传统工业已经失去其原本优势，逐渐退出城市中心区，在城市中心区留下大片具有时代意义、城市里程意义的工业建筑。大量工业厂房闲置和废弃导致整个区域没落，直接影响到该地经济发展和人气聚集，成了城市可持续发展的问题地区。旧工业建筑是工业建筑中的一类，既包括大量存在的一般工业建筑，也包括具有历史价值的工业遗产。与正在使用中的工业建筑不同，旧工业建筑本身具有较高的历史价值和文化意义，更是工业生产辉煌过去的象征与印记，而已经丧失原有功能的旧工业建筑通常会有三种命运：一是功能置换，重获新生；二是就地拆除，原地新建；三是原状保存，成为遗址。也正是因为如此才使得旧工业建筑有机会在经过改造之后以另一种身份服务于社会、方便于大众，使得旧工业建筑的价值得以体现。

（1）工业遗产

1）工业遗产的涵义

结合国际工业遗产保护协会（简称 TICCIH）以及《下塔吉尔宪章》中给工业遗产下的定义，工业遗产即具有历史学、社会学、建筑学和科技、审美价值的工业文化遗存，包括工厂车间、磨坊、仓库、店铺等工业建筑物，矿山、相关加工冶炼场地、能源生产和传输及使用场所、交通设施、工业生产相关的社会活动场所、相关工业设备，以及工艺流程、数据记录、企业档案等物质和非物质遗产。工业遗产代表着工业时代的文化，具有历史、社会、建筑、科技等价值，是在工业化的发展过程中留存的物质文化遗产和非物质文化遗产的总和。

从工业遗产划分范围来看，狭义的工业遗产指生产加工区、仓储区和矿山等工业物质遗存，包括各类工业建筑物和附属设施；广义的工业遗产包括与工业发展相关联的社会事业的相关遗存，包括相关的社会和工程领域的成就以及与工业活动有关的社会场所。

从时间区间来看，狭义的工业遗产指18世纪工业革命以后的、以采用新能源材料以及大机器生产为特征的机械工业生产遗存；广义的工业遗产包括自史前时期开始出现的加工生产石器工具的场所遗址、远古时代资源开采和冶炼的遗址、旧有水利等大型工程的遗址，以及工业革命及工业革命以前的各个历史时期中反映人类生产技术与创造技术的遗物遗存或遗址场所。

从内容角度来看，狭义的工业遗产主要包括车间作坊、码头和仓库及管理办公用房等不可移动文物，加工工器具、机械设备、办公和生活用品用具等可移动文物以及契约合同、商号商标、产品样品、手稿手札、招牌字号、票证簿册、照片拓片、图书资料、音像制品等各种涉及企业历史的记录档案；广义的工业遗产还包括工艺流程、生产技能和与其相关的文化表现形式，以及存在于人们记忆、口传和习惯中的非物质文化遗产。

2）工业遗产的分级

根据我国的有关规定，工业遗产大致分三个级别：

一级工业遗产：已列入文物保护单位的工业遗产。该类工业遗产以保护为主，充分尊重历史特征，对建筑原状、结构、式样进行整体保留，不得随意拆除，应在合理保护的前提下进行修缮；陕棉十二厂（原宝鸡申新纱厂）的旧址已经被列为宝鸡金台区重点文物保护单位，见图1.2。

（a）文物标志碑图

（b）薄壳车间的外立面

（c）工会大楼

（d）工会大楼内部

图1.2　陕棉十二厂（原宝鸡申新纱厂）旧址

（来源：课题组摄）

二级工业遗产：未被公布为文物保护单位、文物保护点、优秀历史工业建筑的建（构）筑物。该类遗产在严格保护建筑外观、结构、景观特征的前提下，对功能可做适应性改变，对遗产的利用必须与原有场所精神兼容。

三级工业遗产：满足工业遗产评定标准，但暂时达不到优秀历史建筑甚至文物保护单位级别的工业遗产。该类遗产可对原建筑物进行加层或立面装饰，尽可能保留建筑结构和式样的主要特征，实现工业特色风貌与现代生活的有机结合，可增加现代设施，赋予新功能，与周边城市环境和功能互动发展。

普通废弃工业建筑是相对工业遗产而定义的，是指没有太多历史意义的产业类建筑。这类建筑以改造再利用为主。

（2）一般旧工业建筑

工业遗产的重点在于保护，一般工业建筑重点在于改造。对于工业遗产，由于其拥有的历史文化及科学技术价值，所以我们应该更多地保护其遗产价值。而一般旧工业建筑现存数量较多，大部分是无太大历史意义或文化意义的普通产业类工业建筑，故没有太大的保护价值，但此类工业建筑在特定的条件下，若采用先进技术对已有建筑物进行改造后再利用，可以充分发挥其剩余的经济价值。

1）一般旧工业建筑的涵义

随着对旧工业建筑历史文化价值、经济价值、生态价值的认知，人们开始大量研究旧工业建筑的保护与改造意义，在大量的文献资料中，国内外专家对旧工业建筑有不同的定义，在此归纳总结了旧工业建筑的主要三类涵义：

涵义一：旧工业建筑是指停止生产活动的、具有保护和改造再利用价值的工业建筑，包括废弃的单层厂房、多层厂房及其配套的办公楼、库房、医院、教学楼、职工宿舍等建筑物。这些建筑建造时间大多是在 19~20 世纪，属于近现代建筑。

涵义二：旧工业建筑是指由于城市更新、产业结构调整导致的部分失去原有的职能而被闲置下来，但其物质寿命还没有终结的工业建筑。这类工业建筑包括供工业生产用的建筑物和构筑物，诸如生产、加工、维修的厂房以及为之服务的仓库、高炉、水塔等构筑物和工业设施。若将旧工业建筑作为改造对象，那么还应包括整个工业建筑或工业建筑群的场地、环境、设施。

涵义三：旧工业建筑主要指从事工业生产的各种房屋。广义上是指能进行生产或者已经失去生产能力的工业建（构）筑物，是不同类型的工厂内各种建筑物的统称，包括生产用厂房、配套办公用房、住宅、储藏用建筑物以及设备用房在内的和工业生产相关的建（构）筑物。

本书旧工业建筑的涵义为：旧工业建筑是指 20 世纪 90 年代以前已经失去原有生产功能并处于废弃或闲置状态的生产性建筑、生产辅助性建筑、动力设备建筑、仓库储存建筑、工业区配套设施建筑以及其他建筑的统称。

2）旧工业建筑的分类

目前，我国常见旧工业建筑类型有以下几类：

①跨度大的单层工业建筑。其支撑结构多数为混凝土钢架和拱架结构，形成了内部无柱子的开敞高大空间，常见于重工业厂房、大型仓库等。这类旧工业建筑可以改造成美术馆、博物馆、大型超市等，其运作成本低，极具实用价值。

②层高较低而空间开敞的多层建筑。这类建筑存在较普遍，主要是轻工业的多层厂房、多层仓库等。其建筑空间灵活多变适合改造成为宾馆、办公空间、餐饮空间、娱乐场所等多种空间形式。

③特异性旧工业建筑。这里指的是一些具有特殊形态的建筑物，如粮仓、大型油罐、冷却塔等，这类建筑形态非常规，造型奇异，对改造有一定制约，但同时也为改造再利用提供了想象的空间。这类建筑可以改造成艺术中心、娱乐中心和各种创意设计工作室，这些行业的特征气质与之较相符。而成片的旧工业聚集区，转换的功能包括创意产业园、会展场所、影视基地、城市共享空间等。以上这些功能之间可以有一定的交叉和融合，实现多样化改造。

3）旧工业建筑的特点

由于工业生产的需要，旧工业建筑同其他建筑相比，具有鲜明的特点。这些特点不论在物质形态还是意识形态上都为改造与再利用提供了可能性和可行性。

①建筑自身已使用的年限较短，剩余寿命较长，为其改造再利用创造条件

旧工业建筑是18世纪工业革命的产物，与古代历史建筑相比，大多数旧工业建筑距今不过150多年，存在的时间并不是很长。而我国大部分的旧工业建筑是在20世纪70~80年代建造的，距今只有几十年，建筑的安全质量较高，在改造过程中，降低了安全隐患。同时旧工业建筑结构完整，建筑材料多为钢材、混凝土和砌砖，工艺与现代技术水平相差也不大，这也为改造提供了便利条件。

②建筑形式具有自身特点，可识别性高

旧工业建筑多是一些大型的机械厂、制造厂、冶炼厂、仓库等遗留下来的建筑群体，所以其结构和形式，必然留有很多的工业痕迹。如较大的体块、简洁朴素的外观、高大宏伟的空间、现代感极强的钢架结构、斑驳的铁皮等，都体现出工业时代美学特征的逻辑性和秩序性，因此具有很强的识别性。在对其进行保留和改造后，能够给人们带来一种很强的视觉冲击力。国内外有很多旧工业建筑改造的成功案例，改造后均成为当地的地标性建筑。

③建筑改造空间大，易于创新

旧工业建筑内部空间大，采用大跨度的梁柱、中性化的使用结构、宽大的楼层空间，使其改造不仅可以按照功能的需求进行自由划分，同时也可以根据空间形态创造内容丰富的流动空间，空间利用的包容性与多样性很强。这些都为空间的重塑提供了巨大

的开发潜能，为创新形式的产生提供了很好的条件。旧工业建筑改造不仅关注历史人文信息的保留，也重视新元素的载入。旧工业建筑改造再利用在中国早已存在，成功的案例也不少，如陕西钢厂、大华纱厂，然而除了专业人士外，大部分人对此接受度不高。这正是旧工业建筑改造设计置于信息时代与消费文化背景下，以新老元素交叉进行研究的意义。法国建筑师让·努维尔曾指出：如果建筑物自身的规律对于建筑本身的实践不再起作用，那么建筑师必须在其地方寻找这种规律性。过去对旧工业建筑改造研究，从技术方面已经很成熟，但从文化层面与社会价值方面进入到建筑本体设计方面，还有待开拓。

1.2　旧工业建筑保护与再利用

对于工业遗产而言，工业遗产经过价值评估确定其具有重要的历史文化、科学艺术等价值的话，就应当对其采取保护的策略。保护主要有两种途径，一是恢复原貌，二是保留现状，以此来达到尊重历史记忆和文化积淀的目的。因此，在对工业遗产进行保护再利用时，不仅要使旧建筑留存下来，更重要的是保护其建筑自身特征和历史文化信息，从而复苏其原有的生命力，使之融入当代的城市生活中。

对于一般旧工业建筑，在其物质寿命期限内和特定的条件下，都会有一定的实用价值。由于大多数旧工业建筑都有空间尺度大、结构坚固、基础设施良好、成本低等特点，我们可以通过本体改造和加扩建两种改造方式进行二次设计，在保存其特殊价值的同时，对其内部空间、外部形式等进行更新，以满足新功能的使用要求。

1.2.1　旧工业建筑保护与再利用涵义

（1）保护的涵义

目前我国正处在工业布局、类型、结构的转型阶段，随着城市转型和产业结构调整的步伐越来越快，大量工厂外迁及企业的政策性破产，致使大量旧工业区域及区域内的建筑被闲弃。也正是这些废弃的旧工业建筑见证了整个城市乃至整个国家的工业发展历程，他们是描述一个国家的民族工业发展和振兴最恰当、最直观的语言。所以我们更应该重视旧工业建筑的保护，从而保存并延续我国工业发展的辉煌青史。

保护是指为了保存文物古迹、实物遗存及其历史环境进行的全部活动，具体的措施主要是修缮（包括日常保养、防护加固、现状整修、重点修复）和环境治理以及对其进行改造。保护不仅包括工程技术干预，还包括宣传、教育、管理等一系列活动。历史文物以及农业时代的文化遗产一直以来都是我们国家的重点申遗和保护对象。

保护并不是让旧工业建筑成为孤立于世的一种纪念物，而应是让旧工业建筑所承载的历史和文化积极地融合到现代生活当中，使它的生命得到延续。因此决策者在对旧工业建筑进行保护时应具有全局观，在对其中的单体建筑进行保护及利用时，也要全面、整体的考虑，要保持和延续旧工业建筑群的协调和统一，可以借鉴英国对旧工业建筑以集群形式加以保护和利用的方式，从保护利用单体工业建筑，到保护整个工业区域，形成"点、线、面"的保护利用模式。

在进行旧工业建筑改造保护时必须忠实于旧建筑自身特征，结合旧工业建筑结构性能和安全可靠性是很重要的原则。也就是说不能将旧工业建筑完全抹杀、颠覆，而进行大规模的拆除和加建。但是也不能完全机械地被动改造，毕竟旧工业建筑有很多地方已不能适应现在的环境，需要我们取其精华，去其糟粕，使改造后的建筑既符合现代人追求新奇的心理特点，又有一种内在的难以割断的历史文化联系。因此，在改造再利用手段上，要根据旧工业建筑自身来进行多元化、创新化的改造。

（2）再利用的涵义

再利用是从古建筑保护中发展出的一种新的方式，它与传统古建筑保护的概念既有差异又有联系。再利用是对原建筑的再次开发利用，它是在原有建筑非全部拆除的前提下，全部或部分利用原有建筑物质实体并相应保留其承载的历史文化内容的一种建造方式，是一种整体的策略，在某种程度上包含适当的保护、修复、翻新、改造等多重内容，其核心思想要符合社会经济、文化整体发展目标的基础上为旧建筑重新赋予生命。旧建筑再利用要求我们发掘建筑的过去并加以利用，将其转化成新的活力。

旧工业建筑再利用主要涉及两个方面的内容：第一，当原工业建筑物损毁破坏影响其使用功能的发挥时，对其进行加固、修缮和维修，是保证旧工业建筑正常使用的基本前提；第二，当原工业建筑物使用功能不再适应新的使用需求时，在保留部分原有建筑物的构建实体前提下，重新设计使之能适应新功能，原工业建筑部分或全部物质实体在建筑中继续使用，对其进行的改建、扩建、继续循环使用。

1.2.2　常见保护与再利用形式

对比过去的大拆大建、推倒重来的城市建设方式，保护与再利用形式对延续城市历史文脉、体现人文精神等具有不可估量的作用，同时可以减少材料与能源消耗，减少城市垃圾与环境污染等问题，是真正的"可持续发展"思想的体现。

旧工业建筑具有重要的经济、艺术、历史文化、社会生态等意义，旧工业建筑作为工业发展的载体，见证了城市的进步、承载着人类的工业文明，可以显现出与其他事物不同的特有属性；并是记录一个时代经济、社会、工业水平、工程技术等方面的文化载体。将旧工业建筑保护与利用的思想融入人们的生活，提高人们对其的重视，使人们自觉地投入到保护的行列，并引导社会力量、社会资金进入旧工业建筑的保护与再利用领域。

（1）修缮

修缮一般指对具有较高历史价值的旧工业建筑进行保护再利用，拆掉会损坏其原有的独特风格，改造也不能满足既定的要求。如标志性建筑、博物馆、教堂等往往采取极其细致严谨的博物馆式修缮方式，使其尽可能地恢复到原初面貌。对于工业厂房，通过修缮使其尽可能保留原始风貌，给人们展现一种生动形象的生产场景，作为旅游休闲文化、创意文化、众创空间等再现。

通过修缮的方式，可对部分旧工业建筑与"建筑"搭配不当有价值的部分加以保护和保留，采用景观设计的手段发挥其更好的价值，使其成为标志性景观。被保留的片段可以是具有典型意义和历史价值的旧工业建筑，也可以是质量较好、只需适当维修、加固的旧工业建筑，或者代表过去某个时代特征的机械设备及机器零部件。旧工业建筑部分保护与保留的具体方法是在不改变建筑结构的前提下对建筑细部（如门、窗、立面等）进行改造再利用，以适应新的功能和创造新的景观环境。

1) 修旧如旧

修旧如旧是指使修缮风格与原始风貌相统一，复原史料的真实性、可读性及其历史文化风貌，并最大限度保持旧工业建筑的特色，保留旧工业建筑厂区的一些特有的历史痕迹，强调其作为承载历史文脉的情感内涵，从而体现了对历史的尊重，并具有一定的教育意义和观赏价值，例如大跨度的空间结构、裸露的材料肌理、建筑表面上遗留下的凹痕和缺口等。建筑物细部中有很多地方能够让现代人激动与震撼，感受到工业化时代的辉煌和成就，以及当时那种纯粹的创造性和细致的设计观，保留这些东西是一种工业记忆的延续。另外，经过时间的洗礼，旧工业建筑内外部的某些地方产生了影响使用功能的残破现象，需要对这种地方的旧结构和旧表皮进行修缮。这种情况，我们应尽量采用与传统材料及构成方式相同的做法。对一些建筑进行必要的扩充时，选用的材料和风格仍与原有建筑保持一致，使其浑然一体，感觉不出新建的痕迹。

2) 新旧的对比与融合

新旧的对比与融合是指采用现代构建方式和新型材料对原有旧工业建筑进行改造，将现代的元素利用美学特征与旧的肌体在一起融合，同时展现。这些不同时期的元素放在一起，产生强烈的对比，体现时空的变换，给旧厂房注入时尚、个性的建筑元素，极富创新的精神。当然这种方式也是在尊重旧工业建筑原始风貌前提下做的局部改动。新肌体采用现代方式来构建能更好地适应当代的功能需求，还有投资少、工期短、工艺简单成熟的优点，且对旧工业建筑改造再利用的大规模普及有着极为重要的社会价值。具体手法上，新旧对比与融合可能出现在形体、色彩、材料、陈设、建筑构成方法等各个方面。如钢和玻璃的材料表现力极强，在当今建筑设计中广泛应用，这些材料的运用可以减弱建筑本身的厚重和体量感，这可以带来有别于传统建筑的视觉效果。在旧工业建筑内部空间改造中，钢和玻璃等现代材料的运用，与旧工业建筑砖、石材的悠久质感容易形成鲜明对比，有利于表现新旧的更替和融合。

有些设计年代久远的旧工业建筑，由于年代跨度较大，单纯地对其进行保留原始状态的修缮保护或是进行现代化改造已经弥补不了建筑风格和建造技术之间的差异性，尽可能地使重建工作采取相应的"修旧如旧"和"新旧的对比与融合"的措施，避免了为求现代感而拆除老建筑或为保护老建筑而建一批仿古建筑的做法。老建筑和新建筑的穿插，可以形成不同建筑风格相共容的历史街景立面，给人以视觉冲击。

（2）改造

旧工业建筑最先是在国外得到重视，它通过一系列的更新实例证实了过去推倒重来做法的局限性，使旧工业建筑再次迎来生机，实现旧工业建筑循环利用，延长工业建筑寿命，开辟了一条旧工业建筑去留新思路。而中国旧工业建筑改造起步较晚，对旧工业建筑改造的认识还在探索阶段。近年来，旧工业建筑再利用取得了骄人的成绩，老工业基地又重新带动了当地经济，这种退二进三的更新方式证明是符合时代发展要求的。

旧工业建筑改造的概念从其字面含义来讲，"改"意味着改变、改动、改革，而"造"则有创造、造就之意；"改"预示着对原有建筑实体及其空间体系的调整、深入、完善；"造"则预示着对原有建筑实体及其空间体系的颠覆、构建、重塑。旧工业建筑改造是一个宽泛模糊的概念，但以"改"和"造"为基准点使得旧工业建筑改造有明确的指向性，即针对旧工业建筑实体及空间体系进行一系列行之有效的建筑设计活动，并针对其原有建筑特点做出相应设计策略，最终赋予其新的生命，重新被人们所接受。大华纱厂改造后，命名为大华·1935，图1.3为其厂区改造后的面貌。

图1.3　大华·1935

（来源：课题组摄）

　　旧工业建筑改造是对废弃的或即将废弃的工业建筑通过建筑外观装饰修复，并改变其内部布局而满足其他功能的建造活动，从根本上说就是将工业建筑原有的生产功能载体转变为其他使用功能的载体。改造目的则处于两方面：首先，由于旧的建筑空间和功能可能跟不上新的需求，一味地修缮也不是上上之策，因此可以对其进行改造、空间设计、结构加固调整等重新规划布局；其次，国外旧工业建筑改造的思想不断袭进影响着我国，改造项目的应用也不断成熟，改造逐渐成为比较符合时代要求的方法。重新改造工业建筑形成的场所空间，合理划分区域，做到尽可能地利用原有建筑所提供的便利，在不破坏工业建筑整体环境下适当地改造，以便更好解决新的需求。

　　目前陕西的旧工业建筑多采取改造模式，出现了大量成功改造项目，如陕西老钢厂改造项目、大华纱厂改造项目等，其中宝鸡卷烟厂改造项目正在施工阶段，原宝鸡卷烟厂为西北地区规模最大的一个卷烟生产厂家，已有四十多年的生产历史。目前因厂区搬迁，旧厂区闲置，为了充分利用资源，并且给宝鸡及陕西人民保留老烟厂历史的印记，由崔愷院士设计，融入了绿色建筑的理念，保留了 U 形车间并新建建筑物，将其打造成为宝鸡市文化艺术中心。如图 1.4 为宝鸡卷烟厂 U 形车间改造前后对比。改造前，拆除外围护砌体墙，留下剪力墙框架，并对梁柱板进行加固；改造后，在原有两层的框架基础上增设夹层，并修建钢结构外部围护，用清水混凝土墙。

图 1.4　宝鸡市文化艺术中心改造项目

(来源：课题组摄)

旧工业建筑改造要注重空间的优化与重组,有以下两种情况:

1)外部空间的优化与重组

在国内的一些改造项目中,有些只是对建筑自身空间功能形态进行转化,而忽略了对周边环境的调查研究,造成诸多的不协调与杂乱无章。改造旧工业建筑要同环境景观的整合与更新相适应,消除废旧的旧工业建筑对环境的不利影响,建立以人为本并符合生态原则的开放空间。外部空间优化重组首先是要规划交通,使改造后的建筑项目更易到达,配套设施如停车场完善且便利,这样不仅使其与社会活动保持紧密的联系,还能吸引更多的关注人群,提高效益。其次创造更为人性化、个性化、设施完备的城市空间,如建立道路系统、增加园区绿化、旧线路管道改造、加强治安管理、完善保洁措施等,以此提升旧工业建筑的活力和核心竞争力。最后是通过外部空间的优化重组让工业遗产的历史文化氛围更为清晰,如增加与之匹配的人文景观小品、文化雕塑等。外部空间优化与重组的基本手法是"先减再加"。减去外部环境中的杂乱、不协调、无价值或低价值的部分,放大更能体现旧工业建筑价值的部分,增加适应现代社会生活的不可或缺的部分。

2)内部空间的优化与重组

对旧工业建筑进行改造的时候,为了满足其新的功能需求,在原有空间基础上对空间形态、秩序进行二次塑造。较为常见的方法是不改动原有建筑结构,只对非承重墙的位置进行调整,或者通过轻质隔墙和通透的隔断进行水平方向分隔空间,又或者添置夹层进行垂直分割,增加建筑使用面积,获得新的内部空间。这种方法自由灵活,可以根据使用者的需要随意变换,即国际上流行的 LOFT 形式,受到了从事创意产业工作和信息网络科技工作者的追捧。通过改造,在旧工业建筑室内呈现出的虚空间、子母空间、交错空间交相辉映,新颖奇特,富有创意。另一种方法是重新解构内部空间的关系,对影响新功能的原有建筑结构进行局部改动,在原始的规则的既有空间中分解出若干个不规则的空间,并增加活跃空间的形体元素,形成高技空间、结构空间、四维空间等空间形式,既充分发挥房屋的使用功能,增强实用性,又通过形体上的变化产生强烈的艺术感受,提升艺术品味,大大提高了设计的价值感,体现了功能和艺术的完美结合。

(3)建筑平移

建筑平移是采取最先进的高科技建筑平移技术,将已有建筑物与基础进行切割分离,然后将基础以上的建筑物整体部分利用运载系统,移动到规划要求的新场地,以达到保护再利用的目的。此项技术虽然我国起步较晚,但发展迅速。当旧工业建筑有其保存价值、但又与区位因素相冲突时,我们便可以采取该项技术进行保护。位于湖北武汉中山大道长堤街附近的标有"汉口义勇消防联合会旧址"的一栋老建筑就采用了此种技术使该建筑得以重生。

1.3　旧工业建筑保护与再利用国内外现状

1.3.1　国外现状

（1）阶段划分

受各种因素的影响，欧美发达国家在完成各种工业化任务后，最先开始大规模城市结构调整。在 19 世纪 90 年代，西方国家已经开始尝试对工业废弃地的改造。20 世纪 70 年代后，西方国家开始从工业时代走向后工业时代，随着城市功能改变和产业结构调整，传统工业逐渐衰落并让位于第三产业，原有的厂房、仓库等建筑失去原有功能而被大量闲置或废弃，与此同时城市的高速发展造成土地资源的紧缺，城市不停地重组和扩张，导致占据城市中心地区优越地理位置的旧工业建筑成为关注重点，于是对旧工业建筑的保护和再利用就成为一个热点问题。随着人们保护城市生态环境意识的增强，工业旧厂区的改造被提上日程，旧工业建筑改造再利用得到初步发展。美国出于可持续发展的考虑，对大量废弃旧工厂进行改造再利用。著名的纽约苏荷区艺术家工作室是由大量废弃仓库改建成的；洛威尔国家历史公园将纺织旧车间改造成了学校和博物馆，且依然保留了工业城镇的原貌，吸引了大批观光游客，改造获得了巨大成功。20 世纪 80 年代，德国、英国、法国等国家也开始关注旧工业建筑的保护，并为此制定了长期计划。20 世纪 90 年代后，国际上对旧工业建筑保护和改造的关注达到前所未有的高度，经验也日趋成熟。有很多成功的改造案例，旧工业建筑在自身得到保护改造的同时，还带动了经济的发展，并掀起一股旧工业建筑改造再利用的热潮。德国鲁尔工业区煤矿厂房改造成的红点设计展览馆；英国泰晤士河畔的班克德发电厂厂房改造成的伦敦泰特现代美术馆；奥地利维也纳煤气储罐改造成的大型多功能综合体等，均是其中的杰出代表。

西方国家的城市发展大都经历了工业革命和近代工业发展，城市中保留了丰富工业特征的建筑及城市空间，它们的存在代表了城市的一段辉煌的发展阶段，同时也代表了工业历史发展的进程。具体来讲，欧美发达国家的工业遗产建筑保护、再利用大体上经历了四个时期。

1）探索时期——20 世纪 70 年代以前

20 世纪初期，城市大规模拆旧新建，给西方国家留下了深刻的教训。资源的缺失和环境的恶化也促使人们进行反思，一些西方发达国家在环境、能源、经济和历史保护等方面的影响下，开始重视历史建筑及地段的保护和再利用。《雅典宪章》（1933 年）第一次作为国际公认的宪章形式对古代建筑的保护与修复指导原则做出规定，但它的侧重点在于如何保存具有重大历史价值的建筑，制定通用的原则和规范，并没有扩展到一般意义的旧建筑，特别是旧工业建筑。

1964年，国际文物建筑和历史地段工作者议会通过了《威尼斯宪章》。宪章中重新定义了历史文化建筑的概念，不仅包含个别的建筑作品，而且包含能够见证某种文明、某种有意义的或某种历史事件的城市或乡村环境，使历史性建筑开始由少量珍宝型建筑扩大到工业遗产为代表的大量性旧工业建筑，旧工业建筑开始受到了世人的广泛关注。

20世纪60年代中后期，西方发达国家城市中部分城区逐渐开始衰落，于是兴起了一股借助建筑改造再利用方式来恢复城市中心的风潮。这种建筑改造再利用的革命由美国传到了英国，并在欧美发达国家逐步展开。这段时间内的再利用实践，虽然已经有了新材料的加入，但改造模式还是保留原有建筑，以开发其内部空间并赋予新的使用功能为主。1964年由劳伦斯·哈普林综合性改造的美国旧金山吉拉德里广场是比较有代表性的实例。他将已废弃的巧克力厂、毛纺厂等多个工厂改建为综合购物中心及餐饮设施，改造过程中，其外部重新装饰，内部空间重新组合划分，保存了原厂区大多数的砖墙结构。此外，成功的改造项目还有西雅图煤气厂公园，其是采用景观设计的方法改造工业废弃地；圣安东尼一座仿罗马风格韵工厂改造成美术馆。

2）实践时期——20世纪70年代到20世纪80年代

到了20世纪70年代，世界经济形势发生重大变化，传统工业持续衰退，并伴随城市功能改变和产业结构调整，工业厂房失去了原有的功能而被大量的闲置或废弃，因此城市旧工业建筑大量产生。城市更新理念随之发生了巨大的变化，旧工业建筑保护迅速成为主流意识，以旧工业建筑再利用为核心的新城市复兴模式在西方迅速展开。研究者们开始挖掘它们的历史文化等价值，并对它们进行综合评价。

这一时期，对旧工业建筑进行保护性开发，以对现有设施的开发与保护为主要任务，对其他新设施的开发建设为一般任务，并适当丰富室外的公共活动空间以及公共服务设施，在城市更新改造中，建立一套切实可行的保护与改造有机结合的建设制度。也制定了很多有关城市规划和旧建筑保护及再利用的国际性文件，如《内罗毕建筑》（1976年）、《马丘比丘宪章》（1977年）、《巴拉宪章》（1979年），《华盛顿宪章》（1987年）等。这些文件在《威尼斯宪章》的基础上，扩展了旧建筑保护的范围和再利用手段，且澳大利亚的《巴拉宪章》提出了目前在旧建筑再利用中广泛使用的适应性再利用的概念，引入了对原有建筑进行适度改造的保护观念，这是一种积极的保护观念，极大地影响了之后建筑再利用的理念和实践方向。

20世纪70年代中期，成立了很多相关的组织，如国际工业遗产保护协会（简称TICCIH），在旧建筑保护方面发挥了积极的作用。20世纪80年代，改造和再利用的规模逐渐扩大，手法也更加灵活，改造的对象多为工业革命时期大量兴建的轻工业建筑及重工业厂房，再利用后的类型主要为商店、艺术中心、博物馆或小剧院，也反映了当时人们对文化多样性的追求，其中比较典型的有德国鲁尔煤气厂房改造为文化艺术中心。一些较大面积的建筑再利用实践，特别是一些旧工业建筑的再利用对城市地区的复兴产生了相当大的作用，如英国卡迪夫码头区开发、美国波士顿查尔斯海军码头的开发、温哥华的 Granville 工业岛开发等。查尔斯海军码头算是美国最大的旧工业建筑保护区，在用地范围内，同时包含保护区、再利用区及再开发区，结合城市的发展和对历史区域的保护，极大地促进了广大群众的就业工作。温哥华的 Granville 工业岛的成功改造是设计者、政府和开发商在设计开发建设上协调、统一、合作的重要表现。

3）成熟时期——20 世纪 80 年代到 20 世纪 90 年代

从 20 世纪 80 年代末期开始，欧美等发达国家掀起了以功能置换等各种灵活方式进行旧工业建筑再利用的热潮。人们对以 LOFT 为代表的旧工业建筑改造已经普遍认同，认为这种改造活动是旧工业建筑保护与再利用之中的一个重要范畴。人们认为这种活动表达了一种新的建筑遗产保护与城市建设理念。西方政府和房地产商对旧工业建筑保护再利用的态度也由冷漠、怀疑与厌恶转变为鼓励、支持与宣扬。从 20 世纪 90 年代初到 90 年代末，对旧工业建筑的重新利用得到了社会前所未有的重视，人们的保护观念也在不断进化。新一轮城市的发展目标是强调人与环境的共生性及对人和历史文化的尊重。

4）规范时期——20 世纪 90 年代至今

2003 年，国际工业遗产保护协会（TICCIH）颁布的《下塔吉尔宪章》第一次把旧工业建筑的保护提到宪章的高度上去。这一阶段的保护再利用实践不仅规模大、类型广，而且成效显著，城市的发展更加注重环境的共容及对历史文化的尊重。持续经营和建筑循环再利用的理念已经被普遍接受，空间再利用的行为也更为积极。这一时期许多超大规模的旧工业建筑再利用实践的出现，标志着再利用手法和理念的日益成熟，例如英国的泰特现代艺术馆、都灵林格图大厦再利用项目等。

21 世纪初，新一代的规划师和建筑设计师已经不满足于仅从建筑角度来看旧工业建筑再利用的模式了，开始探索从城市规划、城市设计及地区复兴的角度考虑再利用的问题。而随着人们对于城市空间精神场所的追求愈发高涨，导致对旧工业建筑的保护与再利用的研究也上到一个新的层面。进入 21 世纪以来，城市规划和建筑设计的工作人员在对旧工业建筑改造更新时，越来越注重保持生态的平衡，维护可持续发展，尊重场所精神和地方历史文脉的延续等。2002 年之前，主要是发达国家在倡导维护良好的生态环境，而在南非约翰内斯堡举行的可持续发展世界首脑会议，标志着发展中国家也开始加入到保护生态环境的行列。彼德·沃克（Peter Walker）设计的悉尼千年公园，汲取了多样的景观和文化因素，并将它们融汇在一起，为 21 世纪甚至是遥远的未来创造出了一个包容的、可持续的、具有丰富视觉体验和文化内涵的世界公园。如图 1.5 为改造后的千年公园。

图 1.5　改造后的千年公园

（来源：百度图库）

（2）国外相关理论研究

英国首先拉开了工业革命的序幕。旧工业建筑保护与再利用的研究，最早起源于工业革命时期。在 19 世纪 50 年代，英国政府提出了遗产保护的有关问题，一批工业遗产的展览项目开始不断涌现，比较系统的工业遗产研究在 100 多年后的 20 世纪中期开始出现，并又经历了 10 年左右时间研究才大量出现。国际工业遗产保护协会与欧洲理事会是两个著名的工业遗产保护组织，在世界工业遗产的研究历程中均起到了巨大的推动作用。欧洲理事会主要研究和保护欧洲范围内工业遗产，曾先后召开不同主题的工业遗产保护国际会议，共同探讨研究工业遗产的重要性和保护途径。

1964 年，美国景观大师劳伦斯·哈普林提出了"建筑再循环理论"，认为再循环不同于简单的修复，不仅是物质层面的功能变化和空间更新，而且强调原有城市环境中长期积淀下来的历史文化的再生，这是最早可用于指导旧工业建筑再利用实践的理论。1979 年，澳大利亚制定了《巴拉宪章》，提出了"改造性再利用（Adaptive Reuse）"的概念，认为在对旧工业建筑改造中，要把重要结构改变降低到最低并保存原场所的文化意义，使得该场所的重要性得到最大的保存和再现，该宪章也在工业遗产保护项目上得以推广。欧美对旧工业建筑改造再利用的研究，大多立足在工业遗产保护理论的基础上，取得的研究成果突出表现在三个方向，改造再利用的管理层面、保护途径和方法、旧工业建筑与博物馆的研究。博物馆常常作为旧工业建筑保护再利用的重要主体。

期间有关旧工业建筑改造再利用的理论著作有：

1)《遗产:关注－保护－管理》(Heritage：attention - protection - management)系列丛书，从工业遗产的管理及利用视角研究，并探讨了如何对工业遗产进行再利用，分析其新的利用价值和目的。

2)《旧建筑改建和重建》(Renovation and reconstruction of old buildings) 由英国肯尼思·鲍威尔（Kenneth Powell）著。该书通过精美的图文及详细的文字描述了国外大量优秀的旧建筑改造案例，并对旧建筑改造的背景、现状以及改建的方法进行了具体说明，为旧建筑改造提供了多角度、有深度的参考。

3）《改扩建》（The reconstruction and expansion）是德国克里斯汀·史蒂西（Christian Schittich）著，该书针对各种的工程案例，提出以非传统理念和敏锐的手法改建既有建筑，书中主要关注对旧建筑结构及细部的改造，探讨了旧建筑改造未来的发展方向。

4）《工业遗址的再开发利用》（The development and utilization of industrial sites）是卡罗尔·贝伦斯（Carol Berens）著，书中描述了将原本不宜居住的、经济效益低下的土地和建筑变为公园、文化目的地、商业综合体和充满活力的街区。

伴随着工业遗产的保护热，博物馆越来越成为旧工业建筑改造再利用的主导模式之一，该模式以德国的亨利钢铁厂、措伦采煤厂和关税同盟煤炭焦化厂最为典型。"关税同盟"煤矿区于 2001 年成功地进入世界文化遗产名录，成为德国第三个工业遗产旅游地，其焦化厂已变成博物馆对公众开放，简洁大方的包豪斯建筑风格，具有极强的现代艺术感染力，不仅吸引了大量的游客，还吸引了创意产业在此聚集，形成了一个功能的综合体。经过了大量的研究，国外在这方面的改造理念和设计手段走在了世界的最前列，也产生了大量的代表人物和成功案例，积累的丰富经验为其他刚刚起步的国家奠定了坚实的基础。

1.3.2　国内现状

（1）阶段划分

中国在百年的工业化进程中遗留下来了众多与工业生产密切相关的旧工业建筑，其中很多价值突出的遗存成为工业遗产。这些工业遗产见证了我国工业社会的发展历史，记录了中国近现代城市转型变化的印迹，具有历史、科技、社会等方面价值。近几十年来，中国的一些较早开始工业化的城市已经开始呈现出后工业化的趋势，伴随着产业结构的升级、工业布局的调整以及城市规模的扩张，这些城市对于建设用地的需求日益迫切。在这一进程中，城市中逐步废弃的工业用地成为城市土地开发的重要目标之一。大量的工业厂房、设施被拆除，众多旧工业建筑面临拆与留的重要抉择。这成为当前紧迫而不可回避的现实问题，人们对于加强旧工业建筑保护再利用的热情也日渐高涨。

中国的新式工业产生于鸦片战争后，中国的近现代旧工业建筑以其兴建时间可划分为以下几个阶段（见表 1.2）：

1）1840 年~1894 年，中国近代工业的产生，工业门类实现从无到有的突破阶段；

2）1895 年~1911 年，外国资本在中国各地设工厂，中国近代工业初步发展阶段；

3）1912 年~1936 年，私营工业资本迅速发展，近代工业走向自主发展阶段；

4）1937 年~1948 年，抗战时期中国工业艰难发展，工矿企业内迁，战后工业短暂复苏阶段；

5）1949 年~1965 年，新中国成立后，理性发展和"大跃进"时期、三线建设，社会主义工业初步发展阶段；

6）1966 年~1977 年，曲折前进，工业生产停滞倒退阶段；

7）1978 年~1999 年，在产业结构调整中，缩小第二产业，发展第三产业，即退二进三，某些工业地区重新定位阶段；

8）2000 年至今，全国旧工业建筑进入改造与再利用阶段。

中国近现代工业阶段划分 表 1.2

序号	年代	工业发展情况
1	1840 年~1894 年	中国近代工业产生阶段
2	1895 年~1911 年	中国近代工业初步发展阶段
3	1912 年~1936 年	私营工业资本迅速发展阶段
4	1937 年~1948 年	战后工业短暂复苏阶段
5	1949 年~1965 年	社会主义工业初步发展阶段
6	1966 年~1977 年	工业生产停滞倒退阶段
7	1978 年~1999 年	产业结构调整阶段
8	2000 年至今	旧工业建筑改造与再利用阶段

由于我国工业建筑在建设初期就存在的布局零乱、占地大、土地利用率低、高污染等问题，因此在城市高速发展过程中旧工业建筑成为亟须改造的问题。且因为不同地区城市化程度的差异，目前再利用实践主要分布在工业基础比较雄厚，且城市发展引发的产业结构矛盾比较突出的大城市中。我国对于旧工业建筑再利用的理论研究与实践相比于国外起步较晚，尚处于发展阶段，大体上也可分为以下四个时期。

1）探索时期——新中国成立后到 20 世纪 80 年代后期

新中国成立后，我国进入了一个以工业建设带动国民经济的高速发展阶段。20 世纪 80 年代后期，随着城市发展和产业结构的调整，这些为国民经济发展做出卓越贡献的工业企业单位不得不面临着关闭、停产、合并、转型的命运，从而使遗留下的生产车间、库房、设备房、办公楼等面临着拆迁或改造的困境。由于当时技术经济以及价值观念的问题，政府对于旧工业建筑给予的保护力度有限，在旧城更新中大多旧工业建筑采取简单地拆除重建的方式。

20 世纪 80 年代末期，旧工业建筑再利用项目在我国开始兴起，主要的再利用手法是通过老工业企业将其旧工业厂房改造成办公楼、宾馆、商场、餐馆等商业建筑，其中比较有代表性的是当时的北京手表厂改造再利用为双安商场。当时国外盛行的改造再利用的新思路，国内仅有少量应用实例，且规模往往较小，方法也不够完善，尚未形成系统的理论。这一阶段对旧工业建筑保护再利用的意识还不够，仍然是以拆除为主，而且随着城市规模的急剧扩大，旧工业建筑再利用更多的是对原有厂区性质的改变，对以厂房、仓库为主的旧工业建筑进行保护与再利用还没有进入人们的视野。

2）实践时期——20 世纪 90 年代初期到 20 世纪 90 年代中期

20 世纪 90 年代初，随着改革开放的逐步深入，产业结构迅速调整，具有出口潜力的轻工业发展迅猛。而那些新中国成立后集中建设的重工业在国民经济中的比重逐年下降，导致一些大中型厂房逐渐丧失活力，失去生产功能而闲置。此外由于产业结构调整的继续深入，一批传统的产业逐步被新兴的诸如医药、电子等产业逐渐替代。随着城市规模的扩大，许多原来位于城市周边的工厂被"扩张"的城市所容纳。进入 90 年代后期，随着一批西方新思潮的影响以及一批海外归来的专业人士的积极实践，我国旧工业建筑再利用呈现出了新的发展趋势——利用其位于城区甚至是市中心的区位优势，将其功能从第二产业转向第三产业。上海苏州河沿岸地区，一些艺术家进驻那些废弃的仓库及厂房，经过个体的改造并加以利用，逐步影响着苏州河沿岸的建筑风貌。其中最为著名的是中国台湾建筑师登琨艳先生的设计工作室，这座砖混建筑是旧上海杜月笙的粮仓，目前保存完好。设计师在改造过程中尽力保留了仓库古旧的原貌和内部的细节元素，包括裸露着粗糙木纹的地板，遮不住的红砖裂痕等。与此共存的是现代化泡沫塑料的建筑模型和充满现代感的沙发、茶几，通过对比的手法使新旧浑然一体。工作室面积较大，设计者将原来三楼用于通风的天窗垂直打到地面，将已经破损的楼梯铺平。而最有创意的是地面原来一块破损的木地板用毛玻璃铺平，不但解决了楼下的采光问题，而且由两种材质完全不同材料拼接而产生的强烈对比也别有一番韵味。这座仓库成功的改造再利用使得大量的艺术家租用仓库作为工作室或创作的基地，用他们的创造力改变着那里的建筑特质，创造出独特的精神场所。如图 1.6 所示，粮仓改造为设计工作室。

3）创新时期——20 世纪 90 年代中期到 20 世纪 90 年代末期

20 世纪 90 年代中期起，旧工业建筑的保护与再利用在各界的关注下受到越来越多的重视。随着我国城市化步伐的加快，都市的土地价值一路上升。在这种背景之下，企业和地产商对于旧工业建筑的态度更趋向于拆除，但幸运的是，更多的人开始关注旧工业建筑保护性再利用这种具有生命力的建筑实践活动。早期的探索为这一时期的活动提供了参考和借鉴的样板，新技术、新材料使旧工业建筑再利用的手段更加多样化。再利用对象从仓库、轻工业厂房扩展到重工业厂房，甚至是船坞。

这一阶段，一些城市也出现了相关的实践和应用，如深圳华侨城对旧工业建筑进行再利用。上海和北京等大城市依然是以先锋的姿态出现，上海延续了第二阶段的成果，并且加以发展和壮大。纺织工业的改造活动迅速扩展并产生了一批旧工业建筑再利用的成功实例。同时，更多的艺术家看到了旧厂房、旧仓库的价值，对其进行改造再利用。

图 1.6　粮仓改造为设计工作室

（来源：http://blog.sina.com.cn/fotosig）

如苏州河畔的艺术家群落，泰康路艺术街等，使得更多的旧工业建筑得到了保护及利用。

但是总体来说，国内对旧工业建筑的保护与利用重视不够，旧工业建筑保护与再利用应该是同政治、经济及文化的发展步伐相一致的，同我国改革开放不断深入、社会主义市场经济逐步确立和发展的步伐紧密配合的。在个别经济发达的城市，经济和社会文化的发展已经达到一个比较高的阶段，因此对旧工业建筑进行可持续发展、保护性再利用已经成为共识，甚至成为一定范围内的时尚。但是，对于绝大多数地区和城市而言，在城市建设如火如荼进行的同时，旧工业建筑保护和再利用的课题还没有走进人们的视野。

4）成熟时期——20 世纪 90 年代末期至今

旧工业建筑保护和再利用发展到成熟时期，已经形成一定的规范标准，我们已经可以用理性的思维方式对旧工业建筑拆与不拆做出科学的判断，并形成遗产等级鉴定与价值评估体系。这一时期，旧工业建筑的保护再利用已经引起了人们的高度重视，全国出现大量旧工业建筑的成功改造案例，积累了成功的改造经验，形成了系统的改造理论体系和科学的改造方法，旧工业建筑保护和再利用已经成为一门学科，值得我们继续探索与研究。

如今，旧工业建筑再利用已经作为一个完整的商业项目，进行科学定位与整体策划，遵循严格的建筑程序，并对市场进行调研，对现场进行实地考察，对建筑进行评估，综合了其各方面条件后，提出创造性的改造方案。在旧工业建筑保护再利用上，相关政府部门也逐渐起主导作用，同时建立项目管理专门机构，统一协调规划、建设、投资和招商事项，从而确保规划实施顺利进行。改造过程中，项目结合实际条件，合理地置换功能，统筹产业、社会和文化，不断优化产业结构，形成新的经济发展空间，同时同步改造修缮相邻旧居住区，完善城市交通、公共服务及市政基础设施，全面提升区域功能和环境景观。

（2）国内相关理论研究

我国有关旧建筑再利用可持续理论的正式章程，是以 1999 年北京建筑师大会上通过的《北京宪章》为起点，宪章中提出了可持续发展、走向广义建筑学的理论。广义的可持续不仅仅是指物质层面的再循环，也指人文精神领域的传承延续。2006 年 6 月国家文物局又正式颁布了《无锡建议》草案，这是中国首部关于工业遗产的宪章性文件。文件明确了工业遗产的概念、保护内容及保护途径，为保护我国近代有价值的工业遗存，提供了有力的保障。2009 年 5 月北京市规划委颁布实施了《北京市工业遗产保护与再利用工作导则》，首钢、焦化厂、798 厂，这些工业遗产将得到合理保护和再利用，又为我国工业遗产保护迈出了实质性的一步。国内其他理论文献主要集中在相关的著作和高校研究成果中。

我国有关旧工业建筑改造的著作有：

1）陈宇著《建筑归来——旧建筑改造与再利用精品案例集》。本书介绍了国内一些经济发达地区城市的产业建筑保护和再利用的实践做法，并从建筑师和实际使用者的角度，深度分析了书中所列工业建筑改造案例的改造策略和使用情况。

2）陆地著《建筑的生与死——历史性建筑再利用研究》。本书介绍了国内外历史性建筑再利用的情况，分析了保护和再利用的问题，并从社会层面上的公共理念和政策法规方面对再利用的具体程序和做法进行了探讨。

3）王建国著《后工业时代产业建筑遗产保护更新》。本书针对国内外产业类建筑遗产保护、改造设计、运作实施策略几个方向做了系统详实地分析。

4）刘伯英、冯钟平著《城市工业用地更新与工业遗产保护》。本书从工业用地更新、工业遗产保护两大方向切入，详实地论述了国内外相关的理论发展、实践状况、实施机制、保护管理等几个方面。

5）刘伯英、朱文一编著《中国工业建筑遗产调查、研究与保护》系列论文集。书中收录了以工业建筑遗产调查、研究与保护为核心的优秀论文，介绍了各方专家、相关政府官员以及规划设计专业人员从不同的角度对工业建筑遗产研究与保护提出各自的思考与建议，反映了当前国内工业建筑遗产保护与再利用领域的最新研究进展。本书主要包括以下几个方面：工业遗产理论研究，工业遗产与城市研究，工业遗产案例研究，工业遗产国内外比较研究，工业遗产规划设计研究，工业文化景观研究和工业遗产多学科比较研究。

　　我国在产业建筑遗产的保护方面起步比较晚，在理论研究方面并不够深入，相关法律法规也不够完善。以 1986 年的《国务院批转建设部、文化部〈关于申请公布第二批国家历史文化名城名单报告〉的通知》为开端，到与我国产业建筑遗产保护相关的《无锡建议》的诞生，又到 2011 年中国第二届工业建筑遗产学术研讨会在重庆的胜利召开，短短十年时间内我国在保护产业建筑遗产方面取得了长足的进步，现将相关条文及会议整理如表 1.3 所示。

旧工业建筑保护与再利用相关条文与会议　　　　　　　　　　　　　　表 1.3

条文名称	时间	地点	发布机构	主要内容
《国务院批转建设部、文化部〈关于申请公布第二批国家历史文化名城名单报告〉的通知》	1986 年	北京	国务院	文物古迹较集中的，能够体现一定时期的传统风貌和民族特色的街区、建筑群、小镇、村寨给予保护，并根据其历史、科学、艺术价值，核定其保护级别
中国历史文化名城规划学术委员会年会	1991 年	四川都江堰	中国城市规划学会	正式提出了"保护历史地段"，包含那些具有重要科学和艺术价值的，并有一定规模和用地范围的，尚有一定历史文化物质载体及相应内涵的地段
历史文化名城保护会议	1993 年	湖北襄阳	建设部和国家文物局	主抓重点，做好历史地段的保护工作
历史街区保护国际研讨会	1996 年	安徽黄山	建设部	明确指出了"历史街区的保护是历史文化遗产保护的重要一环"
《黄山市屯溪老街历史保护区管理暂行办法》	1997 年	北京	建设部	明确指出"历史文化保护区是我国文化遗产保护的重要组成部分，是历史文化名城保护的重点之一"，至此，我国历史文化遗产保护的概念形成了
《世界遗产青少年教育苏州宣言》	2004 年	苏州		强调遗产保护的重要性，并强调教育下一代人对文化遗产的保护意识
《无锡建议》	2006 年	无锡	国家文物局	直接强调要保护好"产业建筑遗产"，是我国产业建筑保护相关的第一个纲领性文件
《加强保护工业遗产的通知》	2006 年	北京	国家文物局	强调要制定切实可行的产业建筑遗产保护措施，有步骤地展开工业遗产的调查、评估、认定等各项工作，加强工业遗产的保护，彰显城市特色，推动地区经济发展
中国工业建筑遗产国际学术研讨会	2008 年	福州	中国建筑学会	研究如何在新时期新条件下更好地保护工业建筑遗产
全国工业遗产保护利用现场会	2009 年	上海	国家文物局	总结了三年来工业遗产保护利用取得的进展
中国首届工业建筑遗产学术研讨会	2010 年	北京	中国建筑学会	通过了《北京倡议》，呼吁全社会抢救推土机下宝贵的工业建筑遗产
中国第二届工业建筑遗产学术研讨会	2011 年	重庆	中国建筑学会	大会共同探讨了"地区性工业建筑遗产"的研究与保护的问题

续表

条文名称	时间	地点	发布机构	主要内容
《关于推进工业文化发展的指导意见》	2016 年	北京	工信部、财政部	明确提出"推动工业遗产保护和利用。开展调查摸底，建立工业遗产名录和分级保护机制，保护一批工业遗产，抢救濒危工业文化资源。引导社会资本进入工业遗产保护领域，合理开发利用工业遗存，鼓励有条件的地区利用老旧厂房、设备等依法建设工业博物馆。"

　　在工程实践领域，近几年我国涌现了一些优秀的建筑作品，其中包含北京 798 艺术工厂、北京莱锦创意产业园、上海 8 号桥时尚中心、上海盟创国际办公空间、岐江公园工业旧址改造、陕西老钢厂文化创意产业园、大华 1935、内蒙古工业大学建筑馆、成都东区音乐公园等。这些项目大多是自下而上的发展线路，改造的方向也各不相同，但都作为鲜活的改造样本为旧工业建筑的改造提出了很多新的见解和思路。旧工业建筑保护和再利用根据项目所处的大环境和自身的小环境来进行，大环境是指当地的历史文脉，所处的地理位置，以及风土人情；小环境是指项目所处地段区域的环境特点，建筑风格，经济水平以及市场的需求。这就要求改造者在改造之前深入研究，进行可行性分析，再利用后的项目要尊重历史文脉与大环境融合，符合市场规律，与小环境相匹配，这样才能取得好的效果。

1.3.3　国内外对比

　　同国外相比，我国工业发展落后于西方发达国家，且人们对旧工业建筑再利用的价值认识程度不高，所以我国对旧工业建筑的改造还处于发展阶段，在设计实践和理论研究当中存在的差距和不足主要表现在以下几个方面：

　　（1）改造范围和类型有局限性

　　我国虽然已经有了对旧工业建筑改造的尝试，在北京、上海、广州、西安等地也已经出现了一批较成功的案例。但总体而言，改造再利用的普及面还比较狭窄，仅局限于个别大中城市的部分区域内，且相关的实践活动多数处于一种自发状态，改造和再利用的旧工业建筑多是一些库房和轻工业厂房，其他类型工业建筑非常少。国外在这方面的研究和实践很早，加上完善的建筑设计理论和成熟的设计方法，所涉及的旧工业建筑的范围也就比较广，类型也比较多。如奥地利维也纳煤气储罐改建的大型商业综合体，将四个煤气储罐所蕴含的历史文化价值发挥到了极致；德国埃森市的矿业同盟工业园是受联合国保护的人类遗产，如今这个废弃的工业区被改造成了著名的工业文化产业园，吸引了大量的游客。

　　（2）适合国情的理论体系不够完善

　　旧工业建筑改造再利用是一项涉及多学科、多领域的复杂系统工程。我国的旧工业建筑改造多是参考欧美等发达国家的经验，加上起步晚，实践又极其有限，这就造成了国内目前缺乏系统总结和理论研究，特别是结合自身的城市发展总结出的理论体系。要知道，民族、历史、地域、文化的巨大差异下，不是所有的国外成功的案例经验都适合我国的旧工业建筑改造项目。另外，中国地域辽阔，不同城市的城市发展也存在差异。所以，我们应尽快探索出一条适合我们的旧工业建筑改造再利用道路。如美国在城市改造的过程中，对旧工业建筑采用改造和再利用的策略，形成以曼哈顿苏荷区为代表的艺术家群落，被称之为"LOFT"现象，为旧工业建筑改造再利用提供了重要的参考。

（3）人文历史呼应欠缺

旧工业建筑虽然出现的历史相对古建筑来说比较短，但它同样是人类发展的见证，甚至可以说在某种程度上是其他建筑无法替代的。国外在旧工业建筑改造和再利用的实践过程中，特别注重对历史的呼应，保留工业建筑所蕴藏的历史气息，最大化体现它人文历史的价值。格罗皮乌斯设计的法古斯鞋楦厂（图1.7），是在欧洲第一个完全采用玻璃幕墙和钢筋混凝土结构的建筑，具有建筑界公认的建筑史学价值。国内目前对遗留下的旧工业建筑的保护已有了起色，保护已成为政府和广大民众的共识，旧工业建筑的人文历史价值也逐渐被认识。但是在很多地方，新城市的规划中已经没有了旧工业建筑的栖息之地。目前中国有不少具有文物保护价值的工业建筑面临被拆除的境地，如上海煤气厂中两个硕大无比的全手工铆接的储气罐却被当作废品拆卖（图1.8），曾是中国近代最大的外商电业垄断企业的杨树浦发电厂的"远东第一大烟囱"也伴随着城市的发展轰然倒地。因此，我们必须在政府部门的政策保护下，充分发挥政府、公众和市场的积极作用，结合欧美发达国家的成功经验加大保护我国旧工业建筑的力度。

图1.7 法古斯鞋楦厂

（来源：百度图库）

图1.8 上海煤气厂的储气罐

（来源：http://blog.sina.com.cn/yiyi01831）

参考文献：

[1] 郭展志. 传播学视域下的旧工业建筑创意产业化改造设计研究 [D]. 长沙：湖南大学，2013.

[2] 欧吉. 后工业时代产业建筑遗产保护更新 [J]. 城市建设理论研究，2015（18）.

[3] 沈忠瑛. 当代工业遗产建筑外部空间更新设计研究 [D]. 重庆：重庆大学，2014.

[4] 王建芯. 传承与超越——旧工业建筑到"再生型"博物馆的改造研究 [D]. 厦门：华侨大学，2010.

[5] 王大为. 基于灰色关联理想解的旧工业建筑改造模式比选研究 [D]. 厦门：华侨大学，2011.

[6] 王润生，王晓静. 青岛近代工业建筑再利用模式浅析 [J]. 工业建筑，2009，(10)：20-23.

[7] Lizhi Zhao，Maomao Yan.The Sustainable Development of Urban Environmental Management-The Reuse of Old Industrial Buildings Combined with Creative Industries in Beijing[J]. Management and Service Science，2009，(09).

[8] 赵晗. 大跨型工业遗产建筑保护性再利用研究 [D]. 北京：北京工业大学，2008.

[9] 朱建彪. 低碳经济背景下株洲石峰区旧工业建筑改造策略研究 [D]. 长沙：湖南大学，2010.

[10] 李江. 国外工业遗产保护研究综述及保护和开发利用的模式 [D]. 深圳：深圳市城市规划设计研究院，2010.

[11] 赵博. 对历史印记保留的旧工业建筑改造设计研究 [D]. 哈尔滨：哈尔滨工业大学，2012.

[12] 李慧民. 旧工业建筑再生利用管理与实务 [M]. 北京：中国建筑工业出版社，2014.

[13] 陈旭. 旧工业建筑（群）再生利用理论及实证研究 [D]. 西安：西安建筑科技大学，2010.

第2章 陕西旧工业建筑现状

2.1 陕西工业建筑发展

陕西工业发展有赖于其独特的地理位置和区域优势，呈现出一定的阶段性特征，并在"一五"计划、"三线"建设、改革开放三个关键时期得到快速发展，这三个时期的工业建筑数量多，规模大，建筑风格具有明显的工业时代特征。目前陕西遗存的大部分旧工业建筑是源于这三个时期，它们有特别重要的历史文化技术价值，以下对这三个关键时期的工业发展进行详细介绍。

2.1.1 发展的三个关键阶段

(1) "一五"计划（1953年~1957年）

1) "一五"计划与陕西工业

新中国成立时，陕西工业仅有几十家设备陈旧、技术水平低下的小工厂和几万户个体手工业，各工业部门之间互不协调，轻工业中的面粉加工业比重较大，重工业中煤炭开采和重化工业发展较快。同时，陕西工业主要集中在关中地区，其他地区不仅没有现代工业，甚至手工业也很微弱。陕西工业布局极不合理，严重影响了当地社会经济的发展。

2) 陕西工业跳跃式的发展

"一五"期间，我国建立社会主义工业化的初步基础，在苏联帮助下，为了尽快发展内地工业，进行以重工业为主的工业建设，陕西被国家列为新工业区之一，由国家直接投资进行建设。全国第一批工业建设重点项目（共156项）中陕西占了24项，其中，机械工业包括国防工业占了21项。与此同时，国家还在陕西安排了50个大中型工业项目。先后建成投产的有国营秦川、昆仑机械厂和惠安化工厂、西北光学仪器厂等兵器工业企业；黄河机器制造厂、长岭机器厂和渭河工具厂等电子工业企业；户县、灞桥热电厂等电力工业企业和铜川矿务局；西安高压电瓷厂、西安绝缘材料厂、西安电力电容器厂、西安高压开关厂、西安仪表厂等机械工业企业；西北国棉三、四、五、六、七厂和西北第一印染厂等同期新建投产的工业企业。陕西从国营工业发展和人民生活需要出发，结合本省资源开发情况，有计划地发展中、小型工业；重视、鼓励手工业为人民生活服务，使其成为国营工业的辅助力量。陕西在国家强力度支持下，至1957年24个重点项目半数以上建成、投产；地方工业建设的145个项目中，有81个较大厂矿完成或部分投产；公私合营企业也起到重要的作用。

3）陕西工业结构的转变

1953 年～1957 年，陕西工业结构发生巨大变化，这段时期内工业发展特征为：

①第二产业在产业结构中的比重提高。"一五"期间，农业比重下降，工业比重迅速提高；

②以轻工业为主，向重工业倾斜。"一五"期间，国家在陕西投资的重工业项目部分投产，陕西重工业比重缓慢上升，轻工业虽稳中发展，但出现下降的趋势。同时，国家对全民所有制单位基本建设的投资，随着国家在陕西投资项目的竣工投产，重工业化在陕西工业发展中已成定势；

③轻工业中纺织、食品加工业为主。如"一五"期间，陕西纺织工业发展很快，棉纺织工业的发展，反映出社会需求和市场的自然导向；

④手工业生产仍起到一定作用。农民的生产工具和生活资料大多依靠手工业供给，国家基本建设所需砖瓦、石灰等材料还要靠手工业生产；

⑤工业新布局。"一五"期间，国家在西安投资兴建的工业项目达 21 个，全民所有制工业企业 194 家。同时，宝鸡、咸阳、兴平、铜川、虢镇等地区也建立了新的工业区。陕西工业的重新布局，对经济发展产生了重大影响。

(2)"三线"建设（1965 年～1978 年）

"三线"建设的重点在西南和西北，将国防安全建设放在经济结构建设的首位。1969 年，陕西"三线"建设全面展开，确定工业过分密集的西安、宝鸡、咸阳等城市，今后不再摆大、中、精、尖建设项目；对其中已建成的军工短线项目，要选第二厂址，准备战时搬出；同时，充分利用其工业基础，支援并促进"三线"建设。陕西的建设任务主要有：重点发展以汉钢、特殊钢厂为中心的钢铁等冶金工业，开发煤炭工业、电力工业，以及国防、机械、化工、电子、仪表工业，相应地发展轻工业；"三线"建设期间，除新建一批建设项目外，国家还从上海、北京、天津、辽宁等老工业基地向陕西搬迁了一批重点骨干企业、设计施工单位、科研单位和高等院校。其中有的单位一分为二，将设备、物资、人员配套迁到陕西，现代工业又一次植入陕西，使陕西省工业进入了新一轮的大规模扩张，各类型工业企业迅速发展。"三线"建设带动了陕西经济的全面发展，能源、冶金、航空、航天、机械、电子等工业有较大发展，轻工业也有相应的发展。以下对各类型工业情况进行介绍。

①能源工业。"三线"建设对煤、电等能源的需求量成倍增长，使能源工业得到重点投资和发展。陕西煤炭工业以开发渭北黑腰带的丰富资源为重点，在继续扩建铜川矿区的同时，对韩城、蒲白、澄合三个矿区进行大规模建设。此时，关中煤炭生产基地基本形成。电力工业于 1966 年至 1979 年，先后建成秦岭、韩城、渭河、略阳 4 个大中型火力发电厂；石泉、石门 2 个水力发电厂。其中，秦岭发电厂是陕西省最大的火力发电厂，

石泉水力发电厂在陕西电网中发挥着重要作用。

②国防工业。"三线"建设时期，陕西国防工业建设项目主要有 29 个项目，加强并健全了以西安为中心的航空科研工业体系，并在汉中投资兴建了大型运输机制造公司。国家在陕西投资建设的电子工业项目达 26 个，全省电子工业形成从元件、器件、仪器、仪表、专用设备到整机生产的完整体系。同时，国家在西安和宝鸡地区新建了一批航天工业项目，其中大中型项目 9 个，形成科研、设计、试制、生产的完整体系。陕西航天工业的发展为中国卫星、导弹发射以及电视卫星的接收、转播的现代化发展奠定了基础。

③民用机械工业。1966 年～1979 年陕西省重点在关中、汉中地区开发 30 多个民用机械工业项目，建成投产的大中型项目有 20 个，其中陕西压延设备厂具备重型机械生产能力。20 世纪 70 年代末，民用机械工业已成为陕西第一大产业。

④冶金工业。陕西新建略阳钢铁厂、陕西焦化厂、西北耐火材料厂、陕西精密合金厂，并对原有的陕西钢厂、西安钢铁厂等冶金工业进行了改造和完善。国家在陕西投资兴建了金堆城铝业公司、宝鸡有色金属加工厂、西安冶金勘察公司，地方投资建立了八一铜矿等企业，奠定了陕西有色金属资源开发利用的基础。金堆城铝业公司是中国最大的铝业生产基地和科学研究中心，加上宝鸡有色金属加工厂及有色金属加工研究所，形成可加工生产多种稀有金属及合金材料的重要生产基地。

"三线"建设时期，陕西的工业建设的典型特点是"靠山、分散、隐蔽"，如 063 厂建于大力发展固体导弹事业时期，出于保密和战略考虑，选址位于秦岭深处。"三线"就像是一个标签，赋予了那一辈人独特的气质和精神风貌，"三线"建设时期遗留下来的大量旧工业建筑是一个特殊时代的产物，是一代人的记忆，是国家辉煌工业史的象征。为了满足当时工业生产及工艺需求，这些企业采用当时最为先进的施工技术，故"三线"时期陕西的旧工业建筑有很重要的技术价值，因此需要对这些旧工业建筑进行特殊保护。

(3) 改革开放（1978 年至今）

十一届三中全会以后，陕西认真贯彻了国家"调整、改革、整顿、提高"的八字方针，坚持以提高经济效益为中心，工业建设走上持续、稳定、协调发展的道路。

1）工业总体结构和行业结构的改善

1978 年以后，陕西工业开始了较大规模的改革。至 20 世纪 90 年代末，陕西工业的总体结构和各行业内部结构都有了一个较为全面的改善，极大地促进陕西经济的全面发展。

①轻重工业发展趋向协调。为了加快轻工业发展，陕西重新安排了轻工业发展所需的原料、动力、交通运输和基本建设，对轻工业的基本建设投资逐年增加。并对日用消费品的生产进行了调整和规划，同时把十多个重工业企业转为轻工业企业，特别是将部分军工生产转为民品生产，增加了轻工业的生产能力，促使轻工业以较快的速度向前发展。

②轻工业结构变化。20 世纪 80 年代，陕西轻工业门类比较齐全，按产品可分为 22 个行业、140 个门类，主要行业有纺织、日用机械、轻工机械等。20 世纪 90 年代以来，家用电器为主的耐用消费品工业异军突起，此外，造纸工业、日用化工、日用机械等行业产值不断上升。

③重工业结构的调整。陕西机械工业生产发展稳定，产量大幅度增长，工业锅炉、锻压设备、大型鼓风机、气体压缩机、石油设备、化工设备等主要产品在全国都占有重要地位。陕西积极扶持重点产品开发，一批重点产品保持了较大幅度增长，20 世纪 90 年代全省电子产品结构经过调整日趋合理化，同时结合"三线"企业搬迁，形成以咸阳、西安、宝鸡三市为依托，以陇海线为纽带的"三点一线"的电子工业合理布局。由于不断加大投资力度、进行技术改造、开发新产品，电子工业创出了一批名牌产品，对全国市场都有重大影响，提高了陕西电子工业在全国的知名度。

④国防科技工业基本实现了由军品为主到军民结合的转变。1978 年至 1997 年，初步形成了以民用飞机、航天运载工具、汽车及零部件、新型纺织机械、新型医疗器械、电子光电产品等一批技术含量高、市场竞争力强的产品为主的国防工业结构。能源工业加大投资力度，陕西 1988 年对能源工业进行基本投资，投资兴建神府东胜煤田；建成了神木—北京、神木—西安天然气输送管道；完成了秦岭发电厂二三期工程；建成陕西第一座总容量超过百万千瓦的大型火电厂；完成陕西渭河发电厂的二期扩建。1992 年，陕西最大的水电厂——安康水电厂建成发电。20 世纪 90 年代以来，科技开发和技术改造使陕西冶金工业品种增加，质量提高，陕西还狠抓了陕西钢厂、西安钢铁厂、略阳钢铁厂、陕西精密合金股份有限公司、龙门钢铁总厂的技术改造，建成了全省最大的炼铁高炉——汉江钢铁厂 380m³ 高炉。

⑤多种经济类型工业共同发展。陕西在发展国有企业的同时，积极发展乡镇工业、城镇集体工业、个体工业、私营企业和"三资"企业等，使非公有制工业从无到有，蓬勃发展，由劳动、资金密集型转向技术、知识密集型。陕西对机械、电子等传统产业进行改造，加大投资力度，通过技术改造提高生产制造能力和科研开发能力，增强了发展后劲，焕发出新的生机。同时，着力培育电子信息、计算机技术等新兴产业。

2) 市场经济的逐步建立与陕西工业结构转变

十一届三中全会后，陕西的工业迅猛发展，经过多年的艰苦奋斗，陕西工业已形成一个门类齐全，技术精湛，集科研、教学和生产为一体的工业体系。

①陕西工业成为国民经济的主导。工业为陕西省最大的物质生产部门，也是国民经济各部门中拥有科学技术人员、管理人员和技术工人人数最多的部门。

②陕西工业的超重工化。陕西工业是在国家计划经济指导下，通过大力度的投资完成现代工业经济的植入和初始扩张的，是作为国民经济发展的能源、原材料基地出现的。因而，陕西工业为超重型结构，重工业比重大，轻工业比重小，且轻重工业之比变化也较大。

重工业中，采掘工业和原材料工业比例很小。

③以国防工业为主的大型工业比重大于中小型工业。陕西是全国大中型工业比较集中的省份之一，1997 年，陕西对大、中、小型企业规模结构进行调整，大型工业企业比重较 1988 年略有下降，中型企业比重下降幅度较大，但大中型工业企业仍占陕西工业企业的主导地位。陕西的大中型企业生产规模较大，技术资金密集，设备精良，经济实力强，是陕西经济增长的重要支柱。

④陕西工业结构是国有经济工业占优势的经济类型结构。陕西全省的工业主要集中在关中地区，而西安又是关中地区工业的重心。关中地区集中了陕西全省的工业优势，成为陕西经济发展的中心。

2.1.2 保护再利用的必要性

（1）保护再利用面临的困境

工业建筑作为工业社会的物质载体，服务于工业生产，其实用性居于首位，其简洁的外观、宽敞的空间和裸露的机器诠释着工业时代的特殊印记。陕西旧工业建筑承载着特定时代的历史记忆，代表着陕西工业时代的辉煌。但是，陕西旧工业建筑因其自身存在与城市更新发展矛盾越来越突出，大部分旧工业建筑被推倒、清理，然后在其旧址上建造新的建筑物，因此，旧工业建筑面临着前所未有的生存危机。

根据对陕西工业发展历程的研究分析，并结合陕西实地调研情况，发现在这三个时期内建造的工业建筑具有明显的时代特征和历史文化及科学技术价值，由于部分厂区在历史进程中遗留了下来，且工业建筑自身结构保存较完整，虽有局部的破坏，但不影响结构的稳定性及可靠性，这些是旧工业建筑保护与再利用的前提条件。随着经济的发展和土地资源的紧缺，现代城市更新发展很快，一味拆除的做法既浪费了大量资源，又破坏了城市的历史痕迹和文脉肌理，基于生态环保理念，这种做法并不妥当，所以对旧工业建筑的保护与再利用就更加刻不容缓。

例如由于城市的扩张与产业结构调整，已经停产的榆林第二毛纺厂闲置的厂房部分已经被拆除新建为其他功能的建筑，遗留下来的职工住宅仍然在使用，而部分未拆除的厂房已经闲置多年，见图 2.1。在这样的形势下，学者们提出了保护旧工业建筑的呼声，通过对旧工业建筑的改造再利用，使之与城市相融，达到可持续发展的目的。

我国城市现已进入工业布局的调整阶段，陕西在经过工业布局调整后许多工业企业关闭停产或是外迁至城郊，这样就造成原有厂房及附属建筑的闲置。由于缺乏旧工业建筑保护与再利用的意识和相关政策措施，大量旧工业建筑遭到毁灭性破坏。生产功能的丧失导致传统工业建筑被闲置废弃，土地资源得不到有效使用，其上大量的旧工业建筑也面临被拆除的可能，在经济高速发展、城市急剧扩张的冲击中被边缘化，但这并不意味着其使用寿命的完结。咸阳的多家棉纺厂企业（图 2.2）将厂址迁至咸阳市兴平市纺织

图 2.1　榆林第二毛纺厂

(来源：课题组摄)

三路，原厂区处于咸阳优势地段，如今厂房闲置下来，对其进行改造再利用还是拆除新建值得我们深思。

对待现存闲置废弃的旧工业建筑，其功能转型是必然的选择，但在具体保护与改造的路线和策略上存在不同的价值判断和操作方法。在我国，"推倒重建"是最为常见的类型，常采用房地产开发的操作模式，在价值判断上侧重于经济利益的最大化，政府可借助房地产投资快速完成城市更新。而"更新利用"主要侧重于对生态效益、社会效益和文化价值的考虑，但在操作上缺乏自上而下的支撑，资金筹措困难，且旧工业建筑的文化价值被普遍忽视。在我国的城市更新运动中，旧工业建筑更新利用的进程较为缓慢。更新利用的行为主体，从最初的个人和企业的自发行为逐步发展为政府行为，更新利用的规模也从建筑单体逐步扩展为旧工业区的整体更新，这样的实践扩展了城市旧工业区和工业建筑的出路，丰富了旧工业建筑更新利用的多样性。

工业建筑是工业革命的伴生产物，同时也是构成城市建筑有机结构的一个重要组成部分。随着全球经济一体化的发展新格局，世界范围的产业结构随之发生调整。20 世纪以来，在各大城市响应产业结构调整的政策中，陕西各地区相当多的旧工业建筑在拆除与留存、废弃与再利用之间存在着很大的问题。目前，陕西各地区存在的大量旧工业建筑被人们所遗忘忽略，调查显示，陕西旧工业建筑中有很多具有不同等级的遗产价值的典型旧工业建筑，如陕西第三印染厂、西安仪表厂等。近年来陕西经济总体快速发展，社会的稳定、历史文化的保护和生态环境的保护越来越受到高度重视。通过大拆大建地

(a) 咸阳某棉纺厂（一厂）

(b) 咸阳某棉纺厂（二厂）

(c) 咸阳某棉纺厂（三厂）

(d) 咸阳某棉纺厂（四厂）

图 2.2　咸阳四大纺织厂

（来源：课题组摄）

利用旧工业厂区土地的建设已经不符合陕西当下的发展要求，而可持续、可循环、绿色节能、有效维系社会稳定的建设模式更符合我国现阶段的政策方针，适应社会建设发展潮流。保护再利用的开展已成为今后城市旧工业建筑建设的主要趋势。

1）城市化发展

城市化是指人口向城市地带集中的现象或过程，是经济发展到一定阶段必然产生的规律性现象。从经济学的角度来理解，城市化是国家或地区经济在经历一定程度的发展后，传统的农村经济逐步向现代化的城市经济转化，城市内的产业结构发生调整组合的过程。与城市人口密度的不断增大相对应的是，城市经济对第二、第三产业的需求亦不断增强，城市社会阶层的构成随之发生改变，社会活动趋向复杂化。从社会学的角度来理解，城市化是社会生活方式从传统农村向现代城市的不断转化和过渡，城市化意味着农村的生活方式向城市生活方式转变的全过程。

城市化发展与当地经济、文化、资源及其他社会条件的发展是相适应的。一个国家或地区的经济文化发展水平越高，其城市化水平也就随之越高。从三个方面可以直观反映城市化的特征：城市人口增多；城市占地规模不断扩大；具有城市特征的社会经济生活方式的正在普及。因此，对城市化最通俗的语言描述是郊区变为城区、农村变为城市。在城市规模扩张的过程中，近郊逐步变为城区，远郊逐步变成近郊，农村逐步变成远郊，城市建设发展呈现波浪状扩散。从当今中国大部分城市的地名中,如西安的"李家村"、"祭台村",可依稀让人感觉到当年农村的气息。

然而,城市化过程中也会面临许多困难,比较突出的问题主要来源于三个方面:一是"城中村"问题,原来的农村村落在城市化进程中,由于全部或大部分耕地被征用,农民转为居民后仍在原村落居住而演变成的城市居民区,被包围在城市整齐规划的现代化建筑中,形成"城中村";二是"棚户区"问题,在物资匮乏、建设监管缺失的 20 世纪 60 ~ 70 年代由城镇居民自行搭建,在 20 世纪 80 年代开始无序翻建而形成的"棚户区";三是"旧工业区"问题,由于城市扩张,已被城市包围且因产业结构转型或外迁遗弃或濒临破产、举步维艰的"旧工业区"。

2) 发展理念

随着城市化发展的深入,在不同历史时期的城市发展政策,经历了不同的更新改造的策略调整与尝试,并最终促进了当前城市再生理论的发展。20 世纪 50 年代以来,西方城市在城市化的进程中,城市的发展开发理念发生过 5 次明显的变化:

① 20 世纪 50 年代的理念是城市重建 (urban reconstruction)。这对于饱经二战影响的各国来说,具有现实意义;

② 20 世纪 60 年代的理念是城市振兴 (urban revitalization)。面对城市经济衰退,振兴经济是推动城市发展的最佳动力;

③ 20 世纪 70 年代的理念是城市更新 (urban renewal)。经济的复苏使得西方国家有更多的财力、物力推动城市建设的更新;

④ 20 世纪 80 年代的理念是城市再开发 (urban redevelopment)。城市的扩张使得土地越来越紧张,对城市的规划整理和开发是城市发展的必由之路;

⑤ 20 世纪 90 年代的理念是城市再生 (urban regeneration)。冷战结束,全球经济一体化,在反思城市发展的成功与失败后,可持续发展成为指导各类社会活动的原则。

每一理念蕴藏了丰富的社会内涵,具有鲜明的时代特征和连续性,同时也反映出城市管理者对城市发展理念的不断思考和升华。中国的现代化城市改造更新始于 20 世纪80 年代,从中国城市改造更新近 30 年的发展历程来看,由于缺乏科学的城市改造理论指导,城市改造过程中出现的问题与西方城市早期改造的经历大致相同:

①对历史遗迹的保护不力,很多有悠久历史价值的建 (构) 筑物在改造过程中遭到了毁灭性的破坏;

②地方政府急于解决眼前问题,政府部门及开发商热衷于城市旧城区的土地置换后的房地产开发;

③盲目地追捧西方城市的早期改造理念,忽略了建筑文化的延续。这种改造理念与实践重复了西方城市早期失败的改造思路,打破了城市的有机综合平衡,损坏了城市发展的长远利益,破坏了自然环境的平衡和传统文化、历史的延续,而最终削弱了城市可

持续发展的空间。

由此可以看出，当前旧工业建筑保护迫切需要解决的问题有：

①处理好城市化发展与旧工业建筑保护再利用之间的矛盾关系；

②判断某个具体的旧工业建筑是否具有保护的价值，若是有，那么应该如何对其进行再利用，即如何为其选择合适的再利用模式，决策后的再利用模式是否符合项目实际，也即项目按此改造后效果如何。

③在目前相关研究缺乏的前提下，如何有效利用全国调研所采集的大量基础信息进行旧工业建筑再利用决策，并应从何种角度出发进行旧工业建筑再利用才符合城市未来发展趋势等一系列决策问题。

我国的大城市一般都是在工业基地基础上发展起的。从1953年开始工业化建设，在几十年的工业化进程中，相当一部分工厂、企业选址驻足城市，如西安市就有陕西钢厂、西安钢厂、西安电缆厂、西安高压开关厂等诸多企业。这些工厂、企业在当时的特定历史条件下，对我国的经济建设和社会发展起到了积极的促进作用。但是，随着社会各项改革工作的全面深入开展，尤其是20世纪90年代以后，这些城市内生产企业的生存和发展环境，较之其建设时期均发生了根本变化。由于历史原因造成工业用地布局不够合理，以及厂区周边用地有限、难以扩大生产规模这一不利条件，为市场经济条件下企业的后续发展埋下了隐患。在激烈的市场竞争中，一些生产企业因其原材料采购、产品销售、规模扩张、生产污染等因素，不适于继续驻留市区，为长远发展考虑，及时做出了搬迁决定；而有些企业因各种原因难以为继，转产或破产。因此，变化了的外部条件，决定了这些适应最初建设环境的生产企业，不得不离开其原来位于城市内的厂区。从城市建设角度来看，一个最突出的问题就是城市建设用地严重不足；而旧工业厂区让出的土地，正是对城市用地的最佳补给。此外，对于生产企业因离开原址而留下的大量建筑资源，无疑是城市建设活动最便捷、最高效的利用对象，可省去大量的场地前期基础性工作，加快建设速度，早日发挥效益。因此，对不再发挥生产功能的旧工业厂区进行改建，已成为现阶段城市建设中的重要内容之一。可以肯定，未来将出现越来越多的城市旧工业厂区改建项目。

（2）保护再利用的意义

旧工业建筑的保护再利用不仅能有效地完善城市服务机能，增强城市历史厚重感，传承城市历史文脉，对实现我国城市建设可持续发展也具有重要意义。通过旧工业建筑的保护再利用，既可以响应节能减排的低碳社会发展目标，又可以保存一个城市珍贵的文化记忆，增强居民社会认同感和归属感。同时在城市特质消失、城市发展景观趋同的严重局势中，对这些旧工业建筑的保护再利用，可以为场所特征的塑造和城市区域景观特色提供契机，提高区域和城市的辨识度。

1）生态意义：提升城市活力

可持续发展是21世纪以来城市发展的重大课题。旧工业建筑的拆除重建不仅产生了大量的建筑垃圾污染城市环境，也造成了资源的重复消耗和浪费。旧工业建筑大多处于城市关键地段，即使原本位于工业时代城市郊区、偏僻河岸的地段，随着城市的发展，如今也成为城市中心区域。优良的地段、宽敞的占地、开放的公共空间都使得旧工业建筑的改造再利用具有很强的可塑性和很好的开发潜力。旧工业建筑本身结构牢固、空间宽敞、特色明显，进行不同程度的改建、扩建和加建，相较于推倒重建的改造模式节省了建设成本。旧工业建筑通过空间环境的改善，可用于展览、文化创意、剧院、餐饮、娱乐甚至特色公寓等多种投资项目，具有较高的投资回报率。因此，不论从短期效益还是长远发展来看，其价值都颇为可观。

2）文化意义：塑造城市灵魂

城市传统工业的衰落，使得工业时代大量建造的旧工业建筑失去实际的生产使用功能，然而它们作为工业时代的产物，在建筑风格、建筑结构、建筑空间、建筑色彩等各方面承载了城市文明和技术发展的历史印迹，体现了城市工业文明的发展历程，反映了时代的社会、文化、经济特色，是一座反映城市历史和文化的"博物馆"。

3）艺术意义：彰显城市形象

当代建筑业的蓬勃发展，使得城市形象缺乏特色，难以体现城市魅力。而旧工业建筑是体现城市形象的关键因素，缺乏旧建筑的城市难以给人留下深刻印象。旧工业建筑体现了城市在特定阶段的建筑艺术特色，旧工业建筑的改造再利用是艺术创作的过程，在原有的老旧建筑基础上进行改建、加建，建筑师通过对立面、空间、建筑体量的改造，引入新材料、新色彩等活跃元素，使得旧工业建筑改造再利用后既能体现原有的工业美感所散发原始的建筑魅力，又能体现时代特色所散发浓厚的艺术气息。

我们在旧工业建筑改造中不应仅以单纯的经济、外观、功能为考虑主体，还要注重以下几点：

①在不破坏城市文脉和环境肌理的条件下，对旧工业建筑进行改造和再利用；

②在对旧工业建筑改造施工过程中，要合理规划，科学拆除，对更换下来的建筑材料以及设备要细致安排，并且合理化利用、减少浪费，节约能源，避免对环境的不利影响；

③在对旧工业建筑改造过程中采用适宜的技术和新型环保材料，为将来的再次改造创造条件，保证改造利用的可持续性；

④尽可能地改善旧工业建筑因为年代的久远和使用性质的差别而产生的巨大能耗，加强能源的有效利用；

⑤对旧工业建筑改造完成后要进行必要的效果评估和后期使用阶段的运营管理跟踪，得到改造对原有旧建筑环境性能改善的量化数据，科学化、规范化，作为今后再次改造的设计依据。

（3）保护与再利用的必要性

旧工业建筑保护再利用不仅可以很好地保留工业遗存，还可以满足现代城市生活需求，适应经济发展需求，有利于生态环境需要，满足人们物质文化诉求。

1）旧工业建筑保护再利用满足现代城市生活需求

人类社会正由传统的工业社会向后工业社会转变，第二产业的比重日趋下降，第三产业逐渐兴起。城市的职能因而发生了很大变化，过去以第二产业为主，在制造业基础上发展起来的城市都出现了不同程度的衰落，其遗留下的旧工业建筑的功能、结构、形态需要得到更新改造或再利用，以适应现代城市新职能和新工作、生活方式的需求。

2）旧工业建筑保护再利用适应经济发展需求

近些年来西方发达国家经济增长速度有时出现负增长，这直接导致对新建筑的需求量减少，政府决策者、投资商、建筑师将目光转向了被闲置多年的旧工业建筑。尽管不是所有情况下的旧工业建筑再生利用都节约资金，但大部分变更功能的旧工业建筑由于建设周期短、基础设施投资小、所处地段环境优越等原因，在综合效益上是非常合算的，尤其是政府对此经常给予一定的政策鼓励和支持。同时，旧工业建筑再利用是劳动密集型产业，需要大量劳动力，而且可带动相关产业的发展。

3）旧工业建筑保护再利用有利于生态环境需要

人们意识到地球的资源是有限的，工业社会的发展速度已经使自然界的平衡遭到破坏。资源的重复利用、节能、恢复自然的生态平衡受到广泛重视。在建筑领域则表现为有意识地更新利用原有的建筑，而不是大规模、盲目地拆旧建新。此外，旧工业建筑在节能方面的优势也成为其更新利用的一个原因。

4）旧工业建筑保护再利用满足人们物质文化诉求

人们意识到现代化城市的弊端，技术不是万能的，它不可能解决所有的问题，特别是人的文化与心理问题。人们对地方传统文化、民族文化价值的新认识使旧建筑的文化价值被重新发掘出来。建成环境所蕴含和形成的文化传统，能够激发起人们的回忆与憧憬，其空间能与人产生交流，人们因他们自身在场所的共同经历而产生认同感，所以旧建筑不仅有文化价值，而且还维系着人类的共同心理结构。

2.2 陕西旧工业建筑

在建筑发展的历史过程中，工业建筑占有重要的地位。它的功能属性表现更突出，能够更主动地使用新的建筑材料与结构，在外观表现上也更少受古典建筑形式的束缚而表现出新建筑的形式特征，因此在古典建筑向近现代建筑转变的过程中，起到了先锋的作用。陕西旧工业建筑，除符合全国旧工业建筑共有的特征外，还存在一些自身特有的特征，以下对陕西旧工业建筑的特征进行简单的描述。本节对陕西旧工业建筑按照其建设年代、结构类型、生产功能和区域进行了划分，并对这四类划分进行举例说明。

2.2.1　陕西旧工业建筑的特征

1）实体特征

陕西旧工业建筑的实体特征主要体现在其承重和围护结构上，对旧工业建筑实体特征的了解对日后的改造设计影响很大。从其结构角度分析，旧工业建筑的承重结构主要具有以下几方面特征：

①质量良好，结构牢固，安全可靠性优良。由于使用功能的限制，旧工业建筑的结构系统能够承受较大荷载，而且其结构强度要远高于其他民用建筑，为后续的改造设计奠定了稳定的基础。

②布置规则，改造可行性突出。工业建筑一般受到生产工艺流程的限制，所以其结构大都具有规则整齐的特征，为改造设计提供了较为宽松的改造条件。

③特征明显，形状突出，标志性明显。工业建筑的结构形象尤为突出，不同类型的工业建筑结构形态迥异，比如锻造车间粗犷的牛腿柱、巨大的吊车梁、纺织车间高起的拱形屋架这些都是工业建筑有别于其他建筑的标志性构件，也正是这些特征决定了旧工业建筑的改造是一种特色改造。

从旧工业建筑围护结构的角度分析，由于年久失修，旧工业建筑的围护系统都会存在一定破损现象，具体体现在以下几方面：第一，墙面斑驳，墙体破损，需加固或修葺；第二，开窗规则，窗体残缺，需整理或更换；第三，屋面老化，保温、防水性能明显下降。如图2.3所示，汉中变压器厂1～3号厂房已经停止生产，其内部空间宽敞规则，结构稳定，由于常年没有人管理，外立面为裸露红色砖墙和铁质窗户，有些许破损。

2）内部空间特征

与一般的民用建筑相比，旧工业建筑的空间较为开敞，且空间中只存在少量简单的划分，容易改造出理想的效果；旧工业建筑的形式往往与生产工艺流程相关，所以旧工业建筑平面规则整齐，平面可塑性极佳，对内部空间功能的置换有很强的改造适应性。例如一些单跨的工业厂房的跨度能到20m以上，而双跨、三跨到多跨的工业厂房更能为改造提供一个良好的空间条件。旧工业建筑的内部空间特征主要有：

①室内开敞，空间规则，场所重塑条件好。旧工业建筑往往具有较高的结构高度，单层厂房的高度也经常突破20m，且空间形状规则。所以，高大而又规则的室内空间，为旧工业建筑的改造提供了良好的空间基础。

②平面整齐，限制较少，功能置换较容易。旧工业建筑的平面往往较为规整，室内空间设计也往往结合大型的生产设备，故其室内空间限制较少，有利于置换新的功能。

③空间组合方式单一，易于实现整合拆分。由于工业生产的模式较单一，其空间组合的方式也较为简单，这样更容易实现空间的整合与拆分，使得改造设计的灵活度大大提高。如图2.4所示为汉中一厂机加工二车间，其内部空间宽敞规则。

图 2.3　汉中变压器厂 1 ~ 3 号厂房外部及内部结构

（来源：课题组摄）

图 2.4　汉中一厂机加工二车间

（来源：课题组摄）

3）室外环境特征

陕西旧工业建筑的室外环境有别于其他类型的建筑，主要是由它的构筑方式与生产运作模式决定的。具体体现在以下几方面：

①场地空旷，地形完整，常有大面积场地。由于生产需要，旧工业建筑厂区往往留有大量空地来堆放生产原料及生产废物，旧工业建筑室外环境较为空旷，与环境结合的较少，但也有利于重新划分功能。

②环境较差，绿化较少，并常伴有污染物。与当今建造的工业建筑的环境不同，旧工业建筑的建造年代往往是以高效生产为建设目标的，其室外环境体现的人文关怀很少，绿化也很少，在荒废之后大量的工业废弃物没能得到妥善处理，成为污染源。

③道路规整，联系便捷，与城市联系较弱。工业建筑的厂区环境一般是井井有条，秩序感强，建筑之间有便捷的联系。但也有的厂区经过多次的扩建后变得杂乱无章，而且作为"模糊地段"的工业厂区，与城市的联系也较弱。

④建筑周围常见配套工业设施，标志性强。除工业建筑本身以外，还有用于工业生产的工业设施及构筑物，如冷却塔、分离塔、筒仓，还有铁轨、机车、龙门吊等，这些设备设施往往体量较大，且形体特征明显，具有较强的标志性。如图 2.5 所示为咸阳某棉纺厂（四厂）入口办公楼的室外景观规划。

综上所述，旧工业建筑的特征归根结底是由于工业生产对建筑的功能性要求而显现出来的。尽管将陕西旧工业建筑的特征总结为三个方面，但这三方面并不是孤立存在，而是辩证统一的关系。从这三个方面由表及里地分析旧工业建筑特征，同时分析在三个层面上的不同特征，也是本书后续论述的基础。

图 2.5 咸阳某棉纺厂（四厂）入口办公楼的室外景观

（来源：课题组摄）

旧工业建筑分类方法很多。本书对陕西旧工业建筑按建设年代、结构类型、生产功能及区域进行分类，并结合案例进行说明。

2.2.2 按建设年代划分

不同年代，工业建筑有不同特征，如陕西早期工业建筑中，无论是民办工业、外贸工业还是洋务工业，都曾沿用传统的旧式建筑。随着时间的推移，工业的逐步发展，工业企业越来越多，厂房区域规划越来越大，工业建筑越来越趋于标准规模化。陕西旧工业建筑年代划分如表 2.1 所示。通过实地调研，我们分析了陕西旧工业建筑在这五个阶段所占比例，如图 2.6 所示，阶段一的陕西旧工业建筑占 0.7%，阶段二的陕西旧工业建筑占 19.9%，阶段三的陕西旧工业建筑占 20.1%，阶段四的陕西旧工业建筑占 26.2%，阶段五的陕西旧工业建筑占 33.2%。

陕西旧工业建筑年代划分　　　　　　　　　　　　表 2.1

阶段	时间	名称
阶段一	1840 年～1931 年	陕西近代工业建筑的萌芽阶段
阶段二	1931 年～1949 年	陕西近代工业建筑的发展阶段
阶段三	1949 年～1965 年	陕西现代工业建筑的启蒙阶段
阶段四	1965 年～1978 年	陕西现代工业建筑的发展阶段
阶段五	1978 年至今	陕西现代工业建筑的转型阶段

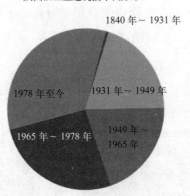

图 2.6　陕西旧工业建筑按年代分布

（来源：课题组的数据分析）

（1）陕西近代工业建筑的萌芽阶段（1840 年～1931 年）

陕西近代工业发展较慢，大多是民间自发的，也有部分是官办或官商合办。由于历史记录的缺失，对陕西这一时期工业建筑和厂区的具体建设情况，已很难查到详细的资料，只能以文献记载和现有研究进行推测。对阶段一的旧工业建筑特征总结如下：

①该时期的陕西工业产业尚未形成规模和体系，厂区内的建筑规划相对比较散乱；

②陕西早期的手工业生产多采用前店后居的形式，店铺、作坊、仓库和住房往往结合在一起，内部空间简单，外观与普通建筑没有明显差异，其分布对城区具有很强的依赖性；

③洋务运动初期，西方工业建筑逐渐被引入，其中最先发展的是西式砖木混合结构的厂屋。如 1866 年的福州船政局，除砖木结构外，其部分厂房已经采用了铸铁柱。又如 1869 年成立的西安机器局，是西安地区最早建立的近代工业企业，其厂房是否使用新建

筑结构和材料还有待考证。到了 1901 年，西安机器局的建筑已有别于普通民居建筑；废弃而复建的西安机器局采用了国内相对先进的工程设计和技术；

④在厂区规划方面，1911 年之后，工业企业对具有一定规模的厂区进行了功能布局初步规划。

（2）陕西近代工业建筑的发展阶段（1931 年~1949 年）

这一时期，由于战乱，为了能够更好地保护仅有的一些民族工业，国家将上海、武汉等地方的部分民族工业迁至后方，陕西由于其特殊地理位置自然是迁址的首选，如第 1 章工业遗产中介绍的宝鸡申新纱厂（陕棉十二厂，现宝鸡大荣纺织有限责任公司）。

根据相关记载，这一时期规模较大的厂房都是百余间，这促使厂区应考虑清晰的功能布局和方便的生产交通流线。如华峰面粉厂内磨粉机楼（生产性建筑）和锅炉房、麦库、粉库、副食品库、办公室及职工宿舍（非生产性建筑）等已经形成一定规范化格局。又如 1935 年建成的西京发电厂内除西式洋楼厂房两座外，还有办公室和职工宿舍、食堂、传达室、游艺室等。可见，此时工业厂区的功能更加丰富，生产区与生活区并置已是一些具有人文精神的工厂所提倡的布局方法。对阶段二的旧工业建筑特征总结如下：

①在建筑结构方面，已经出现砖木结构、钢结构、钢筋混凝土结构的厂房，且主要集中在少数实力较强的民族资本和官办企业中，并未完全普及；在建筑形式上开始摆脱传统建筑的束缚，在多层建筑中，出现新型建筑；

②陕西的厂房建筑开始出现新材料、新结构和新形式的应用。混凝土与钢筋混凝土结构逐步被应用于工业建筑中。钢结构也逐渐被运用于厂房建筑中，但当时我国钢铁工业很不发达，大型的建筑型钢多由国外进口。如图 2.7，大华纱厂纺织车间为大规模钢结构建筑，厂房采用钢屋架、钢柱承重，结构节点采用螺钉锚固；房顶采用锯齿形采光窗；外墙为砖墙，混凝土抹面；屋架上铺屋面板，盖石棉瓦，装有日本进口温湿度调节设备；

图 2.7　大华纱厂钢结构纺织车间

(来源：课题组摄)

③工业建筑出现了多层砖木混合结构建筑，此类建筑有其明显的特征，如有的建筑内部空间中间为木柱支撑，墙体为砖砌；二层以上全铺木地板，铺设在木柱与承重墙之间的木梁上，屋顶设吊顶；建筑立面作统一垂直构图处理，顶部作拱形券，同窗洞形式统一；屋面为平顶，女儿墙稍作变化；

④这一时期，厂房楼板及柱角开始采用钢筋混凝土浇制，装置钢窗，屋面采用柏油石子，下敷油毡，如西京电厂锅炉间及汽轮机间。

（3）陕西现代工业建筑的启蒙阶段（1949年~1965年）

这一时期，国家开始注意对内地工业的投资建设，所以该阶段，陕西工业发展很快，工业厂区规模逐渐扩大，工业建筑注重其功能的同时，也开始注重其外在视觉效果。"一五"计划是陕西工业发展的关键阶段，前文已对三个关键阶段中"一五"计划的陕西工业发展做了详细介绍。

"一五"时期，西安共有17个"156"重点工业建设项目（见表2.2），这些工厂大多由苏联设计，提供成套生产工艺和技术装备，并派遣专家援建。除庆华电器制造厂、惠安化工厂、户县热电厂、灞桥热电厂外，其余13项位于现今西安城市三环以内。这一时期，陕西旧工业建筑主要有以下特征：

陕西"156"项目　　　　表2.2

序号	名称	始建年代	厂址	厂区规模
1	东方机械厂（国营844厂）	1954年动工，1960年基本建成	新城区幸福路	厂区占地135万m²，建筑面积68.3万m²
2	秦川机械厂（国营843厂）	1956年正式建厂，1960年基本完成	新城区幸福路	厂区占地295万m²
3	华山机械厂（国营803厂）	1956年正式开工，1958年基本完成	新城区幸福路	厂区占地359万m²，建筑面积54.97万m²
4	昆仑机械厂（国营847厂）	1955年动工，1957年基本完成	新城区幸福路	厂区占地70万m²，建筑面积39万m²
5	黄河机器制造厂（国营786厂）	1955年动工，1958年通过验收	新城区幸福路	厂区占地77.86万m²，建筑面积47.6万m²
6	庆华电器制造厂（804厂）	1955年动工，1958年第一期工程基本完成	灞桥区田洪正街	厂区占地246.7万m²
7	西北光电仪器厂（248厂）	1953年筹建，1957年建成投产	新城区长乐中路	厂区占地75.54万m²
8	西安惠安化工厂（845厂）	1957年动工，1966年完成	户县余下镇	厂区占地755万m²
9	西安远东公司（113厂）	1955年破土动工，1957年通过验收	莲湖区汉城南路	厂区占地6.8万m²
10	庆安集团有限公司（114厂）	1955年创建，1957年正式投产	莲湖区大庆路	厂区占地37.1万m²
11	东风仪表厂（872厂）	1959年动工建设，1964年主厂房完成	雁塔区东仪路	厂区占地24.5万m²，建筑面积11万m²

续表

序号	名称	始建年代	厂址	厂区规模
12	高压开关厂	1956 年动工，1960 年基本建成	莲湖区大庆路	厂区占地 20 万 m²
13	高压电瓷厂	1956 年动工，1959 年建成投产	莲湖区大庆路	厂区占地 11.3 万 m²，建筑面积 4.4 万 m²
14	电力电容器厂	1956 年动工，1958 年建成投产	莲湖区桃园路	厂区占地 37.06 万 m²，建筑面积 9.88 万 m²
15	绝缘材料厂（446 厂）	1956 年动工兴建，1958 年边基建边生产	莲湖区桃园路	厂区占地 20 万 m²，建筑面积 8.1 万 m²
16	灞桥热电厂	1952 年动工，1953 年正式发电	东郊灞桥区	—
17	户县热电厂	1956 年动工，1957 年正式发电	户县余下镇	厂区占地 89.1 万 m²，建筑面积 12 万 m²

①苏联援建的"156"重点工业项目，提供国内所不熟悉的工业建筑经验，从工业厂区规划到厂前区设计、车间工艺布置、各工种的设计配合与协调、各设计阶段的技术文件的编制等，都有一套完整的成熟制度。厂区进行统一规划，路网系统完整，办公区和生产区两部分功能分区明确。办公区行政楼一般为 2～4 层的砖木结构，木结构屋架，风格特色显著。厂房区间分生活区和生产区两部分，主体基本为钢筋混凝土排架结构，采用单层多跨体系，以形成大跨度的生产空间。工业建筑有明显的"苏式"风格。

②以纺织城为代表的国家安排限额以上建设项目，主要工程由国内设计施工，苏联专家参与指导。厂区通常划分厂前、生产区和库房区，结合产业工人特点，将哺乳室、托儿所等纳入厂区规划中，生活区和库房区统一布局，体现人文关怀。厂内办公建筑为 2～3 层的砖混结构，并多与厂房生活区结合布置。主厂房为单层锯齿形钢架结构，预制屋架和混凝土屋面板。屋顶铺设保温层，双层玻璃锯齿钢窗采光。

③厂区工业建筑质量精良，规划具有前瞻性，至今仍能满足现代的生产组织要求。特别是在车间生活间、工厂绿化和工业建筑的艺术面貌等方面，如机械制造厂中的热加工车间、冷加工车间，纺织厂中的恒温恒湿车间，仪表厂中的洁净车间等，甚至符合现代工艺标准，属于现代工业建筑体系。

（4）陕西现代工业建筑的发展阶段（1965 年～1978 年）

"三线"建设主要位于西安周边地区，对西安市区内的工业建筑影响较少，关中地区是建设重点，并实现预定目标，在全国具有代表性。由于"三线"建设时期西安市区内的工厂建设主要是在原有基础上进行局部改、扩建，并根据国家边设计、边基建、边科研的要求，基建施工期限很短，新建厂房数量较少且建筑质量一般。例如，1965 年由大连迁至西安的陕西钢铁研究所（即陕西钢铁厂前身），其厂房车间在 20 世纪 80 年代以后已基本更新。另有如西安筑路机械厂、煤矿机械厂等部分地方工业在 20 世纪 60 年代改建扩建了一批厂房车间。直到 1978 年以后，随着工业建设的持续稳定，西安现代工业建筑才逐渐有了新的发展局面。

陕西"三线"建设留下的许多国防军工企业在搬迁或产业结构调整后，闲置大量工业建筑，尚未进行合理有效的保护，急需一套较为完整的理论体系来指导再利用，从而更好地解决"三线"企业调整后的遗留问题。"三线"建设时期建造的工业建筑，由于其明显的时代特征，具有历史文化价值，而且经实地调研发现，部分工业建筑被保留了下来。总结其特征有：

①工厂的位置都偏僻、分散，大部分厂房靠山、分散、隐蔽而建；有的大型联合企业，工厂之间相距十几公里；不少企业建设在大山沟壑之中，生产、生活资料供应困难，且山区内信息闭塞，生产出来的产品往往无法跟上潮流，显得过时落伍；

②陕西新建的 400 多个"三线"项目，将近 90% 远离城市，分散在关中平原和陕南山区的小县城，多数是一厂一点，有的甚至是一厂多点，布局分散；工人更处于与世隔绝的状态，许多的厂矿单位里医院、商店、学校设施一应俱全，成为一个封闭的社会，当时人们都用"洞中方数月，世上已千年"来形容这些工厂环境的闭塞；

③"三边工程"。许多建设项目的决策，缺乏科学论证，是边勘测、边设计、边施工。有的工程未经周密勘测，建成后又不得不迁厂另建；有的工程在建设过程中，设计、施工方案多变，建了拆，拆了建，数次变更。

（5）陕西现代工业建筑的转型阶段（1978 年至今）

这一时期的工业建筑可以划分为两个阶段，一个阶段是 1978 年～2003 年，工业产业转型阶段；另一个阶段是 2003 年至今，旧工业建筑改造再利用阶段。

1）1978 年～2003 年，工业产业转型阶段

1978 年以来，陕西工业迅速扩张，工业大规模建设，并不断研发和引进新的技术，使得陕西工业成为推动产业结构转变的主要动力，用现代工业发展来改造和扩展整个工业产业的内部框架，是陕西经济发展最根本的实质。陕西经济发展的实质在于工业化，而工业化的根本不在于工业的单纯增长，而在于经济结构的演变。改革开放给陕西工业结构重组创造了新的机遇，工业的增长与发展，直接影响陕西经济结构的转型与重组。工业转型阶段这一时期前，工业建筑主要有以下特征：

①生产性建筑与非生产性建筑多用钢筋混凝土，质量好，规模大，基础设施完善，工业厂区保存相对完整；

②生产性建筑大跨排架结构和框架结构居多，大型厂区占大比例；

③保留的建筑资料较完善，很多企业有自己的基建部，对其工业生产和辅助生产用的建筑进行设计、施工及后期的运营维护，并建立档案馆以保存建筑资料。

至 90 年代，由于很多工业的生产工艺流程和机械设备跟不上时代的步伐，且生产技

术落后，为了满足经济发展需求，陕西工业进行产业结构调整，从而需重新修建厂区，有的工业企业在原址上重新修建，有的搬离原来的厂址，使得原有的生产车间被闲置或废弃。所以，陕西更应大力探索具有自身特征的旧工业建筑保护再利用的出路。

2) 2003 年至今，旧工业建筑改造再利用阶段

2003 年，陕西钢铁厂成功改造成教学与创意产业园，是陕西旧工业建筑改造再利用的首例，从此拉开了陕西旧工业建筑改造再利用的序幕。近年来，随着全国旧工业建筑保护与再利用的成熟发展，陕西也开始寻求在尽量保存旧工业建筑固有特征的前提下对其进行改造再利用的技术方法。

2.2.3 按结构类型划分

工业建筑按层数分类，可分为单层厂房（多用于重型机械制造、冶金、纺织等工业）、多层厂房（多用于电子、各种轻工业、精密仪器制造、轻型机械制造等工业）和层次混合的厂房，厂房内既有单层跨，又有多层跨（多用于化学工业、热电站）等三类。

从空间特点与改造的适应性角度，可将其总结归纳为三种类型：

(1) 沿单一方向扩展的排架空间，一般为屋顶是刚架的单层空间，包括单跨与多跨两种。一般其一跨约十几米，空间高敞，柱距均匀，形式规则，顶部一般设有天窗，有较好的采光条件。

(2) 柱网结构的均匀空间，这一类空间也有长条形，但从空间特质上看，具备向两个方向扩展的可能性，且因为柱网结构，空间呈现出各向同一性的均匀特征，包括单层与多层两种。一般其空间匀质；单层空间层高一般在 6 ~ 8m，较为高敞；多层空间层高一般在 3 ~ 4m，尺度宜人。

(3) 一些具有特点的空间，以纺织厂房与发电厂房为典型代表，其中纺织厂房一般层高 6m 左右，均质柱网，有连续的锯齿形天窗；发电厂房一般有一个空间巨大的涡轮机车间，一般空间高度达到 40m 以上，巨大空间旁边有辅助多层小空间，一般层高 4m。

又根据旧工业建筑结构特征，从其结构类型角度可分为三种：

(1) "大跨型"旧工业建筑，指单层大跨度的建筑，其支撑结构大多为巨型刚架、拱架和排架等，形成内部无柱的开敞高大空间。这类建筑常见于重工业厂房、大型仓库等，改造成博物馆、美术馆等要求有高大空间的建筑，费用低，极具实用价值。如图 2.8 所示为陕钢厂两个厂房改造成的教学楼。

(2) "特异型"旧工业建筑，指一些具有特殊形态的构筑物，如煤气贮藏仓、贮粮仓、冷却塔等。这类形态特异的建筑，对改造形成很大的制约，但同时也为再生创作提供了想象的空间。如图 2.9 所示为延安卷烟厂锅炉房背面造型及其烟囱。

(3) "常规型"旧工业建筑，指层高较"大跨型"低而空间开敞的建筑，常见于轻工业的多层厂房、仓库等。

图2.8　陕钢厂两个厂房改造成的教学楼

（来源：课题组摄）

图2.9　延安卷烟厂锅炉房背面造型及其烟囱

（来源：课题组摄）

2.2.4　按生产功能划分

工业生产类别很多，其存在的差异很大，对建筑平面空间布局、体型、立面及室内外处理等有直接的影响，因此，生产工艺不同的工业建筑及其附属建筑具有不同的特征。本文首先按旧工业建筑的原有生产性质来划分，再根据不同行业类型对旧工业建筑特征进行描述。

（1）根据第1章对旧工业建筑的定义，工业建筑在功能上的要求使其建筑具有不同的特征，根据建筑在整个生产过程中起的不同作用，按其生产性质划分，有生产性建筑和非生产性建筑，非生产性建筑又分为生产辅助性、仓库储存、工业区配套设施、其他等建筑。第1章表1.1对工业建筑的分类，也符合旧工业建筑按生产性质方面的分类。

①生产性建筑。生产性建筑是工业建筑中从事生产的主要场所，是直接涉及生产工

艺的建筑类型。生产性建筑的形式具有典型的特征，如汉中 813 厂金属钙车间，该车间跨度大，外墙和屋顶围护结构整体保存完好，厂房采用排架结构体系。淡黄色砖砌外墙、双层绿色窗框窗户和淡灰色墙裙为整个厂区增添活力，平屋面小烟囱和两个高耸的烟囱属于工业企业特有的设施，见图 2.10。

图 2.10　汉中 813 厂金属钙车间外立面

(来源：课题组摄)

②生产辅助性建筑。如咸阳某棉纺厂（四厂）打包楼，三层的混凝土结构，其建筑外观良好，外墙皮脱落严重。建厂初期，正值抗战时期，日本侵略者把当时的打包厂误认为是大炮厂，出动 60 余架次飞机对工厂进行狂轰滥炸，使得工厂弹痕斑斑，伤痕累累，事后企业对其进行简单修复，现已停止使用，见图 2.11。

图 2.11　咸阳某棉纺厂（四厂）打包楼

(来源：课题组摄)

③动力设备建筑。如延安卷烟厂的锅炉房，建筑物共有四层，是延安卷烟厂标志性建筑，结构保存比较完好，外部造型很有特色，白色漆面外墙和铝合金窗户与周围环境相融合，高耸的红色砖砌烟囱，相对较为突兀。延安卷烟厂生产线已搬离原厂区，但锅炉房仍在运行使用，为卷烟厂居民小区服务，见图2.12。

图2.12　延安卷烟厂锅炉房外部造型

（来源：课题组摄）

④仓库储存建筑。如延安卷烟厂原材料库房，由于厂区迁走，遗留的库房改造为水电配备房，见图2.13。

图2.13　延安卷烟厂原材料库房外立面

（来源：课题组摄）

⑤工业区配套设施建筑。如汉中变压器厂职工住宅楼，未拆除住宅楼的砖柱顶部做法很有特色，门破坏严重，上有雨篷板，也严重破损；门右侧窗上方的雨篷板也严重破损，见图 2.14。

图 2.14　汉中变压器厂职工住宅楼正立面

（来源：课题组摄）

⑥其他建筑。如宝鸡陕棉十二厂的水塔，见图 2.15。

图 2.15　宝鸡陕棉十二厂的水塔

（来源：课题组摄）

（2）不同的生产需求形成了不同的建筑形式，如表 2.3 所示，按不同行业类型对旧工业建筑进行描述分类，如纺织工业类、石油化工业类、电力工业类、冶金工业类、有色金属工业类、机械工业类、建材工业类和其他轻工业类等建筑。通过整理调研的数据并结合陕西工业志中工业建筑的分类方式，得出陕西各工业建筑所占比例，见图2.16。

工业建筑的主要行业及典型企业 表 2.3

分类	案例
纺织工业建筑	大华纱厂，国营西北第二、三、四、五、六棉纺织厂，国棉三、四、五、六厂，陕棉八厂，陕棉十二厂等
石油化工业建筑	延长石油官厂（今延长油矿），西安集成三酸厂，西北人民制药厂，宝鸡石油钢管厂等
电力工业建筑	西京电厂，灞桥热电厂等
冶金工业建筑	陕西钢铁厂，略阳钢铁厂等
有色金属工业建筑	陕西华山有色冶金机械厂等
机械工业建筑	西北机器局等
建材工业建筑	陕西红旗水泥制品厂，耀县水泥厂等
其他轻工业建筑	延安卷烟厂，宝鸡卷烟厂，汉中卷烟二厂等

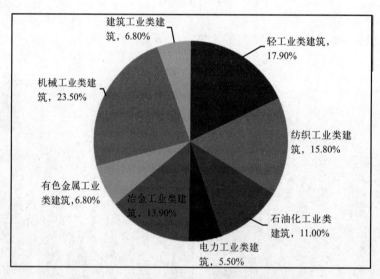

图 2.16　陕西工业建筑按行业类型划分所占比例

（来源：课题组的数据分析）

2.2.5　按区域划分

通过对陕西各个地区的旧工业建筑实地调研，并对数据进行分析研究，总结出陕西各地区旧工业建筑所占比例（图2.17），如西安旧工业建筑占整个陕西的39.3%，宝鸡旧工业建筑占整个陕西的24.9%，咸阳旧工业建筑占整个陕西的8.8%，汉中旧工业建筑占整个陕西的8.2%等。调研过程中，我们对陕西现存工业建筑情况进行了摸底，并针对陕西典型工业建筑分布进行了深入了解，主要集中在西安、宝鸡等城市。

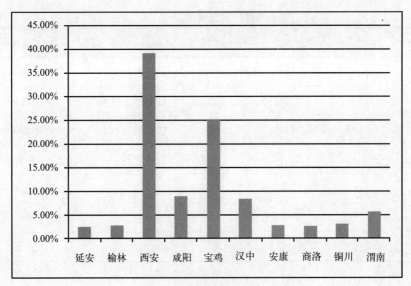

图 2.17 陕西旧工业建筑在各个地区所占比例

(来源：课题组的数据分析)

（1）陕北地区

1）延安

1936 年前的个体手工业者纯属手工劳动。1937 年工程师沈鸿带着 10 台"母机"来延安，制造了部分简单的机械，如纺织机，才开始有操作机械的工人，但公营企业基本上仍属手工操作。21 世纪后逐步形成了以装备制造业、农副产品精深加工业、特色轻工业、油气精细化工及新材料产业等为主的工业结构。以下对延安市现存典型旧工业建筑进行介绍，如延安卷烟厂、延安汽车工业总公司。

①延安卷烟厂

厂区概况：延安卷烟厂始建于 1970 年，1974 年首座新厂房建成。延安卷烟厂先后经过三次搬迁，两次技术改造。2008 年，搬迁至姚店经济技术开发区新厂区，而旧厂区则进行改造。从建筑物角度看，车间多为框架结构，建筑物风格不够独特，没有明确的地域和产业代表性。目前延安市支柱产业较少，着重弘扬红色旅游基地，对于闲置旧工业厂房改造没有足够的重视，政策导向性较为模糊。

厂址概况：延安卷烟厂旧厂区位于延安市宝塔区兰家坪，东侧紧邻延安大学，南侧为胜利广场，配套有小学、幼儿园以及酒店等。厂区内新建住宅小区——延烟小区，原厂区部分改造为临街商业街和农贸市场，该商业街部分处于延安自驾游的必经路上，运营情况较好。建筑物情况见表 2.4。

延安卷烟厂建筑物情况 表 2.4

名称	现存建筑	状态	改造后
延安卷烟厂	U 形厂房（2 号、3 号车间）	已改造	体育馆
	4 号车间	已改造	商业楼
	9 层管理办公室	已改造	望君福国际大酒店
	库房	已再利用	供热中心
	5 层生产办公室	已再利用	物业管理办公室
	2 层生产办公室	已再利用	职工活动中心、双退办
	锅炉房	运行中	—

a.U 形厂房（2 号、3 号车间）建筑概况，如表 2.5 及图 2.18 所示。

U 形厂房（2 号、3 号车间）建筑概况 表 2.5

U 形厂房(2 号、3 号车间)	该厂房建于 1982 年，现已改造成为体育馆，体育场地涵盖羽毛球、篮球、跆拳道等，目前一层利用率较高，为青少年羽毛球训练场地；二层仅有篮球场地和乒乓球场地，其余为闲置车间；三四层为办公室，还有儿童画室和跆拳道社等，目前已不经营。据了解，该体育馆租约到期，将不再续约。车间下一步具体处理情况待进一步了解	建筑	外观良好，满足使用要求
		结构	多层（局部两层，中间四层）框架厂房
		存在问题	梁柱：良好，满足使用要求；墙：局部严重渗漏，墙皮脱落；其他：车间再利用程度低，格局未改造，仅为简单的置换再使用，仍存在闲置车间，用于堆放设备

图 2.18 延安卷烟厂 U 形厂房

（来源：课题组摄）

b.4 号车间建筑概况，如表 2.6 及图 2.19 所示。

4 号车间建筑概况 表 2.6

4 号车间	为扩大生产要求，该车间建于 1988 年。现已改造完成，实现临街商铺的功能，集餐饮、娱乐为一体。一层多为小餐馆，平均容客 30 人左右，还有一个农贸市场目前效益差，9 月份面临关闭闲置；二层餐馆均关闭转让中，二层的电影院也生意惨淡。一层餐馆情况相对较好，但客流量仍少	建筑	外观良好，改造后已投入使用
		结构	单层框架厂房
		存在问题	改造后均已实现装修，部分原车间相关信息无法通过实地调研获取。由原单层厂房改造为二层商铺，在原车间长度方向，直接开洞增加楼梯通往二楼，或在车间墙体外增加电梯以达到载客目的

图 2.19 延安卷烟厂 4 号厂房

(来源：课题组摄)

c.9 层管理办公室：1988 年新建 4 号新生产线后，厂区内新建 9 层管理办公楼。现已被改造成为 10 层，局部 7 层的酒店——望君福国际大酒店，改造较为成功，见图 2.20。

图 2.20 办公室改造为望君福国际大酒店

(来源：课题组摄)

②延安汽车工业总公司

厂区概况：延安汽车工业总公司成立于 1958 年，原名延安汽车修理厂。1984 年前直属陕西交通厅管辖，同年归属于延安市交通局管理至今，占地面积 184200m²。

厂址概况：该厂区位于宝塔区马家湾光华路，对面为高层住宅小区，附近有小学、中学。建筑物情况如表 2.7 及图 2.21 所示。

延安汽车总公司建筑物情况 表 2.7

名称	现存建筑	状态	概况
延安汽车工业总公司	总装车间	闲置	—
	临街办公楼（销售部）	再利用	用于洗车
	一层砖混办公室	闲置	损坏严重
	库房	闲置	堆放杂物
	型钢料库	闲置	—
	自然科学院遗址	荒废	—
	抽油机厂	闲置	10 跨单层厂房；建筑外观良好
	机加工车间	闲置	12 跨单层厂房；建筑外观良好
	底盘测功线	闲置	建于 20 世纪 90 年代；钢筋混凝土结构；建筑外观良好
	汽车改装厂	闲置	11 跨单层厂房；建筑外观良好

图 2.21 延安汽车工业总公司的总装车间、汽车改装厂

（来源：课题组摄）

2）榆林

榆林与内蒙古接壤，皮革和毛纺工业较为发达，后发现煤矿、天然气资源，经过一段时间的能源开发，使得榆林逐渐转向以能源工业为主，并影响其他工业的发展之路。榆林现属于新兴的能源城市。

榆林纺织业占榆林工业经济的很大比重。榆林第一毛纺织厂在政府出资一半的情形下获得了巨大的成功，同年，榆林市政府决定建立精纺企业，即后来的榆林第二毛纺织厂。由于市场的变化、厂子本身管理经验的欠缺，以及国家政策的调整导致榆林第二毛纺织厂于 2005 年停产。后政府决定破立重组榆林第二毛纺织厂，但财力、物力都要投入很多，面临很大的困难。以下对榆林第二毛纺厂进行详细介绍。

厂区概况：榆林第二毛纺织厂属地区企业，是市内唯一的现代化全能毛精纺生产厂家。1985 年 7 月，国家投资在城区西沙兴建第一期工程，1987 年 9 月建成投产。1986 年 10 月投资开始兴建第二期工程，于 1988 年建成。根据档案馆 1984 年 5 月的图纸资料，厂区总占地面积 297 亩（198009m²），生产区占地面积 191.5 亩，生活区占地面积 105.5 亩，总建筑物面积 63948.6m²，建筑系数 27.7%，土地利用系数 43.1%。从建筑物角度看，车间多为传统单层排架结构，建筑物风格不够独特，没有明确的地域和产业代表性，且单层厂房在今后改造过程中增加建筑面积方面可能会存在障碍。

厂址概况：厂区位于榆阳西路 6 号附近，属榆林市中心，地段较好。各类配套设施，比如学校、公园、酒店一应俱全。距离榆林市最繁华的商业街——二街仅有 3km。建筑物情况如表 2.8 所示。

榆林第二毛纺厂建筑物情况 表 2.8

名称	状态	现存建筑	归属
第二毛纺厂	停产闲置	两间维修间	榆阳区政府
	部分拍卖计划拆除	办公中心、主厂房、水处理间、加压泵房、汽车库等	陕西万民实业集团有限公司

① 1 号维修间建筑概况如表 2.9 及图 2.22 所示。

1 号维修间建筑概况 表 2.9

1 号维修间	1 号维修间位于厂区生活区东南侧，东西长、南北宽	建筑	外观基本良好
		结构	砖排架结构，12 跨，跨距 9m，柱距 3m
		存在问题	柱：基本完好，抹灰层脱落严重，部分柱损坏严重； 墙：抹灰层脱落严重，墙面渗漏严重； 管道：管径小，锈蚀严重，无法继续使用； 门窗：两排窗，木门窗框损坏严重

图 2.22　第二毛纺厂 1 号维修间

（来源：课题组摄）

② 2 号维修间建筑概况如表 2.10 及图 2.23 所示。

2 号维修间建筑概况　　　　　　　　　　　　　　表 2.10

2 号维修间	垂直位于 1 号维修间南侧，南北长、东西宽	建筑	共三间房，外观良好
		结构	砖混结构、平屋顶
		存在问题	墙：外墙完好，内墙渗漏严重，抹灰层脱落严重； 屋面：渗漏严重，天花板掉落； 门窗：一排窗，木门窗框损坏严重，难以继续使用

图 2.23　第二毛纺厂 2 号维修间

（来源：课题组摄）

（2）关中地区

1）西安

西安作为西北地区的中心城市，从 20 世纪初开始发展近代工业，形成一批具有影响力的机械、纺织、电工等产业类型。如 1935 年修建的大华纱厂是当时西北地区最大的工业企业，由我国著名纺织技术专家石凤翔创办。大华纱厂在经历了 70 余年的发展之后，于 2008 年宣告破产，厂内现存的纺织车间是西安现存最早的大规模钢结构工业建筑，非常珍贵。新中国成立后，在国家政策的引导下，一批重要的现代工业落户西安，并使西安发展成为西北部的一座重要工业城市。特别是第一个五年计划期间，有 17 个全国"156"重点工业项目在西安建设完成。这些工业厂区大多由苏联设计援建，建筑质量良好且具有时代特色，主要集中分布于市区大庆路附近和幸福路以东区域。此外，东郊由国棉三、四、五、六厂及西北一印形成的"纺织城"，以及后来"三线"建设中的陕西鼓风机厂、陕西重型机器厂等一批骨干企业厂区，都是西安城市工业发展的历史见证。

由于城市发展的需要，许多位于市区的工业企业或即将搬迁，其中不乏西安历史上一些重要的工业厂区。如始建于 1936 年的西安华峰面粉厂（现西安群众面粉厂），是陕西最早的机器制粉企业之一，曾保存有当时主要的生产车间——磨粉机楼。目前，由于该地区的城市建设，厂中这栋在当时属于凤毛麟角的四层建筑，已被拆除。除上述历史工业建筑遗存外，一些建于 20 世纪五六十年代的大型工业厂区同样面临相似的问题。这是由于 2006 年《西安工业发展和结构调整行动方案》中提出："实施二环企业搬迁改造，到 2010 年，基本实现城墙内无工业企业，二环内及二环沿线无高耗能、高污染、不符合城市规划及安全生产的工业企业，力争 2008 年底以前，完成 50% 左右政府主导性企业的搬迁任务"。目前，西安位于二环附近的 13 个国家"一五"重点项目厂区，已有部分企业加入搬迁计划。无论是从历史价值上，还是再利用潜力上，这些工业厂区作为西安20 世纪工业建筑遗产的典型代表，都值得充分地调查研究和分析探讨。

作为城市的重点记忆节点，西安工业文化遗存有着与古代文明相同等的历史地位和影响，对其开展保护研究工作十分必要和紧迫。与国内外城市相比，西安工业建筑遗产研究和实践现处于起步阶段，从城市层面对大量现存工业建筑遗存的基础研究尚属空白，公众对工业建筑遗存的价值认识和保护意识也比较缺乏。而那些有价值的车间厂房、仓库、办公楼等，倘若不及时地给予保护重视，会在城市建设中快速消失而造成无法弥补的损失。

从政策角度出发，在《西安市 2004～2020 年城市总体规划》中，关于工业布局调整要点的规定："优化工业布局，对于大型工业企业，在保证其不影响城市环境的基础上有计划、有步骤地将工业企业搬出城区；对于分散的小型工业用地，利用土地极差，通过土地置换，改变用地性质"。同时，在经济技术开发区、高新技术开发区等设立若干个工业园区，形成工业产业的集聚群。2006 年西安市发布的《工业发展和结构调整行动方案》，要求二环内及二环沿线工业企业逐步搬出市区，进入相应的开发区或工业园区。搬迁方式分为政府主导性、政府引导性和适时搬迁三种，目标是到"十一五"末基本完成无污染企业。据统计，西安二环内及二环沿线工业企业 364 户，占地面积 18840 亩，高能耗、重污染、不符合城市规划和安全生产的企业 22 户。

从学术研究角度看，2011 年，由王西京和陈洋主编、中国建筑工业出版社出版的《西安工业建筑遗产保护与再利用研究》，全面梳理了西安城市工业及工业建筑的发展历程，系统阐述了西安旧工业建筑的构成、类型与特征，对一些具有地域代表性的再利用案例进行了有益的探讨，是西安旧工业建筑研究保护的重要成果。通过挖掘具有西安特色的工业遗产文化，探索富有成效的保护与再利用策略。2014 年 11 月，中国第五届工业建筑遗产学术研讨会暨中国历史文化名城西北片区会议在古城西安召开。会议结束后，与会代表对大华·1935、大明宫遗址公园、贾平凹文学艺术馆、西安建筑科技大学东校区、西安纺织城等工业及历史文化遗产进行了考察；随后，学术界展开了对西安闲置的旧工业建筑保护利用的探索，西安市内的一些老工业厂区的价值普遍得到社会各界的认可。

总之，西安属于欠发达的内陆城市，经济发展没那么迅速，艺术区和文创产业的受众群体较少，所进行的改造模式也只是浮于表面，房地产为了谋取利益，变相地对原建筑进行过度商业开发，大量历史建筑遭到拆除和改建。据初期调研，西安市内已经闲置的废旧工业厂区和即将闲置的工业厂区不在少数，并存在一些问题。它们大部分是具有历史价值的工业遗产，有的是清末民初所建，有的是新中国成立后，"一五"计划、"三线建设"时期建造的工业建筑。这些工业厂区中的建筑工业特色鲜明，是西安市工业发展记忆的载体，有很高的再利用价值。以下对部分西安典型旧工业建筑进行介绍。

①西电公司高压开关厂概况如表 2.11 及图 2.24 所示。

西电公司高压开关厂概况

表 2.11

厂区概况	厂区的行政楼是厂区的标志性建筑，是厂区的主入口，也是苏式建筑风格老建筑。厂区办公楼的立面是苏式建筑风格的横向三段式，中间凸起部分有细致的纹饰，顶部有一个木结构方塔。三层的办公楼主体是砖混结构，占地 1533 m^2，建筑面积约 4912 m^2。该楼的沿街立面贴花岗岩板材，厂区内部也进行了修葺与维护；另外厂区内处在办公楼旁边，还有一栋建于 20 世纪 90 年代俄式风格的建筑。目前，厂区仍沿用原来的布局，工业遗存主要是行政楼，主厂房内已经更新为近现代的新型生产车间，厂区内的路灯、垃圾箱、标志牌等构筑物已更换为现代的设备设施，厂区内的景观绿化面积较多，环境宜人
厂址概况	位于西安市莲湖区大庆路 509 号，建于 1956 年，全厂建筑总面积达 38.4 万 m^2

图 2.24　西电公司高压开关厂行政楼

②西电公司高压电瓷厂概况如表 2.12 及图 2.25 所示。

西电公司高压电瓷厂概况　　　　　　　　　　　　　　　　表 2.12

厂区概况	办公楼是高压电瓷厂保存下来的标志性砖混结构的老建筑，立面为苏式建筑风格的"三段式"，共三层，东西方向 55.23m，南北方向 18.84m，建筑占地约 1041m²。歇山式的屋顶，采用木屋架，屋顶采用单层红瓦双坡屋面的形式。主厂房的结构是钢筋混凝土排架结构，建于 1958 年，厂房南北方向约 276m，东西宽约 150m。厂房南侧为生活区，北侧为生产区。由于生产的需要，在主厂房基本保存了原有建筑的特征，主厂房的四周加建较多，外立面因外界因素而磨损被重新粉刷，外观变化较大。厂区内延续原有的生产功能，完全可以满足近现代办公的需要，目前仍在使用中
厂址概况	位于西安市莲湖区大庆路 33 号，原来是中南电瓷厂筹备处。始建于 1956 年，建厂面积完成 37.06 万 m²，生产建筑面积 9.88 万 m²，1964 年底正式使用

图 2.25　西电公司高压电瓷厂主厂房

（图片来源：http://image.so.com）

③华山机械厂概况如表 2.13 及图 2.26 所示。

华山机械厂概况　　　　　　　　　　　　　　　　表 2.13

厂区概况	厂区主要分为厂前区和生产区，由绿化带分割。厂区的布局形式采用中轴对称，路网系统合理，有独立的铁路专用线和铁路货运站。华山机械厂区内主要的工业遗存是 19 号、20 号、29 号三座厂房和以生产为主的 1 号、2 号、3 号三座生产车间，均是建厂初期苏联设计。19 号、20 号、29 号三座厂房主要功能是办公，三栋建筑风格统一，均建于 1958 年，外立面采用灰色清水砖墙。19 号厂房作为厂区的标志物，坐落在厂前区的中轴线上；20 号、29 号位于中轴线的两侧，风格一致，差异不大。两侧的道路是员工进入生产区的主要通道，三座歇山屋顶式的厂房围合出的厂前院落空间开敞，厂区的景观空间也采取中轴对称的方式，道路两边种植行道树，在厂前区设置水体，厂区绿化丰富，种类繁多，还设有旗杆、灯柱、垃圾箱、公示栏等基础设施，环境绿意盎然。华山机械厂基本保留并沿用原有规划，对早期主要建筑进行维护整修，车间外墙被刷成白色，厂区格局和面貌保存完整
厂址概况	位于西安市新城区幸福中路 37 号，1958 年基本建成。厂区东西向约 850m，南北约 480m，成长方形，该厂占地面积 359 万 m²，建筑面积 54.97 万 m²，其中生产性面积 23.5 万 m²。1998 年，更名为"西安华山机械工业有限公司"

(a) 厂区景观   (b) 厂前区办公楼 19 号

图 2.26　华山机械厂厂区景观与厂房建筑

④国营西北第三棉纺织厂（简称国棉三厂）概况如表 2.14 及图 2.27 所示。

国棉三厂概况　　　　　　　　　　　　　　　　　　　　　　表 2.14

厂区概况	厂大门为建厂时所建，两侧为传达值班室，门洞限高 4m，由于车辆进出，门洞上部分纹饰已损坏，近期由于城市规划化的需要，该大门由原来的黄色被粉刷成灰白两色。主厂房东侧为两层砖混结构办公楼，也是工人进入生产区的出入口，主厂房为钢筋混凝土排架结构，主厂房内的车间主要有前纺车间、细纱车间、准备车间、织车车间、整理车间、修机车间，其他的厂房有加建的两万锭框架结构的大楼，混凝土结构的库房，砖混结构的车队库房，原托儿所的砖木结构建筑现在主要用来办公。由于厂外修路，已被拆除三分之一。在"关、停、并、转"的生存危机中，于 2014 年 9 月停产，现处于闲置状态。遗存有主厂房、行政楼、托儿所等
厂址概况	位于西安市灞桥区纺织城西街 168 号，位于纺西街以西，铁路专用线以东、西北一印以南。全厂占地总面积 69.5 万 m²，其中生产区占地 16.2 万 m²

(a) 原来的厂大门   (b) 现在的厂大门

(c) 国棉三厂办公楼   (d) 加建的两万锭大楼

图 2.27　国棉三厂现状（一）

(e) 仓储库房与铁路专用线   (f) 托儿所

图 2.27 国棉三厂现状（二）

⑤国营西北第四棉纺织厂（简称国棉四厂）概况如表 2.15 及图 2.28 所示。

国棉四厂概况   表 2.15

厂区概况	生产区以主厂房为中心，其他建筑按生产要求分布于主厂房四周，成为主厂房的辅房，主要建筑物有主厂房，辅房，办公大楼，原棉、成品、机物料、油料、废棉仓库，深井泵房，水池及厂区食堂，哺乳室，托儿所等。国棉四厂的厂大门已有 50 余年历史，总宽 29m，大门两侧为对称布局的两层砖混结构建筑，西为厂区食堂，东为托儿所。主厂房外立面是仿苏式风格，分东西两部分，东侧为三层办公楼，也是通往车间的主入口，南北长 344.59m，东西宽 224.48m，内包括 7 个生产工序车间，除办公楼立面外，其他三面均被加建。主厂房为单层钢筋混凝土排架结构，屋顶锯齿为预制三角形屋架，与大梁焊接，上铺预制混凝土板及保温层，屋面为波形石棉瓦，双层玻璃钢窗采光。主厂房四周的辅房包括办公室、更衣室、厕所、医务室、浴室、空调房、保全室，一应俱全。根据生产工艺流程，主厂房为清梳车间、并粗车间、细纱车间、筒并捻车间、准备车间、织布车间、新织造车间、整理车间、丝绸车间。仓库沿铁路专用线位于厂西，可以和五厂合用，办公大楼位于主厂房之东，门内外都看不到锯齿形厂房，整体布局雄伟壮丽
厂址概况	位于西安市灞桥区纺织城西街 168 号，国棉三厂以南。1953 年 3 月开始筹建，1956 年 9 月正式投入生产，后改为陕西唐华四棉有限责任公司，2015 年彻底停产后已搬至新厂区

(a) 厂区破败的景象   (b) 厂大门

图 2.28 国棉四厂现状

⑥国营西北第五棉纺织厂（简称国棉五厂）概况如表 2.16 及图 2.29 所示。

国棉五厂概况		表 2.16
厂区概况	主要建筑均按 7 度设防，主厂房为单层锯齿形装配式钢筋混凝土结构，办公楼、辅助车间和生活区建筑分别为砖混结构和砖木结构。生产区建筑面积 9.9 万 m²，生产辅助车间分设在主厂房四周，构成整体，办公楼为二层混合结构，与主厂房相连。仓库沿铁路专用线布置，靠近清花车间，生产区路网结构是环形的，交通便利。20 世纪 80 年代，主厂房前办公楼，经过翻修，由原两层砖混结构加建为三层，立面变化较大。主厂房柱间距 6m×7.8m，门梁底标高 4.8m，由于生产需要，主厂房四周加建了多层厂房。仓库为单层气楼式钢筋混凝土结构，沿铁路专用线布置，包括一座成品库、两座原棉库，每栋建筑面积 5118m²。库房西侧的铁路专用线，依次连接着西北一印、国棉三厂、国棉四厂、国棉五厂、国棉六厂以及国棉十一厂。现厂区仍在生产运营	
厂址概况	位于西安市灞桥区纺织城西街 158 号，紧邻国棉四厂，1957 年底建成	

图 2.29　国棉五厂主入口和厂区

⑦国营西北第六棉纺织厂（简称国棉六厂）概况如表 2.17 所示。

国棉六厂概况		表 2.17
厂区概况	1956 年国营西北第六棉纺织厂开始建造，2 年后，土建工程全部竣工，建筑面积 157067.4m²，其中生产性建筑 53444.7m²，生活性建筑 53622.7m²。国棉六厂大门为建厂初期所建，保存良好，主厂房相比其他厂的规模要小。主厂房东侧为三层砖混结构的办公楼。20 世纪 80 年代后到 90 年代早期，是国棉六厂平稳发展，不断创造佳绩的时期，棉纱市场供不应求，填补陕西省无纺布生产的空白。2008 年，唐华集团破产，六棉被迫停产，车间封存。现改为商业开发用地的缤纷新城	
厂址概况	位于西安市灞桥区纺织城西街 108 号，国棉五厂的南侧，后改为唐华六棉有限责任公司	

　　灞桥纺织城的工业遗存分布比较集中，核心区面积约 5.4km²。三、四、五、六厂四家纺织厂并行排列，与西北一印连成一个美观而整齐的联合体。各个厂区建设时间非常接近，建设的背景、要求、布局也很接近，都保留有完整的规划格局，主厂房和办公楼大多保存比较完好，主厂房均为锯齿形车间，除柱间距和跨数等有一些差别外，其建筑形式、结构等也基本相同。建成后，根据生产的需要，在主厂房四周加建较多，原车间立面被完全遮挡，从外侧只看见办公楼正立面的原状。加建的辅助用房毫无章法，掩盖了纺织车间的特点。纺织城工业厂区的西北一印、国棉三厂、四厂、六厂四家老纺织企业，

实施政策性破产后，目前由西纺集团管理。还有如西安东郊纺织科研所、陕西延河水泥机械厂等中型企业分布在纺织城工业厂区内。

现阶段就全国而言，以西安为代表的区域性中心城市，在进一步强化城市产业发展的同时，借鉴北京、上海等大城市的经验，逐步向综合化、规模化、多功能方向转化，城市结构与城市产业结构正在发展中调整，重点是要形成城市产业特色、城市新区建设特色，提升城市竞争力和活力。

2）咸阳

咸阳的纺织业较为发达，是我国"一五"、"二五"时期建立的纺织工业基地。咸阳市工业基本上分布在三个各具特色的区域。一是铁路沿线，即秦都区、渭城区及兴平等县，产业门类较多，产品比较齐全，主要是纺织、电子、机械、化工及食品工业，占全市工业规模近90%。二是中部地区，即乾县、礼泉及泾阳等县，主要是建材、纺织、食品及造纸、机械、电工等工业。三是北部地区，即长武、永寿、淳化等县，主要是煤炭、电、制药及卷烟、食品等工业。然而，企业改制，城市发展，生态环境恶化，生产技术条件不符合产业升级的要求，很多纺织企业破产倒闭或搬迁原址，从而遗留一大批旧工业建筑，这些建筑面临着严峻的问题，或是闲置，或是拆除。

在纺织等对光线有特殊要求的产业中，厂房的朝向布置和开窗形式是重要的考虑因素，在设计中既要满足充分的自然采光的需求，又要防止眩光的出现对工人观察生产情况的影响。因此，大多数纺织厂的厂房车间采用带侧高窗的锯齿形设计。纺织工业建筑的平面形式多为简单的长方形，在长方形的一端组织出入口，各种流线简单明了。另外，厂房建筑因多种工艺需求等原因，多体现出单元式的重复，外观上形成独特的韵律感。厂房建筑的立面一般较为简单，山墙面随着空间的形式多成锯齿形和三角形，顶部做一小段压顶檐，材质上与山墙区分开来。厂房长边所在的面出于采光和通风的需要通常被大片的窗户占据，很少砌筑实墙体。如咸阳陕棉一厂和陕棉八厂的锯齿形车间。

①咸阳某棉纺厂（一厂）概况如表 2.18 及图 2.30 所示。

咸阳某棉纺厂（一厂）概况　　　　　　　　　　　　　　　　　表 2.18

厂区概况	咸阳某棉纺厂（一厂）是中华人民共和国成立后，由中央人民政府纺织工业部决定在西北地区兴建的第一个棉纺织厂，由西北军政委员会副主席习仲勋亲自选址。1951 年全面动工建设，当年的建设者们边建设、边安装，当时，他们把纱场、布场、机电、辅助设备四个部门的安装同时铺开，提前建成了西北地区第一个棉纺织企业。1952 年正式投产后，仅用了两年半的时间，就将国家建厂总投入全部收回。1998 年，咸阳某棉纺厂（一厂）设立纺织股份有限公司，这是该厂的第一次改制。1999 年，一厂进行了二次改制。2008 年，咸阳某棉纺厂（一厂）宣告破产
厂址概况	位于渭城区人民东路西段，交通便利
建筑物概况	厂区内有锯齿车间、办公楼、机修车间、生产车间数间。如两层生产车间一层是生产车间，设置外廊楼梯，二层是办公室；墙体抹灰层脱落严重；屋面局部渗漏

图 2.30　咸阳某棉纺厂（一厂）厂房概况

（来源：课题组摄）

②咸阳某棉纺厂（四厂）概况如表 2.19 及图 2.31 所示。

咸阳某棉纺厂（四厂）概况　　　　　　　　　　　　　　　　　　表 2.19

厂区概况	成立于 1998 年 4 月，由陕西第八棉纺织厂与职工持股会合资建的股份制企业
厂址概况	咸阳市人民路 32 号，住宅小区较多。厂区斜对面为原家属楼，正对街道有街边小商贩，人流量较大
建筑物概况	打包楼、牛仔布生产车间、库房、锯齿车间、其他生产车间、医院等，在此仅介绍锯齿车间。锯齿车间建筑保存良好，东侧边跨天窗低，南侧跨为木结构锯齿车间利于采光

图 2.31　咸阳某棉纺厂（四厂）锯齿车间

（来源：课题组摄）

3）宝鸡

宝鸡是中华人民共和国重点建设的老工业基地，是中国第一个五年计划、第二个五年计划和三线建设时期重点建设的工业中心之一，苏联援建的 156 个重点项目之中，有多达 7 个落户宝鸡（包含兴平专区项目）。经过 60 多年的努力，宝鸡已发展成为以国有大中型企业和国防军工企业为骨干、产业门类比较齐全的重要工业基地。如表 2.20 所示为宝鸡的九大基地建设内容。

宝鸡的九大基地建设　　　　　　　　　　　　　　表 2.20

序号	基地	案例
①	重型汽车和汽车零部件基地	如陕汽集团、法士特等企业
②	有色金属冶炼压延加工和矿业基地	以宝钛集团、东岭集团、龙钢等为龙头
③	数控机床制造基地	以秦川发展和宝鸡机床等为龙头
④	石油装备制造基地	以中国石油宝鸡石油机械有限责任公司、中国石油宝鸡石油钢管有限责任公司等为龙头
⑤	食品工业基地	以宝烟好猫、猴王、西凤酒、太白酒、青岛宝啤、得力康、惠民乳品等为龙头
⑥	水泥及新型建材制造基地	以海螺水泥、扶风冀东水泥、千阳秦岭水泥、岐星水泥、社会水泥、金德铝塑管业等为龙头
⑦	航空安全装备产业基地与电器电子产业基地	依托中航宝成航空仪表公司、凌云电器公司、长岭电子科技公司等龙头企业
⑧	医药产业基地	打造太白山药谷大品牌，以辰济药业、金方制药、秦明电子、秦岭制药、金麒麟药业等为龙头
⑨	轨道交通产业基地	依托中铁宝桥集团有限责任公司、宝鸡南车时代工程机械有限公司、中铁电气化局集团宝鸡器材有限公司、陕西宝光集团有限公司等企业

宝鸡工业起步于 1937 年陇海铁路修建，新中国成立后经过"一五"和"三线"建设时期国家的投资，使宝鸡工业逐步发展壮大，并成为我国西北重要的工业基地。宝鸡工业形成和发展经历了四个阶段：

①近代工业的诞生和兴起。宝鸡近代工业起步于 1937 年，抗日战争爆发后，随着陇海铁路的建成，沦陷区的一批民族工业先后迁入宝鸡，主要有陇海铁路宝鸡机车修理分厂（今宝鸡石油机械厂）、荣氏家族汉口申新第四纺织厂（今陕西第十二棉纺厂）、西北机器厂等 17 家工厂。抗战期间，工业合作运动也在宝鸡蓬勃兴起，先后建成了炼铁、采矿、采煤、纺织、服装、酿造、机器制造等 20 多个生产合作社。1949 年 7 月，宝鸡的工业企业达到 85 家，其中机器工厂只有 7 家，其余均为手工业。

②国家"一五"重点建设时期。从 1953 年起，国家投资在宝鸡建成了宝鸡仪表厂、长岭机器厂、宝鸡石油钢管厂、宝鸡酒精厂、烽火无线电厂、群力无线电器厂、陕西机床厂、

渭阳柴油机厂等大中型企业，形成了以机械、电子工业为重点的工业基地。到1957年，宝鸡的大中型国有企业达到26户，全市工业企业发展到408户，工业总产值在工农业产值中的比重达52.3%，标志着工业主导地位开始在宝鸡确立。

③国家"三线"建设时期。进入20世纪60年代后，根据当时的国际国内形势，宝鸡被列为国家"三线"建设重点地区，一批沿海企业的内迁和一批国防企业的兴建，使宝鸡工业建设迎来了第二次发展高潮。这一时期，国家在宝鸡建设了39个项目，共有27户大中型企业在宝鸡建成投产，包括宝光电工厂、秦川机床厂、宝鸡桥梁厂、宝鸡铲车厂等，使宝鸡在机械、电子等工业方面的优势更加突出。

④改革开放初期至现在。这一时期，国家对宝鸡工业方面的投资，主要是宝二电项目。通过深化改革、调整结构、参与竞争，工业结构在不断优化，企业规模在不断壮大。经过30多年的发展，宝鸡基本形成了门类比较齐全的偏重型工业体系，确立了西北工业重镇的地位。

以下对宝鸡陕棉十二厂、宝鸡卷烟厂等典型旧工业建筑进行介绍。

①陕棉十二厂

厂区概况：1938年，建于汉口的申新第四纱厂，为避免战祸，内迁宝鸡十里铺，并创建申新第四纺织公司宝鸡分厂（简称申新纱厂，即今陕西第十二棉纺厂的前身）。1940年起，历时一年多，开挖山洞作为工作场地，最终建成一个有24个直洞、6个混洞，总长5885英尺，总建筑面积52180平方英尺的纺纱厂。之后为生产配套和职工生活服务，还先后在十里铺建成机器修造厂、发电厂、面粉厂、造纸厂，实行多种经营。1951年该厂连同福新面粉厂、宏文造纸厂、新秦机器厂与陕西省工业厅实行合营，更名为公私合营新秦企业有限公司。1952年到1954年，国家投资扩建纺织厂，新建22400m² 纺纱厂房，改造原有纱厂厂房9845.9m²，于1954年投产。70年代后期，由国家贷款，又扩建生产厂房15000m²，于1980年正式投产。经过半个世纪的发展与革新改造，至1990年末，全厂占地面积扩至447006m²，建筑面积207692m²，其中工业生产用面积88110m²，现厂址为宝纺集团。

厂址概况：厂址位于十里铺北塬下，陇海铁路以南，占地面积400亩。

建筑物概况：宝鸡市金台区人民政府于2016年将薄壳车间、申福新办公楼和乐衣别墅的宝鸡申新纱厂窑洞车间旧址列为宝鸡市金台区重点文物保护单位。在此仅介绍代表性的薄壳车间和窑洞车间，分别如表2.21和图2.32、表2.22和图2.33所示。

薄壳车间			表2.21
薄壳车间	建筑	建筑外观良好，部分屋面脱落	
	结构	单层薄壳结构，一跨两波	
	其他	目前车间由私人工厂租用，缺乏建筑保护意识	

图 2.32　陕棉十二厂薄壳车间

（来源：课题组摄）

窑洞车间　　　　　　　　　　　　　　　　　　　　　　　　　表 2.22

窑洞车间	建筑	建筑外观较差，墙皮大面积脱落，杂物堆积现象明显
	结构	极具特色的窑洞结构
	其他	通风良好，夏季室内温度舒适

图 2.33　陕棉十二厂窑洞车间

（来源：课题组摄）

②宝鸡卷烟厂

厂区概况：宝鸡卷烟厂是中国烟草总公司所属大型骨干企业之一，西北地区规模最大的卷烟生产厂家，已有四十多年的生产历史。1949 年，中国人民解放军宝鸡军管会接受"华兴烟厂"，并由宝鸡军分区供给部经营，取名"新宝烟厂"。2005 年，陕西中烟工业有限责任公司顺利完成管理体制改革，正式挂牌成立，标志着陕西烟草工业步入了规模化经营、一体化管理的新运作模式，进入了更高起点、更高水平的发展阶段。

厂址概况：宝鸡卷烟厂旧址位于高新大道 100 号高新八路。宝鸡目前全力发展高新区建设，地势平坦，交通便利，生态环境良好。

建筑物概况：在宝鸡卷烟厂旧址上进行建设，总用地面积 94947.15m²，建设用地 86669.21m²，其中音乐厅、科技馆、群众艺术馆及美术馆为新建建筑，图书馆和青少年活动中心为既有建筑改造扩建工程。宝鸡文化艺术中心是"五馆合一"项目，集合科技馆、音乐厅、群众艺术馆及美术馆、图书馆、青少年活动中心五个部分。宝鸡文化艺术中心项目中，图书馆属于旧厂房改造再利用项目，图书馆建筑面积为 21809m²，其中 1500m² 是保留锅炉房作为公共书吧及休闲空间。如表 2.23 和图 2.34 所示。

宝鸡卷烟厂建筑物　　　　　　　　　　　　　　　　　　　　表 2.23

名称	始建年代	现存建筑	改造后功能
宝鸡卷烟厂	1949 年	两层 U 形框架车间	图书馆
		锅炉房	公共书吧和休闲空间

图 2.34　宝鸡卷烟厂 U 形框架车间和锅炉房

(来源：课题组摄)

宝鸡文化艺术中心项目已经完成地质勘探、结构检测、宣传牌布置、可研报告、环评报告等工作。宝鸡卷烟厂旧址也已正式移交给项目建设指挥部，原有建筑物的拆除工作正式开始，目前共拆除大小建筑物 8 座，拆除面积约 24000m²，完成南区拆除总面积的 40%，项目工程工期约 1069 天。

③宝鸡灯泡厂

厂区概况：1958 年第四机械工业部投资兴建宝鸡灯泡厂，1960 年主厂房竣工，填补了陕西省电光源生产的一项空白。1985 年，为适应现代化生产配套的需要，宝鸡灯泡厂与宝鸡灯头厂合并，灯头厂改为宝鸡灯泡厂灯头分厂。现北照公司（原宝鸡灯泡厂）部分厂房由私人承包，生产日用灯，约有 1000 名员工。目前部分厂房闲置不再生产。

厂址概况：宝鸡市渭滨区川陕路 17 号，处于城市边缘，地理位置不佳。

建筑物概况：车间多为砖混结构，建筑外观差，存在大量闲置厂房，少量生产车间基本门窗围护都没有，墙体锈蚀损坏严重，且建筑物没有地域或结构特点，如图 2.35 所示。

图 2.35　宝鸡灯泡厂

（来源：课题组摄）

4）宝鸡蔡家坡镇

蔡家坡镇隶属于陕西省宝鸡市岐山县，位于全省"一线两带"的核心层和宝鸡工业强市的重要区域，工业是蔡家坡镇的主导产业，重点发展以汽车工业为主导的铸造基地和锻造基地。六个工业园区围绕特色项目，突出主导产业，规模化、品牌化、效益化水平日益提高。以众喜水泥为龙头，构筑建材、能源产业区；水寨工业园以华祥食品为龙头，建立食品产业区；以金方、济生药业和丰宝化工为龙头，突显医药化工产业；以陕西九棉、信念服装为龙头，形成了纺织服装产业；以圣龙纸业为龙头，福达、天德纸品为依托，造纸及纸制品产业在规范和环保的基础上，稳步发展。如今，蔡家坡以汽车制造、建材、食品、纺织服装、造纸及纸制品六大骨干产业为主体，以数以千计的个体私营经济为补充，产业格局日臻完善。

①西北机器局概况如表 2.24 及图 2.36 所示。

西北机器局概况 表 2.24

厂区概况	西北机器厂（709 厂）是我国电子行业从事专用设备研制的大型企业。1940 年建厂至今，开发研制了上千个品种十万台套精密专用设备和自动化生产线，装备了国防、冶金、轻纺、印刷等行业及科研单位和高等院校。现有职工 3900 余名，各类专业技术人员 900 余名，工厂占地面积 69 万 m²
建筑物概况	由于此前进行过建筑物翻新及外立面重新装饰，所以建筑物整体情况良好，建筑物信息较完善，结构多为薄壳和排架结构。个别建筑物外观局部出现渗漏、墙皮脱落等老化问题，公司基建处定期进行厂区检修工作，故能及时解决厂房建筑存在的隐患，延长其使用寿命。部分排架结构车间采用天窗采光，整体采光通风效果较好

图 2.36 西北机器厂的大跨车间和薄壳车间

（来源：课题组摄）

②陕棉九厂概况如表 2.25 及图 2.37 所示。

陕棉九厂概况 表 2.25

厂区概况	始建于 1941 年，新中国成立前隶属雍兴实业股份有限公司，系中国银行投资创办，原名雍兴实业股份有限公司蔡家坡纺织厂。1949 年 7 月蔡家坡地区解放后，由宝鸡市军管会接管，同年 9 月改名西北人民纺织建设公司第二纺织厂。1951 年、1952 年和 1953 年又分别改名为西北纺织管理局第二棉纺织厂、国营西北第四棉纺织厂、陕西省第二棉纺织厂，1966 年改今名，现隶属陕西省纺织工业总公司
建筑物概况	大部分厂房拆除改建成小区，部分厂房私有化；厂房是排架结构的锯齿形厂房，具有该类厂房共有的特点。保留的两栋职工住宿楼屋檐呈一定的弧形状，曲线形式打破了方正外立面的单一性，是该楼的一大亮点。青砖砌筑，建筑整体美观

图 2.37　陕棉九厂的职工住宿

（来源：课题组摄）

③陕西渭河模具总厂（又称 702 厂）概况如表 2.26 及图 2.38 所示。

陕西渭河模具总厂概况　　　　　　　　　　　　　　　　　　　　　表 2.26

厂区概况	兴建于 1960 年，于 2014 年改制成陕西渭河工模具有限公司。公司占地面积 34.5 万平方米，位于西部工业重镇蔡家坡，东临西安，西靠宝鸡，陇海铁路，西（安）宝（鸡）高速公路由此经过，西宝高铁岐山站于 2013 年正式运营开通，交通十分便利
建筑物概况	建筑信息卡和疏散平面图完善，建筑多为单层排架结构，矩形平面，利用天窗采光。建于七八十年代的车间保护完整，仍然在生产中。厂区整洁干净，不能满足生产功能的车间也没有进行拆除，建筑物外观情况良好。部分不能满足生产功能的车间，中间用砖墙分隔，用作车库，物尽其用。如图 2.38 为 702 厂家属区里保存完好的影剧院

图 2.38　702 厂家属区里的影剧院

（来源：课题组摄）

（3）陕南地区

1）汉中

汉中工业经过新中国成立后几十年的集中建设和发展，工业规模不断发展壮大，经济实力不断增强，逐步形成了行业众多、门类齐全的工业体系，已成为汉中经济的支柱。从汉中工业经济运行轨迹的角度出发，在发展速度上，出现的两次增长高点都是由于对工业有了大量的投入。第一次是"三线"建设时期,一大批中省企业内迁汉中,大规模投资建厂。汉中根据其资源、交通等实际情况,投资建设了一批地方国有企业,如原地区磷肥厂、地区钢铁厂、略阳发电厂、地区造纸厂、地区变压器厂等,带动了汉中工业的发展,成为汉中工业发展史上的一个重要时期。第二次是改革开放以后的80年代,汉中工业快速发展。"三线"时期建成的中省企业和地方国有企业发挥效益,发展势头强劲;汉中卷烟一厂和卷烟二厂不断扩大生产规模。由于投资的拉动,使汉中市当时工业发展速度在全省处于领先水平,成为汉中工业发展史上又一个增长高点。

从"三线"建设时期中省企业内迁至今,汉中工业的壮大始终都凝聚着中省企业的智慧和辛劳。中省企业由于建设规模较大,技术装备水平较高,人才实力雄厚,抵御风险的能力较强,在市场经济的竞争中能够战胜各种困难,始终对全市工业发展起到支撑作用。汉航集团、汉中卷烟二厂、八一锌厂、略阳钢铁厂、汉川机床有限公司、汉江机床有限公司、略阳电厂等从建厂到现在,始终是推动汉中工业发展的主力军。以下对汉中卷烟二厂、变压器厂等进行介绍。

①汉中卷烟二厂

卷烟二厂效益好,老厂区基本拆完,生产区和办公区都已搬离,烟草生产车间是唯一保留下来的车间,其他车间均已拆除重建。而此车间曾经从厂房改为舞厅再到办公楼,如今面临第三次改造,计划是改造为职工活动中心,见证了汉中卷烟二厂的发展历程。其自身整体性保存较好,如果合理地加以改造利用,仍能发挥其价值。遗留下来的四栋办公楼整体保存完好,可以改为职工宿舍再利用。厂区建筑概况如表2.27所示,烟草生产车间概况如表2.28及图2.39所示,原办公楼1号、2号、3号、4号楼概况如表2.29及图2.40所示。

汉中卷烟二厂建筑概况　　　　　　　　　　　　　　　　表2.27

名称	始建年代	现存建筑	改造后功能
汉中卷烟二厂	1975年	烟草生产车间	职工活动中心
		原办公楼1号、2号、3号、4号楼	职工宿舍

烟草生产车间概况　　　　　　　　　　　　　　　　　表2.28

烟草生产车间	建筑	建筑外观良好,部分屋面脱落
	结构	外墙贴面砖,门和窗户保留较好,且雨篷板结构好,外墙没有出现严重的裂缝;屋面是平屋面,未出现落雨的现象,设有落水管
	其他	自身结构稳固,厂房北立面、屋面炮楼是原生产车间的货梯

图 2.39 汉中卷烟二厂烟草生产车间

（来源：课题组摄）

原办公楼 1 号、2 号、3 号、4 号楼 表 2.29

原办公楼 1 号、2 号、3 号、4 号楼	建筑	建筑外观良好，部分屋面脱落
	结构	外墙结构稳固，外墙涂料脱落严重，门、窗等较好
	其他	位于卷烟二厂新厂区的右侧不远处，周围有小区和小商铺等，正面是公路，交通方便

图 2.40 汉中卷烟二厂原办公楼 1 号、2 号、3 号、4 号楼

（来源：课题组摄）

②汉中变压器厂

此厂房位于市区的开发区——汉台区北一环路，整个变压器厂已经搬离，大部分厂房、办公楼等配套设施已经拆除。该厂房见证了汉中变压器厂的发展历程，周围市民对其有深刻的记忆。其建筑情况如表 2.30 所示。1 号厂房车间概况如表 2.31 及图 2.41 所示。2 号和 3 号厂房车间概况如表 2.32 及图 2.42 所示。

汉中变压器厂　　　　　　　　　　　　　　　　　　　　表 2.30

名称	始建年代	现存建筑	改造后功能
变压器厂	1987 年	1 号厂房车间（表面处理车间）	未改造
		2 号和 3 号厂房车间	未改造

1 号厂房车间（表面处理车间）　　　　　　　　　　　表 2.31

1 号厂房车间（表面处理车间）	建筑	位于汉中汉台区北一环路，对面是物流公司，周围有小区和小商店，地理位置较好
	结构	厂房整体结构保存较好,内部柱和梁都较稳固。外墙是砖墙，厂房正立面及两个侧面有门，窗户破损严重。刚架坡屋面稳固性好，外部侧面设有上人爬梯
	其他	单层结构，高达 12m，共有 11 跨，每跨间距约 4m，三层窗户大且多，外墙是红砖面，内部空间空旷大，可作为超市、商场、市场利用

图 2.41　变压器厂 1 号厂房车间

（来源：课题组摄）

2 号和 3 号厂房车间　　　　　　　　　　　　　　　　表 2.32

2 号和 3 号厂房车间	建筑	位于汉中汉台区北一环路，对面是物流公司，周围有小区和小商店，地理位置较好
	结构	2 号厂房和 3 号厂房连在一起，属于高低跨，之间的牛腿柱两侧牛腿，形成双层梁，厂房整体结构保存较好，内部柱和梁都较稳固。外墙是砖墙，厂房正立面及两个侧面有门，窗户破损严重。刚架坡屋面稳固性好，外部侧面设有上人爬梯
	其他	单层结构，2 号厂房高达 12m，3 号厂房高达 11m，共有 11 跨，每跨间距约 4m，三层窗户大且多，外墙是红砖面，内部空间空旷大，可作为超市、商场、市场利用

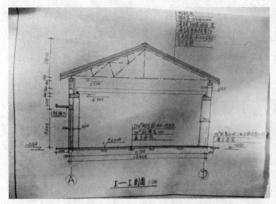

图 2.42　变压器厂 2 号和 3 号厂房车间

（来源：课题组摄）

2）安康

安康地区手工业历史悠久，缫丝工业比较发达。新中国成立之前，手工业门类主要有造纸、铸铁、制硝、榨油、制茶、酿酒、染织等，生产方式以小作坊和个体小手工业为主。之后，相继建起了石泉缫丝厂、平利缫丝厂、岚皋缫丝厂、紫阳缫丝厂、安康金矿、恒口金矿、五里金矿、旬阳金矿、汉阴金矿等企业。

南水北调工程的建设，使得安康"三线"建设时期旧工业建筑基本被拆除。为了保证汉江水质达标，近些年安康已经累计关停"两高"企业 300 余家、直接减少产值近 300 亿。大量旧工业建筑被拆除，也造成安康具有保护价值的旧工业建筑的遗失，以下对缫丝厂、丝织印染厂进行介绍。

① 安康缫丝厂

1958 年 5 月国家投资 70.5 万元，在安康县恒口镇动工兴建安康地区第一座机械化缫丝厂，即安康地区第一缫丝厂，1960 年元月正式投入生产，当年生产白厂丝 41.7t。1966 年，安康地区开始筹建第二缫丝厂，1970 年建成投产。随着生产工艺和技术熟练程度的不断提高，第一缫丝厂、第二缫丝厂丝产量逐年增加。1986 年，建成石泉县缫丝厂。1988 年，岚皋、平利、紫阳三县分别筹建缫丝厂，于 1990 年建成投产。安康缫丝厂现为安康巴山丝绢有限责任公司，如图 2.43 所示为安康缫丝厂厂况。

② 丝织印染厂

清末，丝绸作为安康地区的一大宗物产，如品质各异的巴绸、花丝葛、湖绉、罗底等远销西北各省和湖北等地。新中国成立之初，安康、汉阴、平利等县仍保留了个体丝织生产作坊。1958 年起，这些作坊相继改组为安康县棉织社、汉阴县丝棉社，同时生产丝织品、棉织品，不久改社为厂。1961 年，安康地、县政府决定，从安康县棉织厂分建丝织社，为全区第一家专门生产丝织产品的工厂。1970 年，汉阴县丝棉厂购自动织机 50台，淘汰了旧式木制织机，安康县丝织厂亦进行了技术改造。1979 年，安康筹建地区丝织印染厂，1982年竣工试产。此间，1979年，新建汉阴县丝织厂，1983年正式投入生产。1983年，安康县丝织厂难以恢复生产，地区经委、安康县政府报经行署同意，于1984年将其并入地区丝织印染厂。1984年，地区丝织印染厂验收投产，成为陕西省的丝织骨干企业、西北地区最大的丝织印染联合企业。同年，汉阴县丝织厂办起炼染车间。

图2.43　安康缫丝厂厂况

（来源：课题组摄）

参考文献：

[1] 岳珑，马云.国家经济建设重心变迁与陕西工业 [J].当代中国史研究.2002，9（2）：103-112.

[2] 刘存龙.陕西"三线建设"的历程及其现实启示 [D].西安：陕西师范大学，2011.

[3] 马新蕊.陕西"三线建设"述评——兼论全国"三线建设" [D].西安：西北工业大学，2001.

[4] 岳珑，王涛.政府宏观规划与地方城市化——"一五"计划、"三线"建设与陕西城市化初探 [J].当代中国史研究.2001，8（1）：93-97.

[5] 动员参谋的博客.1966年至1975年陕西省的战备和三线建设.新浪博客.http：//blog.sina.com.cn/mobilization.

[6] 黄希.中国导弹发动机任务重 深山废弃30年生产线重开工.中国新闻网.http：//www.chinanews.com/mil/2015107-23/7422537.shtml.

[7] 刘存龙.陕西"三线建设"的历程及其现实启示 [D].西安：陕西师范大学，2011.

[8] 薛婵.LOFT文化在旧工业建筑改造中的应用研究.美术教育研究.2015，0（17）：102-102.

[9] 温江, 王雪松, 孙雁. SOHO 对旧工业建筑更新利用的启示 [J]. 重庆建筑大学学报. 2006,
　　28（3）: 4-6.

[10] 王奎东. 城市旧工业建筑改造与再生的研究 [D]. 青岛：青岛理工大学, 2011.

[11] 张京城, 刘利永, 刘光宇. 工业遗产的保护与利用——"创意经济时代"的视角 [M].
　　北京：北京大学出版社, 2013.

[12] 王静. 西安市废旧工业厂房区环境保护现状与发展研究 [D]. 西安：西安建筑科技大学,
　　2016.

[13] 李慧民, 陈旭. 旧工业建筑再生利用管理与实务 [M]. 北京：中国建筑工业出版社,
　　2015.

第3章　陕西旧工业建筑保护与再利用价值评价

3.1　价值评价概述

旧工业建筑的价值评价是旧工业建筑保护与再利用的基础，只有对其进行了科学有效的评价，才能更好地结合其特点进行适宜的保护与再利用。本节主要对旧工业建筑价值评价的定义，以及目前国内研究学者的主要研究现状、存在的问题进行介绍，之后对本章价值评价的原则及意义进行说明。

3.1.1　定义

旧工业建筑保护与再利用价值评价是指在对旧工业建筑进行充分的调研的基础上，构建价值评价指标体系，通过适当的评价方法，对其价值进行定性与定量的评价，发掘其固有潜在价值，预测其保护与再利用潜力大小的过程。

旧工业建筑的价值在于它承载着当地社会在某个时期的发展记忆，以及人民群众在当时的生活场景等，是不同时代留给后人的珍贵财富，按其价值大小可分为一般旧工业建筑和工业遗产。一般旧工业建筑是指建筑自身所蕴藏的价值不高的普通产业类建筑，此类建筑综合价值相对较低，没有太大的保存价值，但此类建筑在特定的条件下，可进行适当的改造性再利用，以发挥其剩余的经济价值，具有很强的现实意义。工业遗产是指旧工业建筑本身的历史文化价值、技术价值、社会价值等较高，能够反映当地工业发展的印记，故也称为工业文明的遗存，主要包括工厂、车间、加工场地、仓库、能源生产、传输和利用的场地，基础设施以及与工业生产相关的其他社会活动场地，如住宅、教育设施等，此类建筑应以保护性再利用为主，尽可能地展现其原有风貌。

本书所建立的价值评价体系是建立在对陕西省旧工业建筑充分调研的基础上，通过调查、归纳旧工业建筑价值相关的因子，建立相应的评价体系，经过定量地分析评价，最终确定旧工业建筑的价值，并根据其价值大小进行分级，明确它的保护级别，为后期的修复更新提供较为科学的依据，从而选择最为合适的保护与再利用模式。

3.1.2　价值评价的国内研究现状及存在问题

旧工业建筑保护与再利用价值的体现是随着工业遗产的保护而发展起来的，伴随工业遗产获得各界人士的重视，旧工业建筑的价值逐渐得到人们的肯定，相关研究也逐渐增多。本章对国内学者在这方面的相关研究进行了梳理，具体如下。

（1）国内研究现状

国内学者前期的研究工作主要集中在工业遗产价值评价和保护方面，工业建筑遗产保护作为文化遗产保护的重要内容，并没有完整地纳入到保护体系当中。在历史文化名城、历史文化街区、各级重点文物保护单位、优秀近现代建筑四级保护体系中，工业建筑遗产必须达到各级重点文物保护单位、优秀近现代建筑的标准才能够纳入保护体系。而对于工业特色城市、工业特色街区、具有一定价值而没有成为各级重点文物保护单位、优秀近现代建筑的工业建（构）筑物，则没有实行有效的保护，致使大量建（构）筑物在城市更新中被拆毁。究其原因，旧工业建筑价值评价体系的不健全是其中的重要一项，价值评价体系的不健全使得人们在对旧工业建筑进行评定时缺乏科学依据。因此，建立旧工业建筑的价值评价体系，对于有特色的旧工业地段的有效保护和开发再利用是迫在眉睫的研究课题。

国内专家学者对旧工业建筑价值评价体系进行了一些探索。张辉、钱锋（2000）立足于城市、厂区／社区两个空间层面，分别从历史和艺术范畴构建上海近代优秀产业建筑保护分析体系，归纳了产业建筑保护价值的一般特征，明确了保护近代优秀产业建筑的重要性。顾承兵（2004）从情感价值、历史价值和使用价值三方面对上海近代产业遗产的价值构成进行分析，旨在系统地阐明产业遗产的价值所在及其保护方法，从工业遗产保护的角度，归纳出工业遗产保护的国际组织、纲领性文件，对工业遗产的定义、构成、类型、特征和价值等工业遗产的内涵进行了论述，提出了我国工业遗产的保护体系和城市规划管理体系，从历史、文化、社会、科学、艺术、产业、经济七方面就工业遗产价值进行了框架性论述。刘伯英、李匡（2008）在《北京工业遗产评价办法初探》中，探讨了北京工业遗产的价值评价体系，建立了量化的工业遗产评价办法，以及工业遗产的保护分级。张毅杉、夏健（2005）在《城市工业遗产的价值评价方法》中，借鉴了生态因子的评价方法，建构城市工业遗产的价值评价方法，用以综合评价城市工业遗产，着重解决城市工业遗产的认定与分级，明确城市工业遗产的具体保护对象。齐奕、丁甲宇在 2008 年中国城市规划年会上，通过《工业遗产评价体系研究——以武汉市现代工业遗产为例》一文，在对国内外工业遗产相关政策法规与工业遗产特点的研究的基础上，选取评价因子，建立了工业遗产保护的系统理论与评价体系。佟玉权、韩福文（2010）通过分析国内外工业遗产保护与旅游开发的形势，阐述我国工业遗产旅游价值评估的基本原则，提出由 4 个大类指标和 16 个类型指标所构成的工业遗产旅游价值评估的指标体系，探讨了工业遗产的旅游价值评估因子体系和工业遗产旅游开发的对策建议。张静（2011）针对旧工业建筑保护与再利用价值的研究现状，以旧工业建筑改造的价值为切入点，提出了适合旧工业建筑保护与再利用的价值评价指标体系，并分析了可用于旧工业建筑保护与再利用的价值评价的方法，运用模糊综合评判法和价值工程相结合的方法实现了对旧工业建筑保护与再利用价值的评价。

（2）存在的主要问题

1）未建立起旧工业建筑价值的科学评估体系，缺乏对旧工业建筑的价值体系和再利用潜力的综合评估。在以往的研究中大多针对旧工业建筑改造手法和更新模式进行探讨，缺乏对其本征价值和功利价值体系的定性与定量分析，缺乏对其保护与再利用潜力的方法评估。

2）研究学者大多立足于工业遗产保护与遗产保护等级划分的研究角度，以确定旧工业建筑保护等级为目标。部分建立评价体系的研究文章所选价值因子也以遗产保护、历史价值研究为根本，而把遗产保护与旧工业建筑再开发有效结合，综合考虑再开发对城市社会、经济的影响以及工业遗产未来发展预期和传承能力的价值影响因子的研究还相当匮乏。

3）缺乏从城市的整体角度以及综合认识旧工业建筑对城市发展作用的研究。现状的旧工业建筑研究仍旧局限在保护对象的定势思维里，研究对象多为具体的旧工业建筑改造方式方法、个案研究，缺乏对旧工业建筑及其历史地段在城市发展和城市特色保持层面的专题研究，缺乏从城市整体角度考虑旧工业建筑遗产价值的相关理论研究和实践。

4）缺乏整体性的综合研究。旧工业建筑保护和再利用是一个复杂的综合系统，其复杂性主要在于涉及诸多方面、诸多学科、诸多因素，一两个单一学科无法从根本上解决问题，单纯的物质手段也无济于事。该领域的研究需要建筑、规划、景观、历史、经济、社会等多学科专业人士的共同参与，通过多学科研究成果资源共享、协调行动来实现旧工业建筑保护和再利用的综合研究，进而建立一个涉及多种学科、多项研究方法、综合性的研究框架。

3.1.3 价值评价的基本原则

1）整体性原则

旧工业建筑的价值评定和研究应该包括其整体的各个要素，不能仅仅针对某个厂区的某个单体建筑。按照系统论的观点，系统的总体特征不同于构成它的各个要素的特征，而应该是各个组成要素之间相互联系相互作用的有机整体，"整体大于其各部分之总和"。除了对具体物质形态的保护，发展脉络、产业文化、价值观念、工艺流程等非物质形态的保护也应受到同样的重视。因此对旧工业建筑价值的评价，无论就其整体风貌、空间格局、建筑特征，还是其社会影响、历史文化价值而言都不是孤立存在的，在评价过程中应该整体把握。

2）差异性原则

陕西省工业种类繁多，包括军工企业、纺织企业、冶金企业等，企业的建立年代和发展历程都有其特殊性，因此在对其进行价值评价时应考虑差异性。例如在历史价值方面，对于企业的建设年代不应采用同一个尺度，应结合产业发展特征进行选择。

3）等级性原则

对旧工业建筑进行价值评价的目的便是对其进行分级，以便作为其保护与再利用的决策依据。因此，价值评价的结果应具有等级性原则，即可以按照旧工业建筑价值的大小为其确定合适的保护与再利用等级，对其进行有针对性的保护与再利用。

3.1.4　价值评价的意义

旧工业建筑承载着近百年来产业工人的奋斗史，是社会发展历史与当代现实生活的重要组成部分。现今如能把旧工业建筑遗存中较为完整、有代表性的、可利用的部分予以保留和保护，再利用成为新生产业的工作场所，折射出一种历史的传承与嫁接，是对城市历史的尊重和对现实生活的珍视。将旧工业建筑转化成文化艺术展示和艺术创作的领地，延续了既有建筑的生命活力，同时在不可复制的工业遗存上，通过功能转化凝固了历史的记忆，改善了遗址地的空间感受和当地居民的关系，为没落的产业带来转型的历史机遇，呈现出追求可持续发展理念的意义。应该说，用功能置换的方式改造旧工业建筑，是一种尊重历史、尊重场所精神又融入现代价值观的设计理念，是处理旧工业建筑的有效方法。而如何对旧工业建筑进行保护与再利用则需要对其进行价值评价，以确定保护分级以及适宜的改造模式，因此价值评价具有很重要的意义，本书从以下两点进行说明。

（1）确定保护分级

本书第 2 章对陕西省旧工业建筑进行了梳理和归纳，可以看出目前陕西旧工业建筑数量巨大，保护与再利用价值突出，然而价值评价标准的缺失使得一批优秀的建筑消失在人们的视线中。随着各地区"退二进三"式用地布局调整，大量工业企业停产搬迁，房地产开发随之跟进。现在，我们国家对于建设用地（尤其是市中心的建设用地）的迫切需求加之人们通常对待废弃的工业旧址的怀疑和犹豫，使得当人们开始思考对旧工业建筑和工业闲置建筑的处理和再利用时，自然地走进以清除基地原有的建筑和设施为主的更新改造实践误区，建设全新的写字楼、旅馆、住宅等。人们宁愿将工业废弃建筑彻底清除，以便吸引新的工业、新的发展机会。这种做法破坏了固有的系统，切断了城市历史，导致许多有价值的工业建筑遗产面临不可逆的拆毁，大量珍贵档案正在流失。严峻的现实迫使人们开始重新思考和评价旧工业建筑的价值。

然而目前，我国无论是风景园林学界、建筑设计与城市规划学界、设计艺术学界还是旅游学界大都从某一方面对旧工业建筑景观或建筑改造手法进行研究，而对旧工业建筑遗留的价值评价方面关注不多，对旧工业建筑的价值评价研究更是少之又少，而这应该是最初决策的依据，是决定旧工业建筑、设施保留与否的基础，是后续景观更新改造的前提。因此，借鉴国内外成功的案例，综合分析旧工业建筑的历史文化价值、社会价值等及其对城市未来发展的影响，探索旧工业建筑的潜在开发价值，对这一类型的价值评价要素形成清晰而系统的认识，建立旧工业建筑价值评价体系，对于在改造实践中发掘地段性格、创造富有特色的城市景观具有重要意义；对于我国城市工业布局重构背景下废弃工业场地的更新改造具有重要的现实意义；对于我们深刻理解工业遗产概念和文化生态主义思想、尊重工业历史和场所精神，合理保护与再利用旧工业建筑大有裨益。

综上所述，我们现在迫切需要一套操作性强的、综合的、系统的价值评价因子体系与评价标准，用以评价旧工业建筑的价值以及保护与再利用的潜力，对旧工业建筑进行保护分级，作为政府部门制定区域发展计划、定位旧工业建筑未来改造方向的参考指标，以便制定更加适合于城市未来发展的改造策略，提升城市的历史文化价值，恢复旧城区的区域活力，为接下来的改造行动指明方向。

(2) 确定适宜的改造模式

旧工业建筑保护最重要的一点就是对其建（构）筑物进行适宜性再利用。在尽可能保护、保留旧工业建筑工业生产类特征和蕴含的历史气息的前提下，注入新的空间元素，开发新的空间功能。而对旧工业建筑进行适宜性再利用的基础是对其价值进行分析，根据其价值高低进行分级。旧工业建筑适宜的保护与再利用模式应在分级的指导下进行。

不同级别的旧工业建筑，其保护与再利用模式也多种多样，如何对其功能进行转换则需要根据旧工业建筑的主要影响力的价值来决定。例如，某些旧工业建筑在当地该行业发展史上具有突出价值，制造工艺极具代表性，则可考虑将其改造为行业博物馆。再如，经过评价后，某旧工业建筑的综合价值并不高，但是某一项价值特别高，如其艺术价值特别高，则可考虑在改造中充分体现其艺术气息。总之，旧工业建筑的价值评价为其适宜性保护与再利用提供了依据，为日后保护与再利用决策提供了参考。

3.2 旧工业建筑的价值构成

旧工业建筑作为历史的产物，其自身拥有多重价值内涵。认清旧工业建筑的价值构成体系是界定、保护和利用旧工业建筑的前提，只有在确定旧工业建筑价值的情况下才能根据其价值特点选择合适的评价方法，以便更好地选择合理的管理与开发主体，确定最适宜的保护与再利用模式。本书将旧工业建筑的价值分为内在价值和潜在价值两个部分，如图3.1所示。

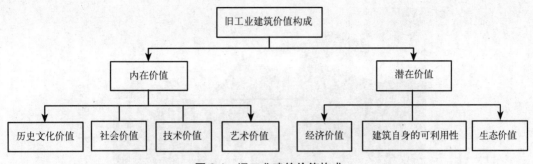

图 3.1　旧工业建筑价值构成

3.2.1　旧工业建筑内在价值

旧工业建筑的内在价值是指其自身在过去的时间段中所创造的价值，主要包括旧工业建筑的技术价值、历史文化价值、社会价值以及艺术价值。具体包括旧工业建筑建造时所用的施工工艺以及技术、材料等，其历经岁月后沉淀而来的沧桑与古朴，其所承载的一个社会群体的记忆与生活，及其建筑自身优美而适用的建筑体系等方面的价值。

（1）历史文化价值

旧工业建筑的历史文化价值主要体现在两个方面，一是其建筑自身所蕴含的历史文化内涵，包括其建造年代、建筑随时间沉淀而来的沧桑与古朴等；二是旧工业建筑承载的历史人文信息，包括对社会、历史做出的贡献，其自身的历史延续性，以及企业的历史背景和著名历史人物等。

旧工业建筑随着其上一段历史使命的结束，为我们留下了其原有的建筑风貌、空间格局、材料使用，以及色彩搭配等工业建筑的特色，它记载了工业社会的发展历程，反映了当时的经济、社会、文化和历史的发展状况，为当今的人们提供了一个很好的了解过去历史文化的平台。通过对旧厂房的保护与再利用，有助于生态环境的保护和建筑实体的保留，有助于历史文化的传承和工业社会的再现，也为现代艺术的创作提供了一个得天独厚的机会。如图 3.2 所示，为咸阳市某工厂内一栋 20 世纪 50 年代建造的厂房，其独特的外观彰显了当时建筑的风格，展现了其历史的沧桑和文化的沉淀，极大地体现了旧工业建筑的历史文化价值。

旧工业建筑改造与新建建筑相比较，其最大的不同就是旧区所具有的历史文化性，以及时间在旧区和旧建筑上留下的历史烙印。旧工业建筑作为工业时代的产物，是历史长河中的幸存者；是历史的遗存物，记载了城市工业文明发展的历程；是城市发展史关于工业时代的实物展品，能够突破时间的限制，带给现代人生动的历史质感；是历史时期和历史事件的载体。因此这些实体的遗存就显得格外珍贵，现代的人们可以通过这些旧工业建筑确切地解释和引证许多历史事件，传递历史信息。对旧工业建筑外部空间进行改造就是要把时间所赋予旧工业建筑独特的历史场所精神与现代的崭新空间进行对比、碰撞和交融，使旧有的历史文化可以得到延续。

图 3.2　20 世纪 50 年代厂房

（来源：课题组摄）

旧工业建筑的历史文化是人们长期创造形成的产物，是社会历史的积淀物，是多元化的。既包括了与人们生活密切相关的物质和非物质内容，也包括与生活相关的生活价值、人与大自然相互关系的方法价值、精神价值和形态价值。旧工业建筑的保护与再利用有利于保持文化的认同感。我们每个人对于生活在其中的环境，都有着某种体验，这些体验在人与环境的接触中逐渐融入人的情感中，并纳入记忆中，这种记忆称为集体记忆，由同一生活集体的人所共有。

现今国际社会正在不断地鼓励多样化地理解文化遗产的概念和评价文化遗产价值的重要性，在此影响下，人们开始认识到旧工业建筑保护的重要性，并将其视为文化遗产中不可分割的一部分。旧工业建筑见证了工业活动对历史和今天所产生的深刻影响，是人类所创造并需要长久保存和广泛交流的文明成果，是人类文化遗产中与其他内容相比毫不逊色的组成部分。旧工业建筑的文化价值不仅存在于现存的工业遗留的物质实体文化中，还存在于企业精神、文化、理念中，存在于企业的声像、文档和工业记录中，也存在于人们的记忆、情感和与工业生产相关的生活习惯。对旧工业建筑外部空间的改造就是要在改造中保持工业历史文化的传承，维护文化的多样性和创造性，发掘其丰厚的文化底蕴。

我国《文物保护法》中明确提出："具有历史、艺术、科学价值的文物，受国家保护。"该条文确定了文物保护价值范畴的基本框架，即历史、艺术、科学三个范畴。历史范畴进一步细分为产业发展史、城市产业建筑发展史、空间结构演变史等；艺术范畴分为地区风貌、建筑艺术特征及建筑艺术发展史等；科学范畴分为空间价值、结构体系价值等。

（2）社会价值

第一，旧工业建筑的发展是社会发展的重要组成部分。旧工业建筑是城市发展的见证者，见证了一座城市工业发展的进程，是文化特色的物质保留者，保留了地域色彩。

对于旧厂房中的每一件实体物件，如旧的厂房外墙，空旷的厂房车间，以及那纵横交错的管道，都留下了历史的痕迹。同时作为一个区域的旧厂区，城市为其提供场所，场所本身将增强在那里发生的每一项人类活动，并激发人们记忆痕迹的沉淀。旧工业建筑再利用中城市文脉的延续有利于公众对于场所文化的认同，有利于大众归属感的认同。旧工业文化记载着一段历史，而旧厂房作为其场所空间，蕴含的场所文化记忆，在城市更新中，大家会因共同的记忆而产生共鸣，形成认同感与归属感。同时文化记忆有助于城市意象的形成，带给人们认知感。旧工业建筑向人们表达了历史延续性，使人们得到心灵上的慰藉，在旧工业建筑面前，人们体验到城市工业发展的进程和人类的创造力，是一种情感的回应。例如工业厂区建立之初处在城市的边缘地带，但是随着城市化进程的加快，边缘地带的厂区慢慢融入城市市区，因此其自身也是城市发展的一部分，年代久远的工厂承载的是工厂员工几代人的记忆，古朴的大门、厂区墙面上积极向上的宣传画都是当地居民眼中一道靓丽的风景线。如图 3.3 所示为西安市"大华·1935"改造项目保留下来的宣传画，如今已被保护起来，成为人们记忆中的存在，厂区所带来的城市意象、历史文脉与周围环境的互动，都影响着当地人的认知归属感。历史是不可再生的，记忆是不可复制的，旧厂区所经历的历史文脉，是天然的艺术品，如果通过适当的方式加以改造，在创造经济价值的同时，也会提升整个城市脉络的发展，继续创造社会价值。

图 3.3　墙壁上保留下来的宣传画

(来源：课题组摄)

第二，旧工业建筑对当地社会和人民生活产生了巨大的影响。旧工业建筑见证了人类巨大变革时期社会的日常生活，见证了科学技术对于工业发展所做出的突出贡献，工业活动在创造了巨大的物质财富的同时，也创造了取之不竭的精神财富。一方面旧工业建筑在生产基地的选址规划、建筑物和构造物的施工建设、机械设备的调试安装、生产工具的改进、工艺流程的设计和产品制造的更新等方面创造了不可忽视的社会影响，其承载着真实和相对完整的工业化时代的历史信息，承载着普通劳动群众难以忘怀的人生，这不仅是构成社会认同感和归属感的基础，同时也有利于帮助人们追述以工业为标志的近现代社会历史，帮助未来世代更好地理解这一时期人们的生活和工作方式。另一方面通过工业生产而铸就的务实创新、锐意进取、精益求精等精神品质，也为社会添注了一种永不衰竭的精神气质。同时，旧工业建筑对于长期工作于此的众多技术人员和产业工人及其家庭来说更具有特殊的情感价值。对旧工业建筑外部空间的改造就是要在改造中宣扬和传承传统产业工人的崇高精神，合理地进行旧工业区改造将给予工业社区的居民们以心理上的稳定感。

旧工业建筑的保护与再利用不仅仅是对当地人民情感上的一种慰藉，还可通过修建一些有利民生的基础设施，改善当地人的生活。因为没落的旧工业建筑附近居民生活的基础设施有的还停留在几十年之前，例如，水电气等供应设施，排水设施、交通设施以及服务网点。对旧工业建筑进行改造后必然会为此地带来一些新的活力以及便捷的生活设施，使当地人展现出新的生活面貌。

（3）技术价值

旧工业建筑作为一种人类工业文明的体现物，蕴含着工业科技价值。而技术价值作为科技价值的主要承载物，应该作为核心价值进行重点保护。这在一定程度上证明了旧工业建筑科学价值保护的重要性。技术本来就是工业的核心，所以无论是从工业技能还是从工业设备上来讲，工业技术是研究工业科技进步的关键，也自然的成为保护旧工业建筑的重点项目。然而对于保留下来意义重大的工业技术，譬如某个具有重要意义的制作工艺，或是具有开创性技术意义的技术，又或是具有历史文化意义具有传承性的工艺，应该将其原始的工业流程保护最大化。通过一定的展示设计，向大众详细地介绍这一工业技术。

陕西省作为我国"三线"建设时期的重点省份，"三线"建设时期的工业由于当时社会经济因素的影响，生产工艺的不同，而产生不同的建筑形式和工艺流程，并且采用了相对简易的技术和当地廉价的材料（砖、木、竹等）。直至今日，这种以低造价和低技术手段营造各种工业设施的手段，被我们称为是一种"低技术"的建造策略并广泛应用。然而这种策略在当时却是极具前瞻性的，即"三线"建设时期的旧工业建筑，在场地适应、布局、机械和安装、城镇等工业景观、档案及留给人们的记忆和习俗等非物质遗产方面独具开创性的工业科技价值。通过系统整理，认定存留的工业景观、建筑物、构筑物、机械以及工艺流程，对于保存正在消逝的传统工艺技术，载入工业历史的历史意义重大。具体来说，如果能将其中能够反映当时科技技术水平，或可以代表科学技术发展过程中的重要环节，以及首次使用、引进的技术、工业流程、设备等提炼出来，不仅可以反映当时的科技价值，也能为如今我们的"低技术策略"研究提供宝贵的经验。

从价值构成的指标分析，首先根据第一使用、第一个建造的设施或者建筑的行业开创性与工艺先进性来考虑科学技术价值，比如位于宝鸡市蔡家坡镇的西北机器局是西北地区第一批纺织机械的生产者，其生产工艺在当时代表了陕西省的先进水平，具有开创性意义；其次考虑工业建（构）筑物在材料、结构、构造或施工工艺方面的创新。陕棉十二厂内部的生产车间，大多是目前少见的砖木结构厂房，其前身是荣氏集团的申新纱厂，抗日战争时期由于躲避战争整体搬迁至陕西省宝鸡市，其厂房的建造工艺代表了当时国内较为先进的建造技术，新中国成立后更名为陕棉十二厂，大多数原厂房得以保留，并且被列为陕西省重点文物保护单位，具有极大的保护价值，如图 3.4 所示为其某一栋砖木结构仓库。

图 3.4　陕棉十二厂某砖木结构仓库

（来源：课题组摄）

（4）艺术价值

旧工业建筑具有重要的艺术价值，它们见证了工业景观所形成的无法替代的城市特色。旧工业建筑虽然不能像一般艺术作品一样进行观赏，但城市的差别关键在于文化的差别，这一点使得旧工业建筑的特殊形象成为众多城市识别的鲜明标志，作为城市文化的一部分，无时不在提醒人们这个城市曾经的辉煌和坚实的基础，同时也为城市居民留下更多的向往。

工业生产中，一般是以生产要求为第一准则，以功能效率为优先，较少注重建筑的装饰，但其形态特征符合生产的几何美学。旧厂房作为工业建筑，其建筑外观简洁，内部空间宽敞，建筑结构坚固，通透的玻璃，弯曲的管道，似乎都在述说着一种简单几何的形式美。工业时代的建筑较为重视建筑的结构美，有其独特的自身艺术价值，建筑风格从最早的殖民地风格、复古风格到现代风格都有，其建筑风格也影响了现代建筑的发展。

旧工业建筑的艺术价值体现在多方面，如体现了某一历史时期建筑艺术发展史的风格、流派、特征、时代的先进性等，或者是建筑物构件、设施和设备中所表现出来的艺术表现力、感染力和审美价值。对旧工业建筑外部空间的改造就是要认定和保存具有多种价值和个性特点的工业区特有的外部空间，维护城市历史风貌和地方特色。如图 3.5 所示，为 20 世纪 50 年代苏联援建的某工厂职工活动中心，建筑的色彩以及材质色带有一种古朴浪漫的气息，简洁耐看的外观体现了几何的魅力，充满着艺术气息。

图 3.5　带有苏联色彩的职工活动中心

（来源：课题组摄）

3.2.2　旧工业建筑的潜在价值

旧工业建筑的潜在价值是指其经过改造后可产生的潜在效益以及其自身可利用的潜力，主要包括经济价值、生态价值和建筑自身的可利用性三个方面。经济价值是在旧工业建筑改造过程中会节约大量的材料和工期，改造完成后也会继续创造经济效益；生态价值是指旧工业建筑保护与再利用避免了拆除建筑导致的空气污染，节约了材料，通过一定的技术手段可以使改造后的建筑达到节能效果，甚至是绿色建筑；旧工业建筑自身的可利用性则是指建筑结构的安全性与可靠性是否满足后期保护与再利用的需求，以及层高和跨度能否满足改造的空间需求等方面。

（1）经济价值

《下塔吉尔宪章》提出："将工业遗址改造成具有新的使用价值使其安全保存，这种做法是可以接受的。"而遗址具有特殊历史意义的情形除外，新的使用应该尊重重要的物质存在，维持建筑最初的运行方式，尽可能地与先前的或者是主要的使用方式协调一致。保护与再利用工业遗产能避免能源的浪费，强调其可持续发展。通常建筑的物质寿命总是比其功能寿命长，工业建筑大都结构坚固，具有大跨度、大空间、高层高、内部空间使用灵活等特点。对旧厂房的改造与再利用，是对既有建筑的改造，较重新建立新建筑而言，它的经济价值相对较复杂。

首先，旧工业建筑再利用避免了大拆大建，节省了投资成本，缩短了周期，避免了不必要的浪费。其次旧厂区地理位置得天独厚，有较好的交通，同时厂区设施完善，可以继续使用。厂区的建筑较其他建筑类型而言，空间开阔，结构坚固，可塑性强，具有更高的使用率，如果通过合理的再利用，对其进行适当的空间功能转换，可以发挥其更大的资源优势。废旧厂区利用艺术再创造，根据空间需要，可以将厂房再造成博物馆、展览馆、办公空间、创意商店等艺术园区，都会产生巨大的经济效益，同时还可减轻社会的闲置劳动力，为更多的人创造就业机会。图3.6为改造为体育运动中心的延安卷烟厂，改后的厂房以其低廉的价格吸引了大量的顾客，并且为社会提供了较多的职位，充分体现了旧工业建筑的经济价值。

图 3.6　改造为体育运动中心的延安卷烟厂

（来源：课题组摄）

其次，旧工业建筑见证了工业发展对经济社会的带动作用，其保护与再利用对振兴城市衰退地区的经济具有重要作用，对保持地区活力的延续性也有积极的意义。工业建筑大都结构坚固，通常都具有大跨度、大空间等特点，建筑内部空间在使用方面极具灵活性，因而对旧工业建筑的保护与再利用可以避免资源浪费，防止城市改造中因大拆大建而把具有多重价值的旧工业建筑变为建筑垃圾，有助于减少环境的负担和促进社会可持续发展。对工业遗产建筑外部空间的改造就是要通过对旧工业建筑中的外部空间重新进行梳理、整顿，在优化建设中为城市积淀丰富的历史底蕴，注入新的活力和动力。

旧工业建筑的保护和再利用还是一种独特的旅游资源。通过对城市中的旧工业建筑重新梳理、归类，挖掘工业历史底蕴。在废弃的工业遗址上，通过保护与再利用的工业机械、生产设备、厂房建筑，形成具有观光、休闲功能的新的旅游方式，让现代人亲身感受工业的生产方式。

旧工业建筑的保护与再利用往往也受经济的影响。建筑成本在过去五年上涨了两倍，建造新构造的花费已超出进行再利用旧构造许多。

（2）生态价值

首先，旧工业建筑的保护与再利用符合生态学所倡导的"可持续发展观"。建筑节能是建筑的"可持续发展"的重要体现。建筑的能耗包含两部分：一是建设新建筑所消耗的能源；二是建筑使用期间的能耗。对失去生产功能之后的工业建筑大拆大建，必然会造成资源的大量浪费。因为不仅在工业建筑建造之时会消耗能源，对工业建筑进行拆除也将会消耗大量的人力物力。相比之下，对旧工业建筑进行合理的改造与更新则可以一举两得，是"可持续发展观"的充分体现。

其次，旧工业建筑的保护与再利用可以减少环境污染。研究表明，全球三分之一以上的固体垃圾来自于工程建设，这其中包含着建设过程本身所产生的垃圾和生产建筑材料、设备过程中所产生的垃圾；全球每年所排放的温室气体中，来自于建筑建设和使用的就占到35%以上。因此，对建筑进行合理的保护与再利用、延长建筑的使用寿命可以有效地减少碳排放，减少对自然环境的破坏和污染。

此外，旧工业建筑的再利用还可以减少建筑拆除和建设施工时对能源、交通的压力，避免了噪声、尘埃等对城市环境的污染。这些，在强调"低碳"、"环保"生活的现代生活中，具有重要的意义。如图3.7为原宝鸡卷烟厂，目前正在进行改造，改造时极大地保留了原有建筑的框架，既减少了因拆除建筑而产生的污染，又大大节省了建筑材料，充分展现了旧工业建筑保护与再利用生态环保的理念，极大地体现了旧工业建筑改造的生态价值。

图 3.7　改造时继续利用的厂房部分

（来源：课题组摄）

（3）建筑自身的可利用性

旧工业建筑的保护与再利用不仅需要考虑其自身的内在价值，还需考虑建筑自身的状况。对于建筑自身可利用性，首先应考虑建筑整体结构和质量的可靠性、完整性等因素。通过检验遗存本身的结构状况和承载力，确定将来的功能置换适应范围，比如地基、柱、梁、屋面以及立面的状况。其次，就建筑再利用的功能适应性进行评估，比如规模、层高等情况。再者需考虑的还有保护与再利用的技术可行性、经济可行性等。具体各项内容如表 3.1 所示。

建筑自身的可利用性包含的内容　　　　　　　　　　表 3.1

主要评估项目	评估点
地基	地基是否砌筑完整，保存完好，地基承载力如何，是否有倾斜、腐蚀等
柱	是否平整完好，有无倾斜现象，受腐蚀程度等
梁	是否平整完好，受腐蚀程度，有无裂缝，节点情况等
屋面	是否保存完整，有无裂缝以及漏水情况等
层高	层高为多少，空间的可利用性如何
立面情况	墙面、构件有无破损

3.3　旧工业建筑价值评价指标体系

旧工业建筑价值评价应建立相应的价值评价指标体系，本书根据实际调研，归纳出价值评价的因子集，通过筛选后最终建立旧工业建筑价值评价指标体系。本指标体系包含了旧工业建筑各个方面的价值，对其各项价值进行了较为全面的阐释，且指标的量化难度适中，有利于评价的进行。

3.3.1　评价指标体系概述

（1）评价指标体系概念

评价指标体系是指为了完成一定目的和任务的研究而建立的由多个相对独立的评价指标组成的评价集合。评价指标体系不仅体现其指标组成而且反映指标间的相互关系，即指标结构。在进行价值评价时，也要根据评价目标确立一组相互关联的评价指标。指标是反映系统要素和效益的数量概念，它包括指标名称和指标数值两部分。指标体系是价值评价的基础，也是价值评价的关键，确定指标并构建评价指标体系是价值评价的首要工作。旧工业建筑的价值评价包括价值评价指标的选择、指标体系的构建过程以及确定价值评价标准等。

构建评价指标体系是为了更准确地做出评价，价值评价的最终目的是为了全面、客观、公正地评价旧工业建筑对社会经济的有利影响，对其进行价值评级，确定其保护与再利用的必要性、可行性和合理性，以期做好决策工作。

（2）评价指标体系的特点

1）全面性

评价指标体系的全面性是指构建评价指标体系时应考虑的因素包括社会因素、经济因素、生态因素、环境因素及历史文化因素等，要求其覆盖面全、信息量大，能体现旧工业建筑价值的全面性。

2）简明性

因指标体系覆盖面全，涉及内容繁多，从而会对项目评价带来困难，故构建评价指标体系应选择重要性较高、影响较大的指标，尽量减少指标数量，以最简明的指标体现旧工业建筑的价值。

3）系统性

评价指标体系应综合反映旧工业建筑价值的内在联系和本质，故指标之间应有一定的联系，构成具有内在联系的有机系统。

4）可操作性

评价指标体系能够满足旧工业建筑价值评价的需要，可依据相关数据资料进行计算分析，便于应用指标体系进行评价，使得评价结果可以量化。

5）客观性

评价体系将针对旧工业建筑的价值这一特定对象，结合实际的现场调研，进行一系列如专家评审、问卷调查等研究工作后统计数据，进行评估，根据评估对其科学规划，合理设计。因此旧工业建筑价值评价体系应具有客观性。

6）适用性

评价体系应具有一定的适用性，对于陕西省乃至全国的旧工业建筑都应适用，并且可根据相关数据进行分析研究，便于评价体系的进一步推广与应用。

（3）评价指标体系构建的原则

旧工业建筑评价指标体系的构建，既是正确开展价值评价的前提条件，又是影响评价质量的重要因素。因此，建立科学合理的旧工业建筑保护与再利用的价值评价指标体系显得尤为重要。基于旧工业建筑对社会经济影响的广泛性和复杂性，在评价指标的选取上，应始终坚持准确把握概念的内涵与实际评价的可操作性相统一的原则。构建旧工业建筑价值评价指标体系一般应遵循下述原则：

1）科学性原则。价值评价标体系的建立必须完整，能全面反映评价对象的本质特点，系统各指标间要具有一定逻辑关系；指标与评估对象和目标相适应，能从不同层次和不同角度反映城市社区建设与管理的满意度；指标定义要确切、清楚，计算方法要科学，以保证评价的可信度。

2）定量指标与定性指标相结合。第一，用定量指标计算，可使评价结果具有客观性，便于数学方法处理；定量指标因素与定性指标结合，又可弥补单纯定量指标评价的不足，以防失之偏颇。第二，在进行旧工业建筑改造保护与再利用价值评价时，涉及旧工业建筑的社会、经济、历史文化和生态环境等方面的因素，并且各因素没有共同的量纲，同时大部分指标因素难以量化，很难进行因素的定量分析。基于以上两点，在对旧工业建筑保护与再利用项目进行价值评价时，应采用定量指标与定性指标相结合、定量分析与经验判断相结合的方法，能定量分析的指标因素尽量定量分析，不能定量分析的指标因素进行定性评价，尽可能提高旧工业建筑保护与再利用价值评价的科学性及客观性。

3）可行性和可操作性原则。构建旧工业建筑价值评价指标体系可行性原则是指其指标含义要明确，要能切实反映旧工业建筑的质量状况、空间利用情况以及反映其社会、经济、历史文化、生态价值。可操作性是指确定评价指标应以一定的现实统计作为基础，可依据数量进行计算分析，能够实现评价的目的。建立指标体系的最终目的就是要将其运用到实际工作中，以便更好地评价旧工业建筑的价值，促进保护与再利用工作。因此，指标体系建立应具有可操作性，数据资料应易于采集，便于操作。一方面对于评价指标中的定性指标，应该通过现代定量化的科学分析方法使之量化，这有利于衡量被评价对象实现目标的程度，也有利于运用计算机进行分析与处理。另一方面评价指标应使用统一的标准衡量，尽量消除人为的可变动因素的影响，使评价对象之间存在可比性，进而确保评价结果的准确性。

4）动态和静态相结合原则。指标的静态性原则指用静态指标反映项目对社会、经济等的影响，静态指标不考虑资金的时间价值，将资金看作为静止的实际数值，使用简单，计算也方便，指标体系在指标的内涵、指标的数量及体系的构成上均应保持相对稳定性，这样可以产生比较参照作用，但不能真实反映项目生命期内的实际经济效果。动态性原则是指标的选择要充分考虑动态变化特点，要能较好地描述、刻画与度量未来的发展情况和发展趋势。评估指标的静态是一个相对的概念，随着各城市发展水平的差异，对于不同地区、不同文化、不同时期，衡量社区居民满意度的标准会有所改变。因此，评估指标的选取应随时间、地域、目标、人员的变化而有所变更，以便能与所研究内容相一致。

5）独立性与联系性相结合的原则。独立性体现在旧工业建筑价值评价的各指标之间应保持相互独立，防止有重复和相互包容的现象；联系性则体现在价值评价体系中任何一方面的指标必须和其他方面的指标之间建立起密切的内在联系，这样一方面有利于确定各指标的权重；另一方面能较好地度量价值评价的主要目标实现的程度。

6）区域独特性原则。本书主要评价对象为陕西省旧工业建筑，并且陕西省各市区旧工业建筑也具有其特色，因此评价指标体系应具有区域特殊性。本书的评价指标体系的建立是在对陕西省旧工业建筑充分调研的基础上，充分体现了区域特殊原则。

3.3.2 构建评价指标体系

建立一套科学有效的评价指标体系是全面、系统、真实地反映旧工业建筑的价值，并做出科学客观评价的必要前提。指标体系应是相互联系、相互补充并相互影响的有机构成。评价指标体系的构建应根据我国社会发展的各项目标、项目评价指标体系建立的原则，并结合项目自身的具体情况进行综合分析而确定。旧工业建筑的价值评价指标应包括其历史文化价值、社会价值、技术价值、艺术价值等各项价值的具体内涵，项目对社会经济的贡献、合理利用自然资源情况、项目对自然与生态环境影响，以及建筑自身开发条件等各方面内容。因此，构建有效的评价指标体系必须按照合理的构建步骤和适当的构建方法，分析其影响范围和影响程度，并按照其内在联系和因果关系构建。

（1）评价指标体系构建的步骤

建立科学合理的旧工业建筑价值评价指标体系是对其进行保护与再利用的前提，也是保证旧工业建筑价值评价结论可靠的必要条件。旧工业建筑价值评价的关键工作之一就是建立评价指标。实际工作中建立有效的价值评价指标体系通常按图3.8所示步骤进行。

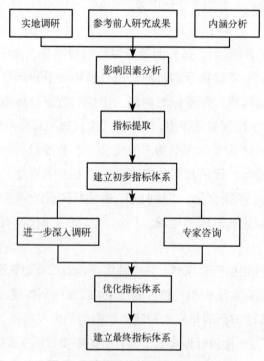

图3.8　价值评价体系建立的程序

1）课题组成员在编撰本书之前，对陕西省旧工业建筑保护与再利用的现状进行了系统的调研，并收集了大量资料，在此基础上结合前人的研究成果，系统地分析了陕西省旧工业建筑的特征;明确了评价对象的功能、特点、关键问题、影响范围以及目标等各要素;深入剖析了旧工业建筑价值评价的影响因素,实现了指标的初步提取。

2)建立初步评价指标。

旧工业建筑的价值评价需要用一些指标来度量需要评价的问题。基于对旧工业建筑的综合分析,按照其逻辑关系细化和分解评价目标的基础上,结合项目的影响因素初步确定项目的评价指标。在评价指标的选取时严格遵循指标选取原则,选择出能体现突出重点、兼顾全面、系统、科学、合理、实用、可行的指标。

3)筛选优化评价指标。

初步指标的确定只是构建评价指标体系的第一步,还需进一步分析以上已经确定的评价指标,在前期调研的基础上,进行深入调研,结合现有的信息和多方面征询专家意见进行修改,补充一些对评价有意义的指标,对于已经确定但相互之间在内涵上包含、界定不清、甚至多余的指标应用优选、综合和剔除的手段进行完善,确定优化后的指标。

4)建立评价指标体系。

根据已经确定并优化设计的评价指标,遵循全面性、系统性、相关性和独立性原则等建立相关中不乏独立、独立中体现层次的评价指标体系。

(2)评价指标筛选的方法

利用有序的评价指标体系构建程序可避免指标取舍的主观随意性,提高评价指标的有效性和科学性,也最大限度地保证了评价结论的可靠性。从指标体系构建步骤可以看出,评价指标体系构建的关键工作是筛选符合要求的评价指标。目前常用的筛选指标的方法有德尔菲法(Delphi法)和灰色关联度分析法。

1)德尔菲法(Delphi法)

德尔菲法是以意见征询表的形式,组织专家之间进行信息交流,获取专家的合理意见,从而实现评估的目的。该方法的特点是专家不在一起开会讨论,而是以征询表的形式反复征询和反馈、统计整理而得到评价意见,故专家意见不受外界和他人影响,其评估意见更具有客观性和合理性。

2)灰色关联度分析法

灰色关联度分析方法是分析灰色系统中各因素间关系密切程度的一种量化方法,其关系密切程度用灰色关联度来描述,主要思想是根据序列曲线几何形状的相似程度来度量系统变化态势并判断灰色过程发展态势的关联程度。

(3)价值评价指标体系的建立

建立旧工业建筑保护与再利用的价值评价指标体系,是实现旧工业建筑保护与再利用的价值评价的基本前提,也是价值评价的首要内容。对旧工业建筑保护与再利用的价值的定量评价依靠其评价指标实现定性向定量的转变。旧工业建筑保护与再利用的评价指标体系的作用有以下几点:

1）能够体现旧工业建筑的各项价值，确保评价的全面性，并明确项目改造的目标；

2）能够动态地反映旧工业建筑保护与再利用的微观效果和宏观效果，并经分析、比较能够保证保护与再利用效果的实现；

3）能够通过建立旧工业建筑保护与再利用的价值评价指标体系，构建旧工业建筑评估信息系统，为决策者提供决策的依据；

4）可提高旧工业建筑价值评价的科学性和客观性，为旧工业建筑保护与再利用提供参考。

旧工业建筑的保护与再利用是一项系统工程，对其价值的全面认知是找到适宜的保护与再利用方式、做出合理决策的基本前提。因此旧工业建筑价值评价体系的建立不仅要考虑其历史文化价值、社会价值等因素，更要考虑其建筑物自身的条件以及其所处的区位等因素。在改造更新的规划设计中，应采取各种措施手段，使原有旧厂区的建筑物、构筑物、景观绿化等尽可能系统保留，充分发挥其保护与再利用价值，活化和延续地域文脉，实现地域旧工业建筑的保护，促进城市的可持续发展。

指标作为量化事物某方面特征的描述手段，在名称的设计上应具备明确的定义，同时，能采用统一的尺度和算法进行计算度量和评判。本章通过相关文献资料的收集和整理，结合对陕西省各地区旧工业建筑的现场调研情况，提取出其中的评价指标群，经专家评分、重要性筛选后得到适用于旧工业建筑价值评价的指标体系，如表 3.2 所示。

旧工业建筑价值评价指标 表 3.2

	一级指标	二级指标	指标解释
旧工业建筑价值评价指标体系	历史文化价值	建造年代	即工厂创办的具体年代及所属历史时期，如洋务运动时期或者"三线"建设时期
		历史贡献	对于国家或者社会的贡献，包括企业对国家和社会发展的贡献，例如在战争时期是否资助过国家
		文化认同感	企业是否具有自身的企业文化，该企业文化对所在地区和员工产生的影响程度，以及社会对其企业文化的认同度
		历史延续性	企业发展的连续性与继承性
		历史背景与人物	与企业相关的历史人物和历史背景
	社会价值	社会认同感	企业被社会的认同程度
		社会影响力	企业对社会的经济、生活等方面的影响
		企业文化	企业所承载的民族精神、企业精神
		解决就业问题	对于所在社会就业人数的贡献程度
	技术价值	原真性	生产工艺、建造工艺、机械设备保留的原真性
		生产工艺与技术	企业的生产工艺与技术在当时的先进性与代表性
		材料特征	建筑材料是否有时代特质
		施工技术与工艺	建造技术与工艺的典型性
	艺术价值	建筑风格	建筑风格的独特性及代表性，著名建筑师，建筑风格保留的原真性

	一级指标	二级指标	指标解释
旧工业建筑价值评价指标体系	艺术价值	产业风貌	厂区风貌保留的完整性、厂区规划的合理性
		空间布局	空间布局的合理性
		造型特色	造型是否具有时代特色或者行业特色
	经济价值	区位优势	所处地理位置优势、周围交通及人群分布等
		经济性	保护与再利用的成本与成本回收期，对周边地区经济的带动性
		基础设施再利用潜力	基础设施的完好程度，可再利用的价值如何
		建筑规模	建筑面积以及建筑物规模
	生态价值	自然环境	水域、地形、植被等自然环境以及改造后对周围环境的影响
		景观现状	厂区景观的完整性
		空间肌理	对当地文化的主导性，与周边环境的契合度，对周边交通的贡献
	建筑自身的可利用性	建筑整体结构	建筑的梁、柱、屋面、墙体，结构的安全性、稳定性、保留的完整度
		保护与再利用的可行性	保护与再利用的技术、空间的可利用性

　　本书根据《无锡建议》、《下塔吉尔宪章》以及目前已有的价值评价体系，结合陕西省的特色构建了陕西省旧工业建筑评价指标体系，价值评价体系包含了 7 个一级指标，26 个二级指标，较为全面地涵盖了旧工业建筑的各个方面的价值，使得评价结果相对更为精确，也为旧工业建筑的保护与再利用的决策提供了有力的依据。

3.4 旧工业建筑价值评价方法

　　评价方法种类很多，一般可归纳为定性和定量两类。定性评价是根据评价者自身经历和经验以及现有文献资料，综合考察评价对象的表现、现实和状态，直接对其做出定性结论判断；定量评价是指收集和处理数据资料，对评价对象做出定量结论的价值判断。如运用测量与统计的方法、模糊数学的方法等，对评价对象的特性用数值进行描述和判断。无论哪种方法在评价应用的过程中都存在一定的主观性，使评价结果存在某些偏差和遗漏，且每一种评价方法都有其自身的特点和适用范围，研究人员应结合评价对象选择适宜的评价方法。

3.4.1 常见的评价方法

　　由于目前对于旧工业建筑保护与再利用的价值还处于探索阶段，其价值评价研究更少之又少，故这方面的理论及评价方法相对比较少，可用于旧工业建筑保护与再利用价值评价的方法有层次分析法、模糊综合评价法等，它们之间的主要区别是评价因素和指标的选择、权重的确定及数学方法的使用有所不同。目前常见的一些评价方法如下：

（1）层次分析法（AHP）

层次分析法是美国运筹学家 T.L.Satty 等人在 20 世纪 70 年代提出的，是一种定性与定量相结合的多目标决策分析方法，适用于决策结构复杂、决策准则多且不易量化的决策问题。最大优势是能将复杂问题分解成若干层次和若干因素，通过各因素间的对比和计算，得出不同因素的权重，为最佳方案的选择提供依据。由于这种方法思路清晰，能够将决策者的主观判断和推理相结合，并将决策者的推断进行量化，提高了决策的有效性、准确性和可行性，因此近年来得到了广泛的应用。

（2）模糊综合评判法

模糊综合评判法就是以旧工业建筑保护与再利用价值的评价指标作为评判对象的全体，采用专家调查法或是依据它们的特性求出一个评判矩阵，根据旧工业建筑保护与再利用价值评价的目的建立评语集，然后通过评判函数给每个对象确定一个评判指标，再依据最大隶属度原则判断属于评语集哪个因素，判断其改造的价值。对旧工业建筑模糊评价可以归纳为以下几个步骤：

①给出备择的对象集：$X=$（待研究的几个旧工业建筑）；

②找出因素集（或者叫指标集）：$V=$ {经济价值，社会价值，历史文化价值，艺术价值，生态价值，技术价值} 表明我们对被评判事物从哪些方面进行描述；

③找出评语集（或称等级集）：$V=$ { 很高，较高，一般，较低 }；

④确定评判矩阵：$R=U \cdot V$；

⑤确定权数向量：$A=$（对各个价值的权数进行确定）；

⑥选择适当的合成算法。常用的两种算法是加权平均和主因素突出型。这两种算法的特点是：加权平均型算法很多情形可以避免信息丢失，主因素突出型算法常用在所统计的模糊矩阵中的数据相差很悬殊的情形，它可以防止其中"调皮的数据干扰"；

⑦计算评判指标。

（3）人工神经网络法

在综合项目评价中，目标属性间的关系大多为非线性关系，一般的方法很难反映。难以描述评价方案各目标间的相互关系，更无法用定量关系式来表达它们之间的权重分配，只能提供各目标的属性特征，以及同类方案以往的评价结构。人工神经网络评价方法的前提之一，是利用已有方案及其评价结果，根据所给新方案的特征，就能对方案直接做出评价。神经网络的非线性处理能力存在于信息含糊、不完整、矛盾等复杂环境中，它所具有的自学习能力使得传统的专家系统最感困难的知识获取工作转化为网络的变结构调整过程，从而大大方便了知识的记忆和提取，通过学习，可以从典型事例中提取所包含的一般原则，学会处理具体问题，且对不完整信息进行补全。神经网络既具有专家系统的作用，又具有比传统专家更优越的性能。

（4）灰色决策评价方法

邓聚龙教授根据因素间发展态势的相似或相异程度来衡量因素关联程度，提出了关联度分析法，随后又提出了灰色多目标决策问题，并做了探讨，并且首次提出灰靶的概念，即在效果空间中以给定点为中心的某个区域，可看作满意灰色目标集，只要效果点在此区域内，便可以认为它的方案是满意的。刘思峰阐述了灰靶决策方法，即根据问题的要求确定一个靶心，通过求各方案的靶心距离来给方案排序。潘良明将层次分析法和模式识别技术引入灰色评价中，提出了灰色层次评估法。连育青等针对模糊综合评价需将所有目标的属性转化为隶属，使已经是白化值的定量指标变为模糊值，导致不同程度的信息丢失，并且隶属函数很难确定的情况，采用灰色关联分析法进行评价，即只对方案中的灰数指标进行白化处理，已经是白化值的属性值直接用于分析，由此保护了已有的信息，减小了误差。

（5）可拓决策评价方法

可拓决策评价方法是研究物元及其变化并用以解决矛盾问题的理论和方法。在物元分析基础上发展的多目标决策方法——可拓决策。它以可拓集合为数学工具，用关联函数来分析决策对象目标间的相容性，通过物元变换，化矛盾问题为相容问题，最大限度地满足主系统、主指标的要求，对非主系统中的矛盾问题进行物元变换，以此获得全局性的最佳决策。可拓决策不仅可以对已有的方案进行评价和优选，还可研究怎样产生更好的方案；它能够融合其他的决策技术，引入人工智能而将定量计算与定性分析相结合。

3.4.2　本书采用的价值评价方法

由于旧工业建筑自身的特征，价值评价指标体系中的部分指标不可量化，存在一些不确定性，同时指标因素比较多，而层次分析法具有系统性，能够把定性方法与定量方法有机地结合起来，把多目标、多准则又难以全部量化处理的决策问题化为多层次单目标问题，所需定量数据信息也比较少，比一般的定量方法更讲求定性的分析和判断。故本书中选择定性与定量相结合的方法。

本书对指标的筛选采用的是德尔菲法；对各指标评价权数的确定，采用的是层次分析法，即根据各指标在评价体系中的地位与作用，确定其在总指标体系中所占的比重，从而产生评价权数，并且根据实际调研以及操作的可行性等因素，将各评价指标体系的权重人为地进行优化分配，确定最终的权重系数。在建立前述评价指标时，注重了指标间的互补重复性和相互配合。

课题组在对陕西省所有城市的旧工业建筑进行充分调研后，由陕西省从事旧工业建筑保护方面城市规划、建筑设计、历史文化、工业设备的多位专家组成评定小组，并向专家说明评价目标、对象和方法，经过专家讨论最终确定各价值的比重，具体如下。

（1）定性的权重分配

就陕西省工业发展历史而言，旧工业建筑代表了其为国家建设和民族利益所做的贡献以及它坚忍不拔的实干精神。经专家学者及政府管理部门多次权衡，一致认为陕西省旧工业建筑的价值比重应该以历史文化价值、社会价值和技术价值以及艺术价值为首，其他价值为辅。

1）就陕西省各城市的历史特征来看，工业发展与城市历史联系极为紧密，企业文化与城市精神和社区文化息息相关，所以旧工业建筑的历史文化价值和社会价值具有较大权重，分别确定为20%。

2）由于特殊的历史环境，陕西省大部分历史时期的工业都代表着当时科技发展的先进水平，许多行业的工艺技术具有开创性，在国内外具有相当大的影响力，技术价值是陕西省旧工业建筑地位的重要支撑，因此权重确定为20%。

3）艺术价值和经济价值在不同时代有着不同的认识。与其他地区旧工业建筑相比，由于陕西大部分地区在历史上处于经济欠发达地区，历史遗存的艺术价值相对较低，旧工业建筑艺术性的重要程度也相对较低，其权重确定为10%。相对于旧工业建筑的其他价值而言，其经济价值并不占主导地位，其权重值也定为10%。

4）旧工业建筑的生态价值是指旧工业建筑厂区内水域、地形、植被等自然环境以及改造后对周围环境的影响，厂区景观的完整性，对当地文化的主导性，与周边环境的契合度，本书中将其比重设为10%。

5）旧工业建筑的可利用性是决定其是否具备保护与再利用条件，以及改造后是否能延续下去的关键问题，主要包括其建筑自身的状况，保护与再利用的技术的可行性、经济可行性、空间的可利用性、功能转型后新功能的适应性等，本书中将其权重定为10%。

（2）定量的指标评价

为比较准确地评价旧工业建筑的价值，本书把各类价值指标进行了细分，如按照陕西省工业发展的4个阶段、建筑物建造年代以及历史延续性等评价历史文化价值；按照社会认同感、社会影响力、企业文化等评价其社会价值。价值评价的定量评分只有通过大量翔实的调查研究才能比较准确地赋值，并通过实践不断修正，使其更加符合不同城市的旧工业建筑价值标准。根据评价指标，可以对陕西省目前的旧工业建筑分别进行评价，由于评价指标较多，为了体现出差异性，本书将总分定为200分，具体评分标准如表3.3所示。

陕西旧工业建筑价值评分标准 表 3.3

一级指标	二级指标	分值				
历史文化价值 （40）	建造年代	1840～1931 年 （7～8）	1931～1949 年（5～6）	1949～1965 年（3～4）	1965～1978 年（1～2）	1978 年至今 （0）
	历史贡献	特别突出（6～8）	比较突出（4～5）	一般（2～3）		较少（0～1）
	文化认同感	特别突出（6～8）	比较突出（4～5）	一般（2～3）		较少（0～1）
	历史延续性	特别突出（6～8）	比较突出（4～5）	一般（2～3）		较少（0～1）
	历史背景与人物	特别突出（6～8）	比较突出（4～8）	一般（2～3）		较少（0～1）
社会价值（40）	社会认同感	特别突出 （8～10）	比较突出（5～7）	一般（2～4）		较少（0～1）
	社会影响力	特别突出 （8～10）	比较突出（5～7）	一般（2～4）		较少（0～1）
	企业文化	特别突出 （8～10）	比较突出（5～7）	一般（2～4）		较少（0～1）
	解决就业问题	5000 人以上 （8～10）	3000～5000 人（5～7）	1000～3000 人 （2～4）		1000 人以下 （0～1）
技术价值（40）	原真性	特别突出 （8～10）	比较突出（5～7）	一般（2～4）		较少（0～1）
	生产工艺与技术	特别突出 （8～10）	比较突出（5～7）	一般（2～4）		较少（0～1）
	材料特征	特别突出 （8～10）	比较突出（5～7）	一般（2～4）		较少（0～1）
	施工技术与工艺	特别突出 （8～10）	比较突出（5～7）	一般（2～4）		较少（0～1）
艺术价值（20）	建筑风格	特别突出（5）	比较突出（3～4）	一般（1～2）		较少（0）
	产业风貌	特别突出（5）	比较突出（3～4）	一般（1～2）		较少（0）
	空间布局	特别突出（5）	比较突出（3～4）	一般（1～2）		较少（0）
	造型特色	特别突出（5）	比较突出（3～4）	一般（1～2）		较少（0）
经济价值（20）	区位优势	特别突出（5）	比较突出（3～4）	一般（1～2）		较少（0）
	经济性	特别突出（5）	比较突出（3～4）	一般（1～2）		较少（0）
	基础设施再利用潜力	特别突出（5）	比较突出（3～4）	一般（1～2）		较少（0）
	建筑规模	特别突出（5）	比较突出（3～4）	一般（1～2）		较少（0）
生态价值（20）	自然环境	特别突出 （8～10）	比较突出（5～7）	一般（2～4）		较少（0～1）
	景观现状	特别突出（5）	比较突出（3～4）	一般（1～2）		较少（0）
	空间肌理	特别突出（5）	比较突出（3～4）	一般（1～2）		较少（0）
建筑自身的可利用性（20）	建筑整体结构	特别突出 （8～10）	比较突出（3～4）	一般（1～2）		较少（0）
	保护与再利用可行性	特别突出 （8～10）	比较突出（3～4）	一般（1～2）		较少（0）

（3）保护等级的确定

根据本书构建的价值评价体系，可以定量地得出各类旧工业建筑的综合评分，分数越高，旧工业建筑的价值越高，则要求保护的力度越大，反之亦然。根据旧工业建筑的价值特征，其保护的要素相对于其他文物建筑较少，利用的尺度相应大于其他文物建筑，如何确定保护与再利用的尺度是旧工业建筑传承中的关键问题。

通过价值评价，本书将陕西省旧工业建筑分为四个等级，即优秀近现代工业遗产、一般价值的工业遗产、具有一定价值的旧工业建筑、可拆除的旧工业建筑。此外需要特别强调的是，对于工业遗产与一般旧工业建筑的划分也应从内在价值和潜在价值做出具体规定。

本书构建的旧工业建筑价值评价体系指标较多，价值总分设为200分，优秀近现代工业遗产，综合评价分值150分以上，且内在价值分值不少于100分；一般价值的工业遗产，综合评价分值介于130 ~ 150分之间，且内在价值分值不少于80分；具有一定价值的旧工业建筑，综合评价分值在100 ~ 130分之间，且潜在价值分值不少于40分；可以拆除的旧工业建筑，综合评价分值小于100分。根据旧工业建筑的保护等级，确定其具体的保护要素，在规划管理中制定严格的设计限制要求和引导条件，就能最大化地促进旧工业建筑的适应性更新，兼顾文化性与经济性，妥善地解决保护与再利用的冲突，如图3.9所示为陕西省旧工业建筑的分级以及保护与再利用模式示意图。

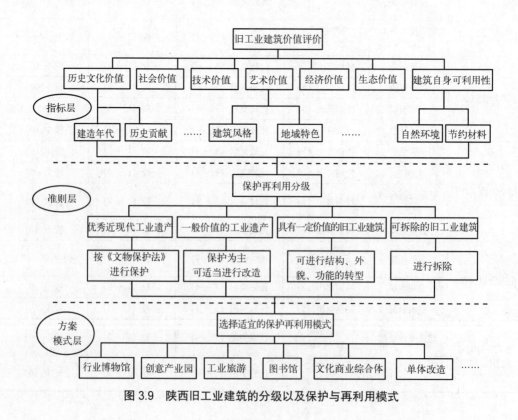

图 3.9　陕西旧工业建筑的分级以及保护与再利用模式

旧工业建筑的保护与再利用体现了人们对城市建筑及其生活方式新的理解，既包含了现代人们工作生活中对于单一写字楼工作方式的不满，对于个性化创意生活方式的向往，也包含了人们对于城市历史记忆的珍视，即自觉反对将旧工业建筑一味地推倒重建，力主将其中一部分具有重要价值的历史文化建筑在保留原有特色的前提下重新规划设计和经济性再利用。利用发展创意文化产业、居住空间、工业旅游、工业博物馆等方式，将旧工业建筑整修后重新嵌入人们的生活。在此过程中，过去生产性的场所转变成展示和消费性场所，不仅留住了凝固的历史，也焕发出新的生机。将改造后的旧工业建筑置身于城市建设的历史和未来的进程中，它提供了一种新的历史文化名城的建筑形态，丰富了城市文化风貌的多样性，是一种值得提倡的、经济而文化的建设方式。然而，并不是说所有的旧工业建筑都具有保护和再开发价值，部分旧工业建筑由于年代久远损坏严重，或者由于之前的工业生产带来重大的污染及环境破坏，再或者由于所处区位对再开发利用不利等原因，并不适合进行保护与再利用。因此，旧工业建筑的保护利用需要进行客观的价值和潜力评价，价值评价是旧工业建筑再利用的基础，是后续改造的前奏，是项目定位成功的关键。

　　（4）本评价体系在实例中的应用

　　西安市大华纱厂位于西安市太华南路 251 号，目前改造为"大华·1935"，改造过程中极大地保留了原有建筑的风格，是一项集旅游、办公、娱乐、餐饮、展览等多功能的开发模式，自建成以来吸引了全国各地的人前来参观旅游，取得了良好的效益和较高的知名度，成为陕西省一道亮丽的风景。下面将结合所建立的评价标准对其进行评价，以验证本评价标准的可行性。如表 3.4 为对大华纱厂进行的价值评价。

大华纱厂的价值评价　　　　　　　　　　　　　　　　表 3.4

一级指标	二级指标	分值	得分依据
历史文化价值 40	建造年代	6	西安大华纱厂建造年代为 1935 年
	历史贡献	8	曾多次为抗日战争做出贡献，新中国成立后归为国有，更名为陕棉十一厂，为新中国成立初期全国和陕西省的纺织业做出了突出贡献，历史贡献特别突出
	文化认同感	6	有着自身的企业文化，对员工有着深刻的影响，后期整理 30 多万字的员工回忆录记录了员工对其的认同与缅怀
	历史延续性	8	大华纱厂历经 70 多年的发展岁月，充分体现了历史的延续性
	历史背景与人物	8	创始人为石凤翔，创办时正处于抗日战争时期，为抗战做出了突出贡献，后期也培养了一大批社会精英
社会价值 40	社会认同感	7	大华纱厂对陕西地区的发展做出了突出贡献，得到了当地政府和人民的认同
	社会影响力	8	大华纱厂建厂年代久远，好几代人在这里工作和生活，职工人数众多，对社会发展做出了突出贡献，社会影响力特别突出
	企业文化	7	创办初衷之一便是励精图治，振兴中国纺织业，承载着民族精神以及奉献精神
	解决就业问题	10	运行期间有职工近万名，解决就业问题突出

一级指标	二级指标	分值	得分依据
技术价值40	原真性	6	基本保留了原有建筑的风貌，体现了厂区以及建筑的原真性，生产工艺保留较为完整，且保留了部分当时的生产机器，比较突出
	生产工艺与技术	8	为西北纺织工业发展的开拓者，生产设备、生产工艺与技术均为当时世界先进水平
	材料特征	7	各个时代的厂房均有，材料具有典型性和代表性，采用当时最先进的材料
	施工技术与工艺	9	现存最早、规模最大的、最具代表性的单体钢结构工业厂房，建造技术与施工工艺为当时国内最高水平
艺术价值20	建筑风格	4	建筑风格极具时代特征，设计水平先进，建筑比较突出
	产业风貌	5	产业风貌保留完整，厂区规划合理
	空间布局	4	厂区生产区、生活区以及各项辅助性建筑布局科学合理
	造型特色	4	厂房造型大多为锯齿型车间，为当时纺织业典型的风格，造型特色比较突出
内在价值总计（分）		115	
经济价值20	区位优势	4	位于西安市太华南路251号，地处火车站北侧，西邻国家大明宫遗址公园，区位优势比较突出
	经济性	5	改造后基本采用原有建筑，极大地节约了成本；吸引大量商户入驻，成本回收较快，对周边经济起到了良好的带动性，经济性特别突出
	基础设施再利用潜力	1	周围基础设施基本拆除，改造后基础设施大多数为新建，再利用潜力一般
	建筑规模	5	总占地面积约140亩，改造后建筑面积8.7万 m²，建筑规模非常大
生态价值20	自然环境	4	厂区内树木、花草因后期规划保留较少
	景观现状	4	基本保留了之前厂区内的景观，墙上的宣传画也完整地保留了
	空间肌理	4	改造后集餐饮、旅游、酒店等为一体，与周边环境较为契合，但对周边交通贡献不足，总体而言，比较突出
建筑自身的可利用性20	建筑整体结构	8	地基、梁、柱以及外墙基本满足改造要求，屋面有漏水现象
	保护与再利用可行性	8	采取保护性改造，基本保留原有建筑风格与厂区风貌，技术操作可行；空间高大，可利用性强
潜在价值总计（分）		43	
总分		158	内在价值和再利用价值突出，应作为优秀近现代工业遗产进行保护

综上，大华纱厂综合评分为158分，其中内在价值115分，潜在价值43分，应进行整体保护，且根据建筑实体情况进行综合性保护与再利用。大华纱厂在实际改造中保留了旧厂区的整体风貌，尽可能地保留了一些有价值的旧厂房和旧机器，对于内在价值较低、潜在价值较高的建筑采取了改造性保护，对于综合价值较低的建筑进行了拆除，属于综合性保护与再利用的典型案例。

陕西省目前旧工业建筑数量巨大，且大部分均有一定的保留价值，为了进一步推进特色城区的建设，建立合理的保护与再利用价值评价体系尤为重要，对于价值较高的旧工业建筑应予以政策和资金支持，对其进行充分保护与再利用，摆脱目前"千城一面"的局面。为了使旧工业建筑得到更好的保护与再利用，本书构建了陕西省旧工业建筑的价值评估体系，以期对陕西省旧工业建筑保护与再利用工作有一定的推进作用。

参考文献：

[1] 黄晓燕. 历史地段综合价值评价初探 [D]. 成都：西南交通大学 2006.

[2] 杜少波. 旧工业建筑再生利用项目可持续性后评价的应用研究 [D]. 西安：西安建筑科技大学，2008.

[3] 金姗姗. 工业建筑遗产保护与再利用评估体系研究 [D]. 长沙：长沙理工大学，2012.

[4] 张静. 旧工业建筑保护与再利用的价值研究与评价 [D]. 西安：西安建筑科技大学，2011.

[5] 娄尧. 旧厂房再利用的艺术价值 [D]. 吉林：吉林大学，2013.

[6] 沈忠瑛. 当代工业遗产建筑外部空间更新设计研究 [D]. 重庆：重庆大学，2014.

[7] 李剑锋. 旧工业建筑改造与更新策略研究 [D]. 太原：太原理工大学，2012.

[8] 张健，隋倩婧，吕元. 工业遗产价值标准及适宜性再利用模式初探 [J]. 建筑学报 .2010，15（42）：88-92.

[9] 金鑫，陈洋，王西京. 基于地域价值的陕西重型机械厂旧厂区改造规划设计 [J]. 工业建筑 .2014，44（2）：26-36.

[10] 何礼平，应四爱. 工业废弃建筑保护与再利用的本体因素分析及改造原则 [J]. 工业建筑 .2005，35（8）：50-52.

[11] 陈程，郭世荣. 基于层次分析的工业遗产价值评价 [J]. 内蒙古师范大学学报 .2014，43（6）：787-790.

[12] 尹方强. 旧工业建筑（群）再生利用项目的节能评价体系研究 [D]. 西安：西安建筑科技大学，2014.

[13] 李和平，郑圣峰，张毅. 重庆工业遗产的价值评价与保护利用梯度研究 [J]. 建筑学报 .2012，34（8）：24-29.

[14] 刘伯英，李匡. 工业遗产的构成与价值评价方法 [J]. 建筑创作 .2006（9）：24-30.

[15] 刘伯英，李匡. 北京工业遗产评价办法初探 [J]. 建筑学报 .2008（12）：10-13.

[16] 刘伯英，李匡. 工业遗产资源保护与再利用——以首钢工业区为例 [J]. 北京规划建设 .2007（2）：28-31.

[17] 刘伯英，李匡. 北京工业建筑遗产保护与再利用体系研究 [J]. 建筑学报，2010（12）：1-6.

[18] 许东风. 重庆工业遗产保护利用与城市振兴 [D]. 重庆：重庆大学，2012.

[19] 王建国 . 后工业时代产业建筑遗产保护更新 [M]. 北京：中国建筑工业出版社，2008 .

[20] 齐奕，丁甲宇 . 工业遗产评价体系研究——以武汉市现代工业遗产为例 [C]// 生态文明视角下的城乡规划——2008 中国城市规划年会论文集，2008.

[21] 张毅杉，夏健 . 城市工业遗产的价值评价方法 [J]. 苏州科技学院学报（工程技术版）.2008，21（1）：41-44.

[22] 佟玉权，韩福文 . 工业遗产的旅游价值评估 [J]. 商业研究 .2010（1）：160-163.

[23] 张登文 . 旧工业建筑保护与再利用项目社会影响评价研究 [D]. 西安：西安建筑科技大学，2011.

[24] 张扬 . 旧工业建筑（群）再生利用项目绿色评价指标体系研究 [D]. 西安：西安建筑科技大学，2013.

第4章 陕西旧工业建筑再利用模式

4.1 旧工业建筑再利用概述

再利用是建筑领域由于要创造一种新的使用机能，或者是重新组构一栋建筑或构造物，以一种满足新需求的形式将其原有机能重新延续的行为。再利用也会被人称作建筑适应性利用，建筑再利用使得我们可以捕捉建筑过去的价值，通过对其利用并将其转化成未来的新活力。建筑再利用成功的关键在于建筑师发现、捕捉一栋现存建筑所具价值及赋予其新生命的能力，通过对旧工业建筑的再利用，提升项目自身的经济利益、可以促进经济区域的发展、提高对环境保护的作用。

4.1.1 再利用的发展背景

旧工业建筑再利用的先例是由欧美等最先进入后工业社会的国家成功开启的，这些发达国家或地区最先进行大规模城市结构调整，涌现出了大量的旧工业建筑再利用案例。近20年来在欧美发达国家有很多旧工业建筑再利用的成功案例，例如首例旧工业建筑再利用案例——旧金山吉拉德里广场综合性改造，在美国乃至全球掀起以"建筑再循环"理论为导向的改造热潮。人们对于旧工业建筑的思想观念也开始转变，位于城市中心的旧工业建筑不再是亟待拆除的闲置厂房，而是城市再生的一部分。

在旧工业建筑保护与再利用的成功实践及理论研究的启发下，也随着历史保护意识的不断加强和城市产业结构的调整，"退二进三"、"退城进园"等系列政策的颁布，我国以改造再利用为主的开发思想也不断得到加强，旧工业建筑不再被盲目地遗弃，或一味地推倒重来，大量处于城市中心的旧工业建筑面临着改造再开发。

我国早期改造较为成功的案例有北京"798"等。近年来，像北京"798"一样的旧工业厂房改造再利用的实例还有许多，它们相比于20世纪90年底初期的改造更加规范、美观，在改造面积上也有极大的进步，同时改造后用途多种多样。如上海的M50将纺织厂改造成艺术产业园，沈阳铁西区的中国工业博物馆就是由炼钢车间改造而成，广州中山市的岐江公园则是把造船厂改造成游人的观赏景观，西安建筑科技大学将废弃的陕钢车间改造成西安建筑科技大学华清学院的教学楼。

4.1.2 再利用的基本理论

（1）场所精神理论

"场所精神"是一个古罗马概念，古罗马人确信，任何一个独立的存在都有守护神，守护神赋予它生命，对于人和场所都是如此。在古罗马人看来，在一个环境中生存，有赖于他与环境之间在灵魂与肉体（心智与身体）两方面都有良好的契合关系。诺伯格·舒尔茨提出：场所是有着明确特征的空间，建筑令场所精神显现，建筑师的任务是创造有利于人类栖居的有意义的场所。

场所理论的本质在于领悟实体空间的文化涵义及人性特征。简单地说，空间是被相互联系的实体物质有限制、有目的地营造出来的，只有当它被赋予了来自文化或地域的文脉意义之后才可以成为场所。场所精神的特征主要体现在自然环境和人工环境两方面，而这两方面又是随着历史的推移而相互影响、相互作用的。历史印记作为一种过往的记忆，与其所处场所共同积淀，并展示出相应的"场所精神"，来唤起人们的场所认知和归属感。

在旧工业建筑场所精神的重塑过程中，要以继承、保留其历史记忆为基础，能够使其场所结构与不同的行为需求相适应。以旧工业建筑为例，尽管旧工业厂区已经衰败不堪、繁华不再，但场地中遗留下来的巨大烟囱、破旧的生产车间厂房等仍作为历史印记被保留，让人回想起当时冒着浓烟的高耸烟囱和轰鸣的机器声等往昔热闹的生产场面。所以，历史印记是通过认知并唤醒的方式将场所精神继续传承下去的。

（2）再循环理论

20世纪60年代，美国景观大师劳伦斯·哈普林首次提出"建筑再循环"理论。"建筑再循环"理论的定义有两层含义，一是在建筑的再循环过程中，既有建筑功能被替换，例如为适应城市发展，位于城市中心区位的工业厂房被改造为商务办公楼、商业街或住宅宾馆等；二是快速城市化进程中，既有建筑功能无法满足城市发展功能需求，而对其进行功能的完善，例如为适应现代化生产需求，传统工业厂房通过更新技术设备而成为现代化的生产厂房等。以上两个循环过程都伴随着建筑空间的更新及完善，随着建筑功能的不断发展和强化，建筑的生命周期也随之变化，在旧工业建筑功能不能满足当前使用需求时，通过设计将新功能重新置入到原工业建筑建筑实体中，这一过程也便是"建筑再循环"理论的中心思想。"建筑再循环"是一种积极的城市更新模式，并且是绿色生态效益与经济效益共存、历史文化价值与社会价值共赢的一项理想策略。

（3）再利用设计理论

在旧工业建筑再利用过程中，其再利用的方案设计尤为重要，常见的设计手法分为原真性设计和延伸性设计。

原真性设计是指对原有旧工业建筑进行完整保留，必要时进行修复，但必须最大限度地保留其原貌，或者延续其原有建筑风格和形象。针对原真性设计的旧工业建筑，如何将建筑实体形态和潜在内涵文化进行合理结合是关键之处。

延伸性设计是在合理保留原有旧工业建筑部分信息的基础上，进行拓展设计，做到既合理保留其原有建筑的历史工业信息，又适当融入时代感。对于选用延展性设计的旧工业建筑，其延伸的尺度是否合理，做到不破坏原有旧工业建筑的特色是关键之处。

在旧工业建筑再利用方案设计时，以原真性设计作为出发点，旨在保留建筑特有工业历史价值，再以延伸性设计为创新点，旨在配合当前时代特征，做到与时俱进。科学合理地权衡两种设计方案的比重，做到相辅相成、互相促进，使得旧工业建筑以其特有工业建筑气质来满足旧工业建筑再利用后的现代功能需求，达到双赢的局面。

（4）空间重组理论（表 4.1）

空间重组理论　　　　　　　　　　　　　　　　　　　　　表 4.1

类型	详细介绍
功能置换	旧工业建筑功能的重组是根据城市的发展和整体规划，进行合理的功能置换，以满足城市更新需求。它同时也包括空间结构的重建，即将旧工业高大空旷的内部空间重新进行划分，使其产生新的功能分区，以满足建筑置换后的功能需求。城市发展的多元化，刺激着旧工业建筑再利用的多元化。为适应城市的多样需求，旧工业建筑再利用模式也发展迅速，出现多种多样的再利用模式，如工业博物馆、城市主题公园、文教产业、创意产业园、居住空间等
外部更新	旧工业建筑的外部形态有两种更新措施，一是对于历史价值高的旧工业遗产要最大限度地保留和修复其外立面；二是对于一般性旧工业建筑通常要先整理其破败的外立面，再有选择性地重点保护。 此外，旧工业建筑的开窗通常较大，为满足通风和采光要求，再利用过程中要考虑外窗面积和外立面的关系。考虑其再利用后的新功能和新性质，科学合理地制定出再利用方案。通常来说，要尽量保留其历史风貌，充分体现其历史文化价值

所有这些理论归结为一个宗旨，就是最大限度地挖掘闲置旧工业建筑的潜在可能性（包括经济利益上的、实际使用功能上的和美学价值上的），体现由一种空间向另一种空间的变换，一个时代向另一个时代的过渡，实现旧工业建筑的改造再利用。

4.1.3　再利用模式的选择

旧工业建筑再利用模式，即旧工业建筑改造后的功能选择、所使用的方式。目前我国旧工业建筑改造的模式主要有创意产业园模式、体育运动馆模式、展览中心模式、商业改造模式、综合开发模式等。

旧工业建筑改造与再利用模式的选择是项目取得成功的关键一步。改造模式的选择必须有整体而长远的目光，符合城市的发展规划，不能以开发商个人的意愿以及建筑师个人的喜好来决定改造模式。不当的改造模式，不仅无法达到改造的目的，反而会对原有建筑造成不当的破坏，甚至造成文化资产的丧失。所以，在进行改造再利用之前，必须先对改造模式进行充分的分析与调研。旧工业建筑的改造再利用并不是单向的理想或者是一厢情愿就可达成的，其过程中涉及城市规划总体要求、建筑自身的历史文化价值、建筑空间特征、建筑结构情况以及周围整体环境等综合因素。通过对上述要素的综合分析，最后才可确定改造再利用的方向。

(1) 根据城市规划要求及片区需求确定改造模式

这是确定改造方向的城市"环境"要求。旧工业建筑所在的区位也是影响其改造再利用的一个重要因素。根据城市的总体规划，根据建筑所处地段的功能要求，选取有特色的厂房、厂区为重点进行改造。原则就是根据这个片区最欠缺的功能，作为旧工业建筑改造模式的出发点。比如某个地段缺少大型商业或超市，便可以把商业发展模式作为优先改造方向。

(2) 根据原有建筑空间和结构特征确定改造模式

建筑的功能主要受其形式的制约和影响，为确保结构安全不可能随心所欲地改造。针对陕西省旧工业建筑不同的建筑结构和空间特点，合理对内部空间进行功能置换和重组，从而找到合理可行的新用途。由于建筑的空间条件和结构类型不尽相同，应对原有条件充分利用和采取合理可行的改造方式，最终确定合理的改造模式。常见厂房类型改造模式见表4.2。

选择正确的改造方向和合理的再利用模式是成功的一半，它可以最大限度地保证利用旧工业建筑的同时获取最大的利益，不只是经济方面的利益，更多的还有文化、社会、历史、美学等方面的价值。此外它也是旧工业建筑合理改造，充分利用的重要保障。

总之，旧工业建筑的改造方向、改造模式是具有不确定性的，因此在对陕西地区旧工业建筑进行保护与再利用时应充分考虑多方面的因素，比如经济条件、区位条件、政府政策、建筑自身条件、城市发展需求等，不能一味地模仿过往成功案例选择改造为博物馆、创意产业园或者高校校园等，应根据具体情况进行分析，选择合理最优的改造模式。

常见厂房类型及改造模式   表 4.2

厂房类型	结构特征	改造模式	举例
大型厂房	空间高大、内部开敞，一般具有跨度大、层高大等特点	展示空间	工业博物馆和艺术馆等；如由西安市大华纱厂改造的陕西省首例工业博物馆——大华博物馆（见图4.9和图4.10）、无锡茂新面粉厂改造的民族工商业博物馆等
		体育运动场所	篮球馆、羽毛球馆、乒乓球馆、健身馆等；如由20世纪的机械加工车间改造而成的西安交通大学的羽毛球馆、由原老钢厂8号生产车间改造而成西安建筑科技大学华清学院的羽毛球馆（见图4.6）
		大会议厅、礼堂和表演厅	西安建筑科技大学华清学院的某艺术中心
中小型厂房	多为框架结构，柱网尺寸比较小，部分中小型厂房为砖混结构	小型商店或餐厅	西安建筑科技大学华清学院餐厅（见图4.25和图4.26）
		办公楼或工作室	北京外研社办公楼；将原来框架结构的印刷厂厂房夹层改造为办公楼，并和大厦连成一体，成为大厦的配楼

续表

厂房类型	结构特征	改造模式	举例
特异性厂房	结构特殊、形体特殊	因改建成民用建筑难度较大，一般改为一个地段的标志性建筑	贮气仓改为住宅：维也纳某工业区四座欧洲最古老的贮气仓，改造过程中，将内部设备全部拆除，仅保留古典的外立面。其中第二个贮气罐的内部空间垂直划分为13层，围绕中间的圆形共享大厅布置公寓或办公室，地下部分改为多功能厅
			在比利时安特卫普有一座水塔改成的住宅，水塔的基部是留有大量门窗洞口的混凝土框架，首层为起居室，通过一部钢楼梯上到上面各层，上层空间主要用作工作室和观光
其他类型	① 城市开放空间，如杜伊斯堡公园。杜伊斯堡景观公园位于杜伊斯堡，它是一个集采煤、炼焦、钢铁于一身的大型工业基地。现在被改造为以煤—铁工业背景为主的大型工业旅游主体公园。 ② 教育园区。如原陕钢厂改造的西安建筑科技大学华清学院（见图 4.23 ~ 图 4.28）		

4.2　旧工业建筑再利用的典型模式

旧工业建筑保护与再利用的模式可大致分为三类：一是"重历史文化价值的再利用"；二是"满足城市新的功能要求的再利用"，指根据工业建筑所处地区的城市功能需求将其改造为公园、博物馆、学校、购物中心等；三是"针对原有建筑自身潜力的再利用"，即挖掘旧建筑的空间和结构潜力，通过内部空间的功能替换或原有空间的重组为其找到新的合理可行的用途，如图书馆、住宅、旅馆、餐厅、办公用房等。

4.2.1　创意产业园模式

创意产业园模式，是将旧工业建筑区通过产业更新和业态调整，将旧工业建筑区改造成以利用原有空间为主要形式的现代创意产业基地的一种空间功能转换型的开发模式。这种模式可以将工厂的建筑物和工业设施保留下来，不改变原有旧工业建筑的空间结构，只是把内部空间改造为适合办公、创作、设计等的空间结构，通过这种转换重构旧工业建筑区的产业体系，形成新的以现代服务业、创意产业为主的产业集群。

西方国家传统工业衰落后，留下许多闲置废弃的老厂区，而创意产业往往选择这些租金低廉的空间作为发展的基地。此外，老厂区 LOFT 改造的创新形式，正好与创意产业的概念相符。二者互利共生的结合使工业建筑的改造具有了更加丰富的内容，于是将老厂区改造为创意产业园的理念便逐渐形成，并普及到全世界。

近年来，此种对旧工业建筑的再利用方式不仅在西欧国家十分普及，在我国创意产业园也成为旧厂房改造的一种潮流，不断成熟与发展，如上海田子坊、北京 798 艺术区、天津 6 号院创意产业园、成都东郊等。在陕西省，将旧工业建筑改造为创意产业园最为著名的案例有由唐华一印改造的西安半坡国际艺术区和由陕钢厂改建的老钢厂设计创意产业园。

（1）案例一：西安半坡国际艺术区

西安半坡国际艺术区（原纺织城艺术区）位于西安市灞桥区纺织城西街 238 号（原唐华一印），隶属于纺织城综合发展区。项目北临大华国际商业街区，南邻国棉三厂，西侧是著名的半坡遗址（半坡博物馆），同时毗邻东三环，东至纺织城主干道——纺西街，共占地 128 亩。共计 13 条公交线路直达园区（堡子村站），交通十分便利，地铁 1 号线距项目仅 300 米之遥。

1）历史背景

1949 年，国家将陕西省列为全国重点发展的纺织工业基地之一，并由苏联援建。经多次勘测，确定在西安市东郊的郭家滩建设棉纺织厂。这里地面宽广平坦，村落较少，水源丰富，水质适宜，北临发电厂与陇海铁路，西通市区且附近各地盛产棉花，成为理想的建厂之地。西北第一印染厂此时建立，其他纺织业企业也相继建成投入生产，西安纺织城一时间成为大型企业云集、产业工人聚集的地区，曾被誉为西安的"小香港"。

进入 20 世纪 90 年代，由于体制、技术、资金等方面的落后与不足，西安纺织业呈现日渐衰落的发展趋势，致使纺织城地区成为西安市一个贫困区，上万平方米的车间被闲置，大量老建筑被拆除。2007 年 10 月市委、市政府正式提出全面振兴纺织城地区，在市、区的统一安排部署下，通过实施旧城改造，优化投资环境，转变经济发展方式，调整产业结构，加大城市基础设施建设力度等措施推进纺织城地区综合发展。将纺织城打造成西安市未来的商贸新都、宜居新地、生态新城，实现纺织城地区全面振兴。

2）改造历程

西北第一印染厂作为我国当时重要的纺织品生产基地，配备有厂房、职工住宅、专家公寓等结构完好、风貌独特的建筑。厂区的建筑主要由苏联专家设计援建，在建筑美学上有着后工业色彩的独特魅力，加之政府提出全面振兴纺织城地区，又有一批艺术家为了远离房租高昂的闹市区将办公室迁至纺织城。经过第一批艺术家的装饰和布置，使厂房充满了艺术气息！也不断吸引新的艺术家来这里租用廉价的厂房当做自己的工作室，在这里也激发了他们创作的灵感，园区迎来了第二次创业的商机。改造的厂房如图 4.1～图 4.3 所示。

图 4.1　改造前的厂房　　　　图 4.2　改造中的厂房　　　　图 4.3　改造后的厂房

（来源：课题组摄）

　　西北第一印染厂结合自身财政状况，采取边积累、边改造、边租赁的滚动式发展策略，前后投资 100 余万元进行厂房的改造。对厂房的中央通道进行了拓宽加固，同时，翻修厂房及环厂道路、改造供水供电等系统，恢复了企业的生机，为东郊纺织城艺术区的建立完善文化等设施的配套，提供了制度上的保证。结合艺术家们的自身努力，纺织城艺术区逐渐被人们熟知，成为西安市东郊标志性艺术区。

　　在不断地改造过程中，将"纺织城艺术区"更名为"半坡国际艺术区"。"半坡"一词，是具有国际知名度的词，不仅有助于提升艺术区知名度，而且使艺术区与西安的历史文化更加吻合，贴近了历史、艺术的主题，将园区打造为国际性艺术平台。西安半坡国际艺术区改造后的变化可谓是翻天覆地，改造前后效果对比如图 4.4 所示。

图 4.4　西安半坡国际艺术区改造前后对比图

（来源：http://club.m.autohome.com.cn）

3）效果评价

　　经过改造后，园区原来的破败景象变成了景色宜人又充满艺术风味的艺术区。艺术区毗邻东三环，西邻半坡博物馆，北临大华国际商业街区。随着西安市地铁 1 号线的开通，沪灞生态区的兴起，区位优势逐渐凸显，逐渐成为西安市艺术活动的场所、文化产业的基地、国际友人的交流平台，同时也是当地人们和游人的休闲娱乐中心。

　　①艺术活动场所

　　作为新长安文化艺术的全面集结地，是陕西省美术家协会、西安中国画院等文化机构所在地，以及众多独立艺术家的创作、展览、学术研讨交流等活动的场所。将城市文化艺术的生长空间，从小作坊走向规模化集结，从自发运动走向自觉的系统化运营，从单打独斗走向宏大格局，以个人理想的社会化，重构个体创作与社会经济结构之间新的关系。

　　②文化产业基地

　　作为文化艺术创作与输出基地，以多元产业之间的聚合、衔接、互动，形成产业链效应，实现先锋意识与传统情调的共存，实验色彩与社会责任的并重，精神追求与经济筹划的双赢，艺术家与大众的互识互动，从而推动城市文化创意产业跨越时代新里程。同时也作为灞桥区文化事业的组成部分，及建设"文化灞桥"的重要阵地，对区域发展产生重要的促进作用。

③国际交流平台

作为世界了解"长安精神"的窗口，展现包容、进取的精神品性与博大、厚重的本土文化。同时也作为兼容并蓄世界文化的重要场所，全球性的交流／推广／传播的平台。来自全中国和世界各地的艺术家、理论家与评论家、文化产业工作者、艺术爱好者等往来于此，各类国际时尚品牌与创意机构蜂拥而至，汇聚出一个多元文化相容的国际文化中心。

④休闲娱乐中心

由文化艺术、创意建筑、历史气息的有机结合，缔造城市观光旅游的全新热点。厚重砖墙、林立管道、斑驳肌理所构筑的工业文明时代独特的沧桑韵味，与现代创意建筑的国际色彩相互融合，打造一道城市独有的风景线。同时辅以主题酒吧、特色酒店及休闲餐饮等功能区块，营造游览观光的便利性与愉悦感，使艺术区成为代表城市印象的流连忘返之地。

(2) 案例二：华清创意产业园改造项目

位于西安市东郊新城区的陕西某钢厂，建于20世纪50年代末，如今工厂废弃。随着周边环境的不断更新，面积庞大的老厂区成了此块用地发展的一个障碍，从物理上阻碍了周边地块间的交流。按照区域规划的要求，将老钢厂内原特殊钢材厂部分规划为创意产业园。园区总占地面积约50亩，其内部现存9栋结构完整的旧厂房，原有建筑面积1.5万 m²，改造后建筑面积预计将达到4万 m²，改造后设有商务休闲区、创意办公区、创意广场等多种功能区域，具体功能分布详见图4.5，老钢厂具体的各生产车间分布及改造项目的统计见表4.7。

老钢厂在承载过去岁月记忆的同时，将被赋予新的功能定义，焕发出新的生命力。作为新城区最先改造的集创意工作、生活休闲、学习交流为一体的综合园区，它让历史悠久的老厂区得以保留的同时，也给城市提供了活动空间，给区域注入了新鲜活力。该项目除了具有重新界定城市文脉的重要作用外，对后期其他改造再利用项目的定位也有一定的借鉴作用。

该改造项目倡导城市再生和创意产业发展，园区中聚集了建筑设计、景观设计、室内设计、摄影等产业类型。依托于大市场环境、依靠建大人文资源以及专业优势，旨在打造西安市设计类产业集中地。

此外，创意产业园区的兴起，虽然带来了浓厚的文化艺术气息，但是如果不对园区的整体外部环境、道路及配套设施等进行统一的总体规划，再加上租期、资金投入的制约，易使厂区内外处于一种杂乱的无序状态。目前由于多数创意产业被狭义地理解为是前卫、时尚的艺术推广和精英思想自我陶醉的商业化标志，受到了社会大众的追逐，许多人认为找到了工业建筑改造性再利用的理想模式。但是，我们要清楚地看到目前创意产业表面繁荣的危机，如果得不到合理的解决，像北京798这样的工业建筑"再生"很快会在商业化的潮流中消失。为此，对创意产业园的管理也应得到重视，合理开发利用。

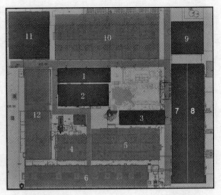

图4.5　创意产业园功能划分

4.2.2　体育场馆模式

在城市快速发展的过程中，不只是满足经济的需求，也要使基础设施的建立紧跟城市发展的脚步，满足人民群众日益增长的需求。强身健体，增强城市的活力，体育场馆建设为最佳选择。一方面，体育场馆的建立可以带动城市区域经济的进一步发展、完善城市的空间布局、提高城市的文化内涵。另一方面，它对大空间的要求可以由旧工业建筑的大体量特点来满足。随着人们对旧工业建筑改造再利用的认识逐渐加深，对旧工业建筑的保护意识也逐渐增强，在课题组本次调研的过程中发现，陕西省采取将旧工业建筑改造为体育场馆这一方式也开始崭露头角。

（1）旧工业建筑改造为体育场馆的优势分析

1）空间具有相似性

旧工业建筑的最初功能是用来生产的，为满足生产必须设有足够大的空间放置机械设备、原材料以及生产产品。由于产品生产工艺、流程复杂程度的不同，不同类型的旧工业建筑会有不同的空间形态，但大体量、大跨度、大容积是旧工业建筑的共性，这为后续人们种种行为和活动的介入提供了多种可能性，也为向其他类型空间的转型提供了灵活多样的调节余地。旧工业建筑具备的这种空间的兼容性、变通性和可调节性，正与体育场馆要求的大空间相吻合。

2）结构具有坚固性

体育场馆多以框架和钢结构为主，恰与结构多为钢筋混凝土框架结构、钢筋混凝土排架结构和钢结构的工业建筑相吻合，旧工业建筑坚固稳定的主体结构为后期改造为体育场馆提供了结构安全保障。

3）改造技术低要求

旧工业建筑改造为体育场馆保留了其高大宽敞的空间结构，无需增加层数和大规模分割空间，只对其进行必要的检测、加固和整修等，便可满足体育运动要求，避免了复杂的改造技术，易于实施。

4）社会经济效益高

一方面，旧工业建筑改造为体育场馆不必再经历类似于新建项目立项、拆迁、施工等实施过程，大大缩短了工期，同时也降低了成本费用。另一方面，节约能源、资源的同时减少了建筑垃圾的产生，适应城市的发展，满足生态需求，实现可持续发展。再一方面，可尽早投入使用和经营，投资回收期短，也丰富了社区生活，具有较高的社会经济效益。

（2）旧工业建筑改造为体育场馆的劣势分析

目前，在全国范围内将旧工业建筑改造为体育场馆的案例屈指可数，因此将旧工业建筑改造为体育场馆是一个极具挑战性的方式，在空间重新划分和结构重新加固方面缺乏可参考的案例。

（3）旧工业建筑改造为体育场馆案例

目前在陕西省，将旧工业建筑改造为体育场馆的项目仅有三个——西安建筑科技大学华清学院体育馆、西安交通大学羽毛球馆、延安卷烟厂体育馆。下面对这三个案例进行介绍。

1）案例一：西安建筑科技大学华清学院体育馆

西安建筑科技大学（幸福校区）占地面积约为 26.7 万 m^2，是原陕西钢厂厂区用地。2002 年，西安建筑科技大学科教产业公司成功收购破产的陕西钢厂，并开始了对其厂区旧工业建筑的改造利用。为了满足教学基本要求，经过科学论证，2010 年，公司决定将 8 号生产车间改造成体育场馆。8 号生产车间位于厂区东北角，如图 4.6 所示，建筑面积约为 4000m^2，跨度为 24m，层高为 15m，长为 66m，钢筋混凝土排架结构，墙上有侧窗，可保证良好的采光。

图 4.6　西安建筑科技大学华清学院羽毛球馆

（来源：课题组摄）

2）案例二：西安交通大学羽毛球馆

交大羽毛球馆原为 20 世纪的机械加工车间，在保留原有厂房朴素的风格特点的前提下，于 2007 年改造为校园公共活动中心。通过实地调研，发现车间保留使用了原有的框架结构（见图 4.7），局部增加了钢结构的二层。钢结构的一层有管理办公室和公共厕所，二层作为乒乓球训练场所。对地面进行必要的处理后，增加相关的照明设施，基本满足改造后的功能要求。据了解，今后该建筑可能会再度改造，恢复成实习车间使用，不再作为公共活动场所。在改造后的这几年时间里，未发生重大事故，但墙面部分返潮，屋顶部分区域漏水。

图 4.7　西安交通大学羽毛球馆外墙立面和内部空间

（来源：课题组摄）

充分利用原有的校企建筑，在传承校园历史的同时，使原有建筑重新焕发生机，不失为一个良好的应对策略。

3）案例三：延安卷烟厂体育馆

①背景介绍

1970 年 5 月，延安卷烟厂在南泥湾建成。1971 年搬迁至延安城区东部的崖里坪，开始半机械化生产。1982 年 7 月再次搬迁至延安市北郊兰家坪。经过三次易地搬迁和两次技术改造，延安卷烟厂逐渐成为陕西烟草工业的骨干企业、延安经济发展的主导产业、财政收入的重要支柱。2005 年 12 月 8 日，陕西中烟工业有限责任公司顺利完成管理体制改革，正式挂牌成立并拥有宝鸡卷烟厂、延安卷烟厂、汉中卷烟厂、旬阳卷烟分厂、澄城卷烟分厂五个卷烟加工企业和一个卷烟材料厂，标志着陕西烟草业进入更高水平的发展阶段。

延安卷烟厂现有职工近 1500 人，其中工程技术人员 300 余人，企业占地面积 18 万平方米，固定资产 2.03 亿元。经过多年不断的技术改造，引进国外先进技术和生产设备，企业走向市场参与竞争的实力得到很大提高。

②厂区现状

现位于延安市宝塔区兰家坪的延安卷烟厂，U形车间为其中的一典型车间，始建于1970年，原为三层框架结构，经装修粉刷及部分功能置换后现被改造为体育运动中心，内设有篮球运动场、羽毛球运动场、乒乓球运动场、跆拳道馆、太极馆及大学生活动中心（见图4.8）。这些改造都充分体现了对旧工业建筑的保护与再利用，是对基础设施、材料、空间和能源的经济利用和对环境的保护，同时还提升了场地价值。

但体育馆只是进行了简单的功能置换后直接使用，未对旧工业建筑进行深度的设计改造和精心装修，导致建筑美观性及使用的舒适度不高。

图4.8　延安卷烟厂U形厂房改造成的篮球场和羽毛球场

（来源：课题组摄）

4.2.3　展览中心模式

此类改造模式就是把那些具有一定社会价值、经济价值和美学价值的，在工业发展史上做出过巨大贡献的，并具有代表意义的旧工业建筑，结合工业建筑物及构筑物的外观和空间特性，改造为主体博物馆、纪念馆、艺术馆等的形式。通过改造为展览中心这种方式来展示一些独具产业特色的工业设施及工艺生产过程，从中展现工业建筑的历史感和真实感，同时也激发民众的参与感与认同感，可以达到比在传统博物馆中展示更直观、生动的效果。

近年来，我国旧工业建筑改造案例中不断涌现出此类案例，在传承发扬原有工业文化的同时，提升城市文化底蕴，如厦门文化艺术中心、福州马尾船厂陈列馆、上海城市雕塑艺术中心等。这既是基于精神纪念的再利用模式，也是基于历史保护目的的再利用模式。

（1）适宜性分析

1）空间体量方面，工业建筑的大体量、大面积恰好满足展览建筑展陈活动对空间的需要，并且能够根据需要对空间自由分隔；工业建筑常选用大型的承重骨架结构，结构坚固耐用，可以满足展厅的多次内部功能转换。因此，将工业建筑改造为展览建筑具有一定的可行性。

2）造型特点方面，作为先进工业技术空间载体的工业建筑一般具有比较新颖独特的造型以及时代特征。而展览中心的展示场所一般要求形式独特或体量突出的建筑空间，能够吸引人的注意力，这一点也是工业建筑改造为展览建筑的一个优势。

（2）改造方向

旧工业建筑改造为展示空间通常有以下两种模式：

1）对旧工业建筑自身或其所承载的工业技术具有代表性的旧工业建筑，可以改造为与建筑原有功能相关的专项展示空间。如德国鲁尔工业区的"关税同盟"煤炭焦化厂、由曾经的啤酒生产车间改造成的青岛啤酒博物馆——青岛啤酒文化的传播地。

2）对旧工业建筑或其所承载的工业技术不具有独特性或代表性的旧工业建筑，可考虑将其改造为与原有功能不相关的综合展示空间，以充分利用原工业建筑的经济价值。如将旧工业建筑改造为纪念馆或创意工作室等。

（3）改造案例

1）案例一：大华·1935 博物馆

大华·1935 位于西安市太华南路 251 号，紧邻唐大明宫遗址，西侧与大明宫遗址公园隔路相望，由始建于 1934 年的大华纱厂（国营陕西第十一棉纺织厂）改建而成。大华纱厂筹划于 1934 年，建设于 1935 年，1936 年建成，是西安市最早的现代纺织企业，建厂时的老板是蒋介石次子蒋纬国的岳丈——石凤翔。20 世纪 80 年代，大华纱厂开始亏损，最终在 2008 年因为经营不善而申请政策性破产，之后大华纱厂成为供人们纪念一个时代的符号，其旧址已入选了第三次全国文物普查"百大新发现"之一。

2011 年 6 月 30 日，经西安市工商行政管理局批准，西安曲江大华文化商业运营管理有限公司正式成立。同时成立了由众多知名专家学者组成的专业咨询和设计组，具体由中国工程院院士、中国建筑设计研究院副院长、总建筑师崔恺大师进行总体设计，由此拉开了"大华·1935"项目工程的序幕。总占地面积约 140 亩，建筑面积 8.7 万平方米（见图 4.9）。

大华工业遗产博物馆是大华·1935 改造模式之一，是陕西省首个建立在工业遗产基础上的博物馆，为西北现存最早、规模最大、最具代表性的单体钢结构工业建筑，保留了各个时期的工业遗存，形成了一个生态工业遗存博物馆。

西安市大华博物馆位于大华·1935 园区东侧（见图 4.10），由原长安大华纺织厂老布场厂房改造而成。总建筑面积约 4000m²，由主展厅、临展厅、书吧、档案库房、创意品商店、办公区等组成，其中主展厅总建筑面积约 2700m²，临展厅约 400m²，书吧约 400m²，档案库房约 200m²。西安市大华博物馆主展厅共分为三个部分，以长安大华纺织厂发展史与企业文化为主线，以大时代背景为辅线，分别讲述大华纺织厂的"兴建创业"、"新生发展"与"嬗变涅槃"。

图4.9 大华·1935

（来源：课题组摄）

图4.10 大华·1935博物馆

（来源：课题组摄）

"大华·1935"整个项目设计过程中，设计师通过谨慎的减法和适度的加法，整合工业遗存、不同时期建筑、历史文化、工业符号、时尚元素等资源，实现建筑、景观、工业文明、历史文化、商业及周边环境的完美融合。设计方案最大限度地将园区内原有不同时期的建筑风貌与现代城市功能相结合，保留锯齿形采光窗屋顶、钢三角结构厂房等特色，融入时尚元素并使用现代新型材料，实现建筑、景观及周边环境的完美融合。

经过这种保护＋修缮＋建筑适当加减等手段相结合的改造模式，有着76年工业历史的大华纱厂华丽转身为"大华·1935"。它既是一座西安近代工业文明与不同时期工业遗存相融合的生态博物馆，也是一个具有多种功能的城市跨界文化商业社区。招商初期商户的入驻热情就比较高，加之受益于大华·1935的可参观性，每日客流量得到了一定的保障，入驻商户开业后的营业效果也比较理想。

2）案例二：咸阳纺织工业博物馆

①历史背景

西北国棉一厂位于陕西省咸阳市人民路41号，是国有大型棉纺织企业，新中国的第一家国营棉纺织厂。曾经是纺织业的旗帜，走出过举国闻名的劳动模范赵梦桃，也走出了中华人民共和国第一位工人出身的国务院女副总理吴桂贤。

国棉一厂由时任西北军政委员会副主席习仲勋选址，1951年5月5日全面动工建设，占地43.5公顷。当年的建设者们边建设、边安装，他们把纱场、布场、机电、辅助设备四个部门的安装同时铺开，提前建成了西北地区第一个棉纺织企业。1952年5月17日正式投产后，仅用了两年半的时间，就将国家建厂总投入全部收回。

2008年10月，西北国棉一厂因严重亏损，不能清偿到期债务，经过其上级主管部门陕西省国有资产监督管理委员会同意，向咸阳市中院申请破产。经过审查，西北国棉一厂资产负债率达346.54%之多，亏损严重，已不能清偿到期债务，扭亏无望，依照《中华人民共和国企业破产法》宣告破产。

②厂区现状

厂区已经停产，厂房因不能定期维护检修略显破旧。调研时了解到，西北一棉纺织股份有限公司老厂区西南区域拟建博物馆——咸阳纺织工业博物馆（见图4.11）。该项目被列入国家老工业搬迁改造试点项目，得到国家1000万元的资金支持，总投资2.1亿元。

图 4.11　西北国棉一厂拟建博物馆选址

(来源：课题组摄)

该博物馆建成后，将成为国内同类纺织专业博物馆中规模最大的博物馆之一。通过历史照片、文献资料、产品、场景复原、多媒体、设备等多样展陈方式，再现咸阳纺织工业发展历程和业绩，兼具纺织科学普及、纺织产品陈列、纺织人才培训、社会服务的功能，成为咸阳城市文化对外展示的窗口。

对旧工业建筑进行原址保护，或改造为博物馆进行陈列展示，是工业遗产保护中较为常见的方式。原址保存或将其中的某些构件、遗存置于博物馆中，是保护具有历史价值旧工业建筑的最优选择。

3）案例三：贾平凹文学艺术馆

贾平凹文学艺术馆，坐落于西安建筑科技大学南院。建筑原为20世纪70年代建造的西安建筑科技大学印刷厂，砖混结构，上下两层，局部三层。西安建筑科技大学建筑学院院长刘克成教授主持设计了贾平凹文学艺术馆。

为了保护校园的历史文脉，在保留原有建筑的基本结构和面貌的同时，仅在局部进行改扩建。以最少的投资，满足展览和交流的新功能要求，创造简约但又充满凝固历史文化时空，赋予建筑以文学的诗性。这样一座似新似旧的小楼向人们传达着种种诗意性的叙事意向，也丰富了西安建筑科技大学的校园文化（见图4.12和图4.13）。

建筑师通过现场体验，选择光影作为设计的重点，在原建筑东南面增加了一个曲折的钢构光廊，一直延伸到正门处，形成了一个开阔的门厅，其他保留原有梁柱。光廊造型来源于一天24小时建筑光影的叠加，也象征贾平凹故乡连绵起伏的山川和乡村。

采用钢架、混凝土的结合，面层涂料的颜色和原有老建筑物的清水砖墙浑然一体、相互融合。通光玻璃增加了长廊的通透性，伴随曲折的钢构框架长廊的起伏，营造出别样的山村气息。

图 4.12　贾平凹文学艺术馆正门
（来源：课题组摄）

图 4.13　贾平凹文学艺术馆东部曲折长廊
（来源：课题组摄）

　　艺术馆的建筑面积为 2000m²，设计时间为 2006 年 4 月至 5 月，同年 9 月改造完成。艺术馆的主要用途为介绍贾平凹先生的文学、书画作品；提高大学的文化氛围，建立大学文学、文化交流的场所；弘扬民族文化，传播中国当代文学和艺术，促进国际文化交流。

　　4）案例四：交大田家炳艺术楼和唐仲英艺术馆

　　田家炳艺术楼原为西安交通大学机械厂的锻造车间，始建于 20 世纪 50 年代。作为交大西迁的第一批建筑，该楼具有重要的历史价值。2007 年，中国香港的田家炳先生捐资 150 万港币改造旧厂房，以此支持交大艺术学科的发展。目前，田家炳艺术楼作为交大艺术学院专业教学与设计的场所。

　　此楼改造前已接近设计使用年限，虽墙体斑驳、外形陈旧，但磐基深稳、筋骨坚强；虽功能过时、效益不彰，却胸襟宽阔、更著气象；此楼的改造设计在整体的布局中尽可能保存了建筑的历史信息，并将艺术创意的灵感浸润其中，使其貌不扬的旧厂房成为校园的标志性建筑。

　　唐仲英艺术庭院位于梧桐西道田家炳艺术中心西侧（见图 4.14），占地面积 2590m²。2008 年唐仲英基金会捐赠 100 万元人民币用于建设"西安交通大学唐仲英艺术庭院"项目，2009 年 4 月动工建设，2010 年 7 月完工。唐仲英艺术庭院亦称唐园，旨在栽培艺术桃李、滋长艺术氛围。整个唐仲英艺术庭院的设计都是由艺术系学生完成，最大限度地使用了原来的废弃材料。这里绿草如茵，景观别致，生趣盎然，拥有陶艺工作室、雕塑工作室、艺术沙龙活动中心等场所，为艺术系师生工作、学习创造了良好的条件。

图 4.14 唐仲英艺术庭院

（来源：课题组摄）

图 4.15 内部空间分割

（来源：课题组摄）

改造过程中，设计者调整了原有结构，增加混凝土的支撑，对原有的混凝土屋架也进行了加固。利用厂房大跨度、空间开敞的特点，设置三层夹层，将空间合理的分割（见图 4.15）。为给同学们提供良好的学习空间，增加了高处的天窗，增加了室内的亮度，形成了独特的视觉效果。中部开敞的空间作为展示的空间。

5）案例五：大华·1935 文化艺术中心

"大华·1935" 的文化艺术中心原为大华纱厂的老锅炉房（见图 4.16），是西安最早的发电厂之一，与旁边的小型火力发电厂一起构成大华纱厂的动力系统，1962 年企业用电并入西安电厂，自建电厂退出历史舞台。1983 年未能满足生产需要，在原址上进行改建。老锅炉房西面建有三个高低错落的圆柱形除尘塔，用于减少废气中的灰尘和硫化物，体现了 20 世纪 80 年代初的环保技术水平与环保理念。2008 年，锅炉房永久关闭。现在，这三座除尘塔被保留了下来，作为工业符号成为城市艺术品的点缀。

图 4.16 大华纱厂的老锅炉房

（来源：课题组摄）

改造设计时，采用加法相连接将原来散落在各处的工业建筑体组合成一个超大的艺术空间。组合时，外墙采用锈钢板进行装饰，以产生一种锈蚀的工业遗存风范。改造后的工业锅炉房变为当代文化艺术中心、心灵车间，用于艺术品展示。

文化艺术中心艺术广场由原大华厂工业锅炉房的露天煤场改建而成。利用 20 世纪 80 年代修建的煤廊（锅炉房运输通道，用来向锅炉输送燃煤）形成由西向东以及由南向北的两道斜坡，加上踏步改造，将其转换成一个游览观光的行走通道。改造时尽量地保持了煤廊的原始风貌，只在通道里加装网式台阶，在煤廊的两边挂上艺术作品，实现工业历史与现代艺术的完美结合。

展馆改造最大的特点是充分利用原有厂房空间、充分展示原有车间风采，形成一个开放、自由流动、互动的参观游览空间，使游客全方位地体验展馆特色。

4.2.4 商业改造模式

如果说文化创意产业园的改造模式注重旧工业建筑的保护价值和文化价值，那么商业开发的改造模式则更看重其使用价值和经济价值。随着改造实践的探索，人们发现许多旧工业建筑蕴藏着巨大的商业开发价值。一些旧工业建筑位于土地价格高昂的城市中心区，大量的人流和方便的交通为商业开发提供了极大便利。同时，高大宽敞的旧工业建筑经过改造和空间划分后能适应多种商业空间，其独特的风格更具有吸引人群进行消费的优势。

将旧工业建筑改造成商业，在建筑物的结构类型、外部空间以及其地理位置等方面均具有优势，详见表 4.3。

旧工业建筑改造为商业的优势分析　　　　　　　　　　　　　　　　　表 4.3

类型	优点
结构类型	工业厂房一般为大跨度的排架结构，柱距多是以 6.0m×6.0m 为最小值的模数，空间高大宽敞，结构稳固，无论是将其改造为大型商场、超市，还是将其内部进行重置分隔成较小的店铺，都具有较强的可塑性，可满足不同类型的改造
外部空间	工业厂区规模大、占地多，且厂房之间有较大间隔，这种大空间通过室外公共设施和景观的再设计，可以作为商业内部空间的外部延伸，有助于塑造商业氛围，改善商业环境
地理位置	随着城市的不断发展，原来为厂区选择的郊区位置已变成了现在的老城区或市中心，地理位置优越，交通便捷，商业价值高、开发潜力大

目前将旧工业建筑改造为商业娱乐空间的模式在城市更新区域已经非常普遍，它既保留了历史环境、延续了城市文脉，又能产生经济效益，提高城市活力。如北京的双安商场；上海的 M50、同乐坊和创意幸福湾；天津的创意 6 号院；深圳的南海意库、F518；广州的珠海创意产业园；南京的创意东八区等，都是兼有商场、餐厅、酒吧、咖啡厅、KTV、电影院等多种商业娱乐业态的改造项目。常见的商业改造类型见表 4.4。

常见的商业改造类型 表 4.4

类型	介绍
商业街	主要是针对原有旧工业建筑以及街景进行保留，形成具有历史时代特性的商业街。商业街的改造模式注重历史原貌的还原，商业多以中高端餐饮、娱乐以及特色专卖店为主
购物中心	此类主要是对位于城市比较繁华地段的旧工业建筑进行改造，交通便利，而且拥有大体量的建筑也能够包容各式各样的商业形态
复合型商业	这种改造模式主要是指改造后的旧工业建筑不仅包括商业方向的改造，还包括 LOFT 办公、博物馆等模式的多样化和复合化的改造。这种以两种或两种以上组合呈现的复合建筑空间，对建筑的结构要求较小，功能的组成上也比较灵活，改造后的适应性很强，因而成为目前国内最常见的改造形式
酒店	将旧工业建筑改为经济型酒店，构造、结构等方面的特点是其得天独厚的优势，主要表现在以下几点： ①旧厂房平面布置方正简单，改造设计时方便分隔，重新组织功能，易分隔为酒店客房。 ②旧厂房空间高大宽敞，为空调系统和排水系统的改造提供了便利，可以利用比较高的层高进行管道布置，有充裕的空间添加消防通风系统。 ③旧厂房天窗和侧窗采光效果好，为改建后的酒店客房提供了天然通风和采光

目前在陕西省较成功的旧工业建筑改造案例多倾向于博物馆、创意产业园、综合改造，较少从商业改造的角度来对旧工业建筑进行研究。商业改造水平参差不齐，有众所周知且带来较大利益的大华·1935，也有只是为了提高土地的利用价值减少资源浪费而进行的生态改造，如延安的景御广场和宝鸡市的 C917 悠生活。图 4.17 中的宝鸡 C917 悠生活是由原宝鸡开关厂改造而成，现在为宝鸡一处充满意境又不缺时尚的商业街兼休闲娱乐中心。

图 4.17 宝鸡 C917 悠生活商业街

(来源：课题组摄)

(1) 案例一：延安卷烟厂商业楼

1) 历史介绍

延安卷烟厂位于延安市宝塔区兰家坪，东侧紧邻延安大学，南侧为胜利广场。1970年 5 月，在毛主席给延安和陕甘宁边区人民"复电"精神的鼓舞下，延安卷烟厂于南泥湾正式筹建，填补了新中国成立后延安烟草工业的空白。延安卷烟厂后来经过三次搬迁，本次调研的厂区为搬迁后遗存的旧厂区。

2）厂区现状

因"退城入园"政策的提出，卷烟厂已搬到位于姚店的新厂区进行生产，目前现存主要建筑物、构筑物共七座，包括两栋办公楼、一个生产车间、一个库房、一个锅炉房（主要为生产生活区提供生活必需的能源），还有3号、4号车间。详见表4.5。

厂区建筑物现状统计表　　　　　　　　　　　　表 4.5

名称	现存建筑	状态	改造后用途
延安卷烟厂	U 形厂房（1 号、2 号车间）	被改造	延翔运动中心
	3 号、4 号车间	被改造	商业楼
	办公楼	被改造	旺德福国际大酒店
	库房	在使用	小区供热中心
	5 层生产办公室	在使用	物业管理办公室
	2 层生产办公室	在使用	职工活动中心、双退办
	锅炉房	在使用	—

3号、4号车间是1988年因扩大生产而建，框架结构。现已改造成商业楼，保留了原来结构，重新进行空间划分和装饰装修，并增设电梯为顾客提供方便。新改成的商业楼为集休闲、娱乐、餐饮于一体的建筑，含有音乐餐厅（图4.18）、电影院（星空影城）、超市、便利店等娱乐服务设施，目前厂区周围已发展成为延安地区比较有名的商业区——景御广场（图4.19）。

图 4.18　音乐餐厅外部　　　　　　　　　图 4.19　景御广场
（来源：课题组摄）　　　　　　　　　　　（来源：课题组摄）

厂区内新建住宅小区——延烟小区，为该商业街区增加了消费群体。附近有枣园、杨家岭等革命旧址旅游景点，该区域为高速公路出入口，属于延安自驾游的必经之路，客流量较大，对商业街区的发展起一定促进作用。区域内配套有小学、幼儿园、酒店等。调研过程中了解到，原4号生产车间现在被改为农贸市场，效益较差，生意惨淡，面临关闭的风险。需对其进行重新规划设计，重新招商引资，提高旧工业建筑再生利用的价值。

（2）案例二：延安旺德福大酒店

旺德福大酒店位于延安市北郊兰家坪，由延安卷烟厂的一座办公楼改造而成。该办公楼原是厂区不断扩大生产规模所增建的，为管理人员办公所用，具体年代不详。建筑主体为 9 层，裙房为 7 层，地下 2 层。现在酒店主体附近的旺德福餐厅是为满足后期酒店营业所建（见图 4.20 和图 4.21）。

该酒店附近配备有电影院和音乐餐厅（全为延安卷烟厂闲置厂房改建），休闲娱乐设施齐全。同时该地段为高速公路出入口，附近有枣园、杨家岭等革命旧址旅游景点，客流量大，给酒店带来了良好的效益。

图 4.20　旺德福大酒店正门　　　　图 4.21　旺德福大酒店内部

（来源：课题组摄）　　　　　　　　（来源：课题组摄）

（3）案例三：大华·1935 精品酒店

大华·1935 精品酒店位于"大华·1935"园区北侧，是由原长安大华纺织厂招待所改造而成。酒店总建筑面积约 5500 平方米，现所在位置，在 1936 年建有大华纱厂西食堂、澡堂、俱乐部。1983 年在此建成这栋"L"形建筑，一半作为招待所，一半作为厂综合楼。

将厂内原招待所在工业美学和后现代主义结构上加入适应性的改造方法，使大华·1935 精品酒店具有别具一格的气质，是一家接轨国际膳宿业新标准、并兼顾了现代商业潮流的四星级标准酒店。酒店内设有 200 余间别具特色的客房和环境优雅的餐厅，还设有会议室，设计上跳脱了传统酒店中规中矩的模式，更显个性时尚，简约舒适，给人带来前所未有的住宿体验。

将旧工业建筑改造为酒店的模式，在经济上具有明显的优势，投资回收期短，见效快。这种充分利用旧厂房特性对其进行简单改造，为旧工业建筑由特点出发的适用性改造提供了借鉴经验。

4.2.5 综合开发模式

综合开发即综合采用前述几种改造模式进行改造与再利用的模式。一般结合城市景观进行开发，形成大型的集休闲游憩、文化展览、商业娱乐等为一体的综合片区。

这种模式一般适用于两种情况的旧工业建筑改造，一是，旧工业建筑旧址的面积较大，厂房有着开阔宽敞的内部空间，可以作为多种功能的利用场所，坚固的建筑结构能够满足其他功能的硬件要求。二是，地处市中心或者具有便利交通和独具特色的工业建筑物、构筑物的工业区地带，并且多数区域缺少相关的服务配套基础设施。通过对旧工业建筑的综合功能改造，既满足当地居民的生活需求，也可以避免单一的改造所带来的枯燥感，最终实现对区域的合理规划和资源的充分利用。

如西安的大华·1935，原来的生产车间改为商业综合区、原财务室和库房改为特色餐饮区、原锅炉房改为文化主题区、原厂招待所改为精品酒店区，这就是一典型的综合开发模式的旧工业建筑再利用成功案例。另外，陕西钢铁厂的综合改造也别具特色，既有面向大学校园的更新改造，又有面向创意园区的整体更新。

下面详细介绍陕西钢铁厂的综合改造案例。

1）历史介绍

陕西钢铁厂是全国重点特殊钢企业之一，建造于 1958 年，1965 年投入生产，初创时称为冶金工业五二厂。1966 年曾与冶金部西安冶金机械厂合并，后又于 1969 年分开，1972 年更名为西安钢厂，1975 年与所属精密合金研究所分开后定名为陕西钢厂。厂址在古城西安东郊，占地 56 公顷，距西安市中心 7 公里。北临陇海铁路线，南与秦岭山脉的终南山相望，东靠沪河，西为古城西安，地理位置相当优越。

陕西钢铁厂成立几十年来为西安市经济发展做出了巨大的贡献。但到了 20 世纪 90 年代，陕西钢铁厂的产品满足不了时代的需求，且原材料来源主要依靠外地运输，增加了交通运输成本，致使产品的成本高于同行。又因设备日益陈旧，产品质量难以得到保证。企业退休职工不断增加，而企业依旧自行负担他们的养老金、医疗费用。在经历各种改革尝试后，未能跟上市场发展的潮流，严重资不抵债，难以为继，于 1999 年元月停产。2001 年陕西省政府批准其破产，同年西安建筑科技大学有限责任公司以 2.3 亿元收购陕钢作为第二校区华清分校。几十年的经营，上亿元的投入，形成了现在占地 900 多亩，近 20 万平方米的建筑群。随着陕西钢厂的衰落，大量的土地、建筑被废弃、闲置，由此引出了陕钢的改造再利用问题。2002 年西安建筑科技大学陕西文化遗产保护研究中心完成华清分校主教学区旧厂房改造和再利用项目。

在西安建大科教产业园的基础上，分三大版块（见图 4.22），对老厂区进行了包括科教办公改造、创意园区式改造、房地产开发三种方式的再生利用。经过多手段、多模式的改造，最大程度发挥老厂区价值的同时，成功地安置了原厂 2500 余名职工，一定程度上保证了社会稳定。

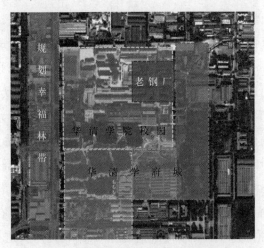

图 4.22   陕西钢铁厂整体布局图

2）改造历程

老钢厂的整体规划分四期进行施工建设，一期：开发商业、商务、酒店、办公等功能；二期：整治改造幸福路沿线集中绿地以及核心厂房区的改建，完整地塑造地段城市意向，形成文化内核促进周边街区的集聚；三期：建设研发区以及附近用地南侧的居住区；四期：剩余的居住区建设。华清学院的建设属于陕钢厂整体更新改造的一期项目，占地面积约 400 亩。

①改造为科教办公

许多学校的教学、科研、办公空间已经满足不了因高校逐年扩招而日益增加的学生数量，也满足不了产学研一体化的要求。因此高校校园的规模、质量都会受到一定的影响，最终导致高等人才培养的滞后性。另外，硬件设施充足与否直接影响教学质量和人才培养。旧工业建筑奢华的高大空间与场所恰巧与高校建筑空间和资金的缺乏相互补，也与当前我国低碳绿色建筑的大背景及可持续发展战略的开展相适应。

将多层框架结构的旧工业建筑改造为科教办公楼可以省去选址、拆迁安置的周期、缩短规划设计的周期、减少基础开挖、外墙砌筑、屋顶施工等工程量。在结构、体量和设施配套等方面的适宜性分析见表 4.6。

多层框架厂房改为科教办公楼的适宜性分析   表 4.6

体量及外形相似	区位资源相近	结构形式相仿	基础配套相关
多层框架厂房和科教办公楼建筑体量相近，多呈矩形布置	多层厂房所在的工业区和办公建筑具有相近的交通优势、人口优势、商业优势	多层框架厂房和科教办公建筑多为框架结构，结构形式一致	多层厂房所在旧工业区市政配套设施经过改造更新可满足办公建筑要求

在陕钢厂原功能分区的基础上，根据教育办学的功能需求将校区划分为教学区、运动区、综合服务区和住宿区四大分区，下文对分区中的典型案例进行介绍。

a. 西安建筑科技大学华清学院教学楼

华清学院教学园区的建设规划及重点工程设计由我国著名建筑设计大师刘克成教授负责。他在规划设计中合理利用陕西钢铁厂内的资源，保留部分原有风貌，既凸显了旧厂房由兴盛至破败、由衰亡到重生的历史演变，体现出对人文、历史、环境的深刻反思，沉淀了历史文化，又节约了成本。同时他也对原有建筑物进行了大胆创新设计，原陕西钢铁厂的一、二号轧钢车间，因被改造为一、二号教学楼，其生命才得以延续。

一号轧钢车间建于1958年，是陕西钢铁厂建厂之初兴建的第一个大型厂房，建筑面积为11091m²，框架结构，后期随轧钢工艺的发展，逐步扩建了部分附跨。二号轧钢车间建于1978年，建筑面积为14440m²，框架结构。设计者尊重原有建筑的空间结构及视觉效果，完整保留了原厂房主体的钢筋混凝土排架结构，对其进行加层改造，形成一、二号教学楼。一、二号教学楼长度超过300m，建筑面积32000m²，教室120余间，可同时容纳近7000名学生上课，为我国最大的教室（图4.23）。

教室的设计建造中保留了原厂房的几乎所有承重构件（见图4.24），经过朴素修整的原厂房的牛腿柱、吊车梁、屋架、槽形屋面板等构件默默诉说着昔日工厂的辉煌与宏伟。外观立面以轻质墙材或橘红明框幕墙加以装饰，焕发旧工业厂房的青春；同时，规划工整的线条与原厂房粗犷、井然的建筑构件相匹配辉映，教室严谨与庄重的氛围得以体现。

图4.23 华清学院教室外部

（来源：课题组摄）

图4.24 华清学院教室内部

（来源：课题组摄）

b. 西安建筑科技大学华清学院学生餐厅

该学生餐厅是由原陕钢煤气发生站的一栋三层厂房和一栋单层厂房规划设计而成，两单体建筑间的两端采用回廊闭合连接，闭合而成的中庭部位通高（见图4.25和图4.26）。屋顶用球形网架支撑钢化玻璃采光，形成采光屋顶。一、二号楼间除按防火要求设置疏散楼梯外，在宽敞的中庭设自动扶梯解决人流交通。整个建筑现代、时尚，室内就餐环境宽敞、明亮，交通流线简洁、适用。

图 4.25　华清学院餐厅外部

（来源：课题组摄）

图 4.26　华清学院餐厅内部

（来源：课题组摄）

c. 西安建筑科技大学华清学院综合服务楼

综合服务楼由原陕西钢铁厂锅炉房改造而成。原建筑物由主体、西段厂房和北侧附跨 3 部分组成，总面积 3400m²。主体厂房为三层，钢筋混凝土框架结构；西段厂房为钢筋混凝土单层排架结构，层高与主体三层顶基本一致，与主体平屋顶不同的是屋面体系为钢屋架槽形板坡屋面；北侧附跨为四层框架，其中一、二、三层与主体厂房楼层标高相同，四层层高低，为顶层控制室。综合服务楼经结构改造加固后，重新装修，一层为学生浴室，二层、三层为文具、体育用品、打字复印、日常用品等与学生生活和学习相关的商业门店。

d. 西安建筑科技大学华清学院图书馆和大学生活动中心

图书馆（图 4.27）是利用一号轧钢车间西侧的原厂房经框架加层而成；大学生活动中心（图 4.28）是由原单层工业厂房改造而成，建筑内部空间基本未作调整，仅在厂房内一侧增设了表演舞台和灯光音响等设施。

图 4.27　华清学院图书馆图

（来源：课题组摄）

4.28　华清学院大学生活动中心

（来源：课题组摄）

e. 其他

运动区由原煤场所在区域改造；综合服务区是由体量适中、造型独特的原煤气发生站片区规划而成；住宿区由简易建筑较多的原铁路专运线及东部仓储区改造而成。这样的规划有效地契合了学生住宿、教学、活动等动静分区的规划思想。

华清学院的建立不只是解决了学校办学资源不足、基础设施薄弱、校园面积狭小等问题，更是获得了生动完整的工业建筑实物模型，为其建筑类相关学科提供了现场教学的最佳物质基础。一校多区的发展也响应了从封闭式校园走向开放式校园的政策，对学校周边环境的提升也具有重要意义。西安建筑科技大学华清学院通过不断的建设完善，正逐步发展成为教学环境优雅、文化氛围浓厚、办学质量一流的学院，为西安建筑科技大学的发展起到积极的促进作用。

扩大旧工业建筑改造再利用的思路，将其改造为大学校园，是给旧工业建筑改造的多条腿走路带来了可能性，使得更多优秀的旧工业建筑改造得以实施。加之如今校园的现状是由教学楼、食堂和宿舍组成的标准大学教育生产线，循环的工序周而复始，每天所见到的都是林立的高楼，同学们在承受繁重的学习任务之外，还要承受这些单调乏味的高楼所带来的压力。同时现在的校园格局使同学之间也缺少交流，同学们渴望更加丰富的校园文化生活，将旧工业厂区改造为大学校园很好地解决了这些问题，为同学们提供了闲时休息的场所，营造出舒适、优雅、轻松的校园环境。

②改造为创意产业园区

西安建大科教产业有限责任公司最初考虑到对土地、厂房、设备及人力资源的合理利用，在产业园东北方向保留了面积约50亩的厂区继续生产。随着旧工业建筑改造为创意产业园的案例不断增多，参考其他经济发达地区的案例与经验，在新城区政府的牵头下，西安建大华清科教产业集团与西安世界之窗产业园投资管理有限公司共同开发，将其改造为老钢厂设计创意产业园（图4.29和图4.30），面向全社会全面招商。

图4.29 创意园区小街

（来源：课题组摄）

图4.30 创意园区的酒吧

（来源：课题组摄）

园区有 9 栋比较完整的大厂房、一些质量比较差的临时建筑和大量的工业构架。其中 3 栋为较小的木屋架厂房，其余均为大跨度的厂房车间。园区整体绿化环境较好，遗留有大量的老树木。结合园区特点，将园区定位为以城市再生和设计产业发展为特色的主题型、复合型文化设计产业园，形成西安乃至西北标杆性的主题产业园。

在改造过程中，不仅充分保留了园区的老建筑，还在创意园开发决策过程中强调了对厂区原良好道路的保护与利用。在最大限度地利用原有道路的同时，对主干道进行相应的维护与加设辅道。同时对园区原有植被进行移栽等保护，减小破坏量，给园区营造出具有浑厚历史感的氛围。老钢厂创意产业园在建设时，对局部进行修饰，比如入口、屋檐、踢脚线及建筑主体的裸露部分，形成一定的视觉效果。这种设计为园区营造出一种天然、低碳环保的环境，使整个区域处处散发着艺术气息，弥漫着典雅的味道。

③厂区的景观设计

旧工业建筑的保护与利用并不是单一地将建筑物保存下来，还应对一些场地、工业构筑物以及相关设备机械等采取保护措施。因此，如何在景观规划和场地改造中选择它们的去留，如何使其更好地融合校园环境和氛围，如何运用多元化的景观处理方法，局部或者部分保留工业遗存，使之成为特色的地标性要素，都是目前研究的重点。

总体保留旧工业用地中所有的环境属性，这种景观改造方式最利于旧工业建筑的景观塑造，还原最原始的旧工业生产时期的环境状况。例如在本项目的整体改造中，采取将旧工业建筑周边的环境完整保留下来的方式，入口空间的草坪是对场地整理后产生的，场地内东北角的火车轨道曾经是老钢厂内运输货物的轨道交通，火车头和铁轨都完整地保留下来，作为校园内的工业景观。

校园里也留有部分原钢厂的机械零部件作为景观（图 4.31 和图 4.32），这样的设计凝固了校园建设过程的场景，也使学生亲身感觉到工业化的气息。保留下来的机械零件经过加工和装饰，彰显出不同的韵味。这样的设计充分利用了原有工业元素，强化了工业气氛，形成独特的校园风格。

图 4.31　咖啡店里的齿轮装饰
（来源：课题组摄）

图 4.32　华清学院校园一景
（来源：课题组摄）

老钢厂各生产车间及改造项目统计表　　　　　　　　　　　　　　　　　表 4.7

序号	项目名称	建筑面积（m²）	改造前用途	改造后用途
1	1 号厂房	605	水箱生拉钢丝车间	英泰行顾问公司
2	2 号厂房	907	异型工艺车间	定制式办公室
3	3 号厂房	1046	钢丝磨麻加工车间	特色商业
4	4 号厂房	3231	拔丝车间	西安森科建筑工程设计咨询有限公司
5	5 号厂房	3850	拔丝车间	创意主题工作室
6	6 号厂房	4552	拔丝车间	设计主题工作室
7	7 号厂房	3176	包装车间	定制式 LOFT 文化工作室
8	8 号厂房	4640	包装车间	定制式办公庭院
9	9 号厂房	9193	热处理车间	创意大厦
10	10 号厂房	—	—	老钢厂建筑与艺术交流中心
11	11 号厂房	4391	热处理车间	左右客主题酒店
12	12 号厂房	3459	酸洗车间	老钢厂艺术中心
13	1 号轧钢车间	11091	轧钢车间	1 号教学楼
14	2 号轧钢车间	14440	轧钢车间	2 号教学楼
15	3 号轧钢车间	3255	轧钢车间	风雨操场
16	1 号轧钢车间	5904	轧钢车间	图书馆
17	2 号轧钢车间料厂	1213	轧钢车间	大学生活的中心
18	学生餐厅	—	煤气发生站厂房	学生餐厅
19	体育馆	4000	8 号生产车间	体育馆

3）效益评价

老钢厂的改造为集商业、文化、艺术、休闲娱乐、餐饮、科研等为一体的综合开发模式，无疑为一成功的项目。将旧工业建筑或旧工业建筑群进行综合开发具有许许多多优势：

①经济方面，各改造项目相互依托，相互拉动经济的发展，形成完整的作业区，提高内需，并消化一定的内部资源，达到自给自足的生活模式。比如：学校的对外开放为小区人们提供良好的教育环境和学区资源，使人们的生活质量有了较大的提高。同时，房地产项目又为学校师生及家属、创意园区的工作人员提供居住的场所；此外，综合项目的开发充分利用原有厂房旧址区域，提高土地利用价值，从一定程度上节约成本，带来经济利益。

②生活方面，创意产业园区的存在方便了校园内师生以及住户的生活。同时，创意园区也为在校学生提供了便捷的实习平台和创业的机会，为积极响应国家政策要求，为创业创新搭建新平台，目前园区内也正发展众创空间（详见第 6 章）。

③形成丰富建筑景观，平衡建筑高度，保证建筑采光。

由此分析可以得出，综合改造是一种值得大力推广的旧工业建筑改造模式，既避免了一种改造模式的单一性，也使土地资源得到了较好的应用。

4.3　旧工业建筑再利用的其他模式

在陕西省，工业作为六大支柱产业（高新技术产业、林果业、畜牧业、旅游业、能源化工业和国防科技工业）之一，目前因城市产业机构的调整及政策的变化，遗留下的大量旧工业建筑被闲置、废弃，甚至成为城市发展的负担。由于陕西省经济相对不发达，对旧工业建筑改造再利用还未得到重视，成功的改造案例也屈指可数，并且改造再利用的思路也比较狭窄，改造形式较少。目前只是一味地模仿投入到创意产业园、酒店、商业发展的设计中，势必造成了很多不合适，使人们认为旧工业建筑的改造再利用就是改为文化产业的聚集地，带来的是浓重的文化气息或是为了商业的需求而进行经济性的改造。这种改造模式使人们曲解了对旧工业建筑改造再利用的认识，这样继续下去，我们对旧工业建筑改造再利用的付出无疑会失败。为此，目前最重要的工作是去探索多样化的保护策略和改造模式，丰富人们的生活。

不同的城市特色和发展特点，使各个城市的旧工业区有其自身的特色。只有因地制宜地对旧工业建筑合理地再利用才是最好的保护。对旧工业建筑建筑形式的改造、对其原有空间的改造、对旧工业建筑外部空间景观的设计、对旧工业建筑的更新和再利用等各个方面，应借鉴国内外其他地区成功的改造经验，去探索针对陕西省的多样化的保护再利用方式。通过对旧工业建筑的保护再利用，缓解区域衰退和下岗职工无法就业的困境，给衰退中的老工业区注入新的活力，实现区域发展中旧工业区整体形象的改善和经济发展的振兴。

本节结合优秀旧工业建筑改造案例，针对陕西省改造模式的不足，提出主题公园改造模式、城市开放空间模式以及工业旅游开发模式三种再利用模式，为陕西省旧工业建筑的改造再利用提供新的思路和方向。

4.3.1　主题公园改造模式

主题公园是为了满足旅游者多样化休闲娱乐需求而建造的具有创意性活动方式的现代旅游场所。它是根据某个特定的主题，采用现代科学技术和多层次活动设置方式，集诸多娱乐活动、休闲要素和服务接待设施于一体的现代旅游地。旧工业建筑主题公园模式是在继承了工业景观的前提下，将已经衰败的旧工业建筑，运用新技术等再利用成为具有多重价值意义的改造模式，这类主题公园通常被称作后工业主题公园。

主题公园模式是在范围较大，旧工业建筑遗存较为分散的情况下，对有较高社会和历史价值的旧工业建筑进行保护和再利用的模式。有些旧工业建筑的环境特征鲜明，可以利用场地环境本身的形状、坡度、绿化、设备、机械构件等工业遗存，以及周围邻近区域的历史人文因素等，整合成为工业遗址公园。

这种模式在我国有较多案例，如广东中山歧江公园、河北唐山的南湖公园。唐山南湖公园在改造前是经过130多年开采形成的采煤沉降区，是垃圾成山、污水横流、杂草丛生、人迹罕至的城市疮疤和废墟地，严重破坏了城市的环境和整体形象，制约了城市的发展，影响了市民的工作和生活，浪费了大量的土地资源。国外对主题公园模式的改造案例更为成熟，如美国的西雅图煤气厂公园、德国杜伊斯堡景观公园等。

（1）案例一：美国西雅图煤气厂公园

美国西雅图煤气厂创建于1906年，工厂占地面积8公顷，对当地环境污染严重，尤其是对土壤造成了很大的破坏。后又因煤气被天然气取代，被迫于1956年停产。1972年由著名景观设计师理查德·海格（Richard Haag）用景观设计的方法成功将其改造为工业景观公园（见图4.33）。从此这个曾经被认为是丑陋的钢铁森林的旧厂区成了独具特色的工业景观公园，不仅延续了工业历史，还为城市增添了独特的景观。

图 4.33　美国西雅图煤气厂公园鸟瞰　　图 4.34　西雅图煤气厂公园现存设备

（来源：http://mamalewm.blog.163.com/static/21150735920128454928791/）

理查德·海格认为，景观要结合自然设计，从自然中得到灵感，强调人与自然的和谐相处。凭着对自然环境的丰富创造力和敏锐感，对于后工业社会出现的环境遗留问题，他认为不应采取简单摒弃的做法，而应用积极的心态宽容地接纳它们，使之重归自然。他改变了人们对于废弃工业设施的态度，在工业废弃物美与丑的问题上确立了新的价值观。

它的成功不只体现在公园的形式、工业景观的美学价值等方面，还开创了工业废弃地再利用以及生态净化工业废弃地的先例。设计师在尊重煤气厂遗留物的基础上再创造，选择性地保留了那些具有工业考古价值的机械、工业设施设备，以唤起人们对过去的记忆，并且对一些机械设施进行了创造性地利用（见图4.34）。比如给机械设备刷上了红、黄、蓝、紫等鲜艳的颜色，供孩子们攀爬；旧厂房建筑改造为餐饮、休闲、儿童游乐等公园的配套设施；工厂内的废弃材料也被大量的再利用。

西雅图煤气厂公园为以后的城市工业废弃地的更新改造提供了一条新的思路，公园的规划设计成功实践了设计师采用的生态设计观——尊重场地特征和场所精神，具有里程碑意义。

（2）案例二：德国杜伊斯堡景观公园

作为全球最为重要的跨世界景观设计项目之一的德国杜伊斯堡景观公园（见图 4.35 和图 4.36），是全世界旧工业区改造的典范。

1）项目介绍

杜伊斯堡景观公园是德国北杜伊斯堡的一个后工业景观公园，位于鲁尔区的西部边缘地带，是欧洲人口最密集的地区之一。其原址是炼钢厂、煤矿以及钢铁工业区，周边紧密编织的铁路和高速公路交通网以及 3 个国际机场为杜伊斯堡景观公园的成功做了极大的铺垫。北杜伊斯堡景观公园占地 230hm²，由德国景观设计师彼得·拉茨与合伙人于 1991 年建立，目的是为了理解过去的工业，而不是拒绝。公园设计与其原用途紧密结合，将工业遗产与生态绿地交织在一起。彼得·拉茨（Peter Latz）也因此设计于 2000 年获得第一届欧洲景观设计奖。

图 4.35　杜伊斯堡景观公园原貌

（来源：http://archtech.blogbus.com）

图 4.36　杜伊斯堡景观公园现状

（来源：http://www.thupdi.com/topic）

在改造时，废旧的贮气罐被改造成潜水俱乐部的训练池；用来堆放铁矿砂的混凝土料场，被设计成青少年活动场地，墙体被改造成攀岩者乐园；一些仓库和厂房被改造成迪厅和音乐厅，甚至交响乐这样的高雅艺术都开始利用这些巨型的钢铁冶炼炉作为演奏背景。

2）经验启示

无论是从公园的设计思路来看，还是从德国国家的相关政策考虑，德国将原钢厂设计为公园，都对我国旧工业建筑及老工业区的改造再利用提供了较多的经验和启示。下面简单介绍两条：

①制定统一的长远发展规划

1989 年鲁尔煤管区开发协会制定了一个为期 10 年的国际建筑展计划（简称 IBA），该计划面向北部鲁尔地区工业景观最密集、环境污染最严重、衰退程度最高的埃姆舍尔（Emscher）地区，因此又称为埃姆舍尔公园模式，该模式实现了多目标的区域综合整治与振兴。

我们国家也应将工业遗迹保护纳入城市的经济、社会发展规划和城乡建设规划之中，在编制城市总体规划时注重增加工业遗迹保护内容，逐步形成完善、科学、有效的保护管理体系。

②建立工业遗址改造融资机制

杜伊斯堡景观公园改造的计划案经费来自各级政府的各项投资计划，IBA 提供各种顾问的中介服务，并以竞赛、研讨、组织、协助等方式促成各种计划案。IBA 本身也协助地方行动团体或个人，以现代化的经营管理理念将他们的计划构想加以包装成为具有生产力的商品，以申请成为政府的正式计划。

而我国老工业遗迹的改造融资渠道狭窄，主要来源于中央财政和地方财政共同出资，如上海苏州河工程完全由政府主导。我们要破除一味依靠政府财政投入进行工业遗产改造的旧理念，转变为建立与市场经济相适应、相配合的政府保护资金投入体系和工业遗迹保护专项基金，改变改造资金严重短缺的窘况，从资金使用效率评估、政府税费改革等多方面入手，落实税收的优惠政策。

3）效果评价

将旧工业建筑旧址设计为主题公园这一模式在我国起步较晚，随着人们对生态环境保护意识的增强，国内城市工业遗产地公园的实践活动普遍展开，目前工业遗址改为主题公园的案例不断增加。但在对陕西省旧工业建筑现状进行调研的过程中发现，在陕西省将旧工业建筑旧址改造为主题公园这理念并未得到实践。因此，政府和有关部门应注重这一发展，改善生态环境。

4.3.2　城市开放空间模式

有学者曾提出，在那些具有较大保留价值的旧工业建筑遗址上，通过创造性的设计，建造一些公众可以参与的游乐设施，将其改造为人们休闲、娱乐的工业景观公园或广场等活动场所，即城市开放空间，这种改造方式可以完善城市功能，改善城市环境。目前我们国家也提出新建住宅要推广街区制，已建成小区逐步开放。伴随城市的发展扩张，大量旧工业建筑逐渐被包含在中心城区范围内，相比于住宅小区，旧工业区具有所有权集中、道路较宽、自身具有开放需求等优势。因此，对旧工业区进行开放式改造，建立旧工业区道路与城市支干道路的联系，探索城市开放空间的旧工业建筑改造模式也是今后研究的方向。

美国的旧巧克力工厂改建成的一个集购物和餐饮于一身的吉拉德里广场、广东粤中造船厂改造的中山歧江公园等案例，都是城市开放空间模式的典型案例。

（1）案例一：中山歧江公园

1）项目介绍

中山岐江公园由粤中造船厂改造而成。粤中造船厂建于 1953 年，位于中山市中心的岐江水畔，占地不过 11 公顷，却临江含湖，湖与江通，闹中取幽。粤中造船厂是 20 世纪后半叶近 50 年来中国工业化历程的一个缩影，经历了 20 世纪 50 年代的"大跃进"时期，60 年代的"文化大革命"，70 年代末的改革开放，80～90 年代中国经济高速发展的关键阶段，直到 90 年代末不再适应现代造船业的潮流，于 1998 年正式倒闭。工厂初创时大约二百多人，最辉煌的时期达到一千五六百人的规模。尽管不能与大型国企规模相比，但在中山市，它曾经是一个令人向往和自豪的"单位"。1999 年，中山市政府决定在船厂的原址上建一座岐江公园（见图 4.37 和图 4.38）。

图 4.37　粤中造船厂原貌

（来源：http://bing8507.blog.163.com）

图 4.38　岐江公园鸟瞰

（来源：http://www.zsda.gov.cn）

2）改造过程

造船厂倒闭后，政府决定将其改造为一座开放的公园。在对于历史遗留物的态度上，岐江公园并没有将其全部保留，而是尽可能地保留代表性元素。同时，对于这些旧的元素，设计师用现代设计的手法进行了艺术化的处理，让这些元素在历史与现代的对比中给人以强烈的震撼。这与拉茨在杜伊斯堡景观公园中赋予废旧材料新的使用功能在出发点上有相近之处。

据介绍，岐江公园的设计思路主要有三个方面：设计一个延续城市本身建设风格的主题公园，以其功能性的文化内涵，满足当地居民的日常休闲需要，吸引外来旅游者的目光；设计一个展现城市工业化生产历程的主题公园，记录城市在中国近代历史与发展中的工业化特色；设计一个充分利用当地自然资源的主题公园，以绿化为主体，以改善生态为目的，融最新环保理念于一体的精神乐园。

在设计中，设计师采用了增与减的设计手法，其中典型的加法与减法设计包括：旧水塔的利用和改造；烟囱与龙门吊的再利用；船坞的再利用；机器肢体的再利用。除了大量机器经艺术和工艺修饰而被完整地保留外，大部分机器都选取部分机体保留，并结合在一定的场景之中。一方面是为了儿童玩耍时的安全考虑，另一方面是为了使其更具有经验提炼和抽象艺术效果。

3）效果评价

该项目是俞孔坚教授与他的设计研究所"土人景观"集体智慧的结晶。项目获得了2002年度美国景观设计师协会（ASLA）荣誉设计奖，又在2004年获得了"中国建筑艺术奖"类的城市环境艺术优秀奖。

将旧工业建筑或旧工业建筑群改造为开放的公园，就是在用小事情讲述一个大故事，用现代的设计理念记载过去的历史，让曾在船厂工作的人们来到这里，追忆那段难忘的岁月，一些挥之不去的记忆，也可以让孩子们近距离地接近大自然，亲身感受只能在教科书上了解到的历史故事。公园还可以满足人们的日常需求，为老人们提供晨练的场所、为年轻人提供休闲娱乐放松的环境、为小朋友们提供嬉戏玩耍的空间。

（2）案例二：宝鸡市文化艺术中心

在我们所调研的陕西省185个工厂当中，位于宝鸡市金台区宝烟路1号的宝鸡卷烟厂为正在改造的项目。宝鸡卷烟厂是中国烟草总公司所属大型骨干企业之一，西北地区规模最大的卷烟生产厂家，已有四十多年的生产历史。现有职工2400多人，固定资产净值4.8亿元，年产卷烟能力50万箱，是陕西利税大户，已累计向国家上缴税金50多亿元。目前因厂区搬迁，旧厂区即将闲置，为了充分利用资源，给宝鸡及陕西人民保留老烟厂历史的印记，决定改造为文化艺术中心，并由崔恺院士主持设计。

1）项目介绍

宝鸡文化艺术中心于2015年9月开工，计划2018年3月竣工，由中国建筑设计研究院设计，建设目标达到绿色建筑标准一星级要求。该项目"五馆合一"，集科技馆、音乐厅、群众艺术馆及美术馆、图书馆、青少年活动中心五部分于一体，其中音乐厅、科技馆、群众艺术馆及美术馆为新建建筑，图书馆和青少年活动中心为既有建筑改造工程。详细工程概况信息见表4.8。

宝鸡文化艺术中心工程概况	表4.8
总用地面积	84250m²
总建筑面积	88459m²
地上总建筑面积	61959m²
音乐厅建筑面积	6000m²
科技馆建筑面积	9400m²
图书馆建筑面积	21809m²
公共书吧及休闲空间	1500m²
青少年活动中心建筑面积	15250m²
群众艺术馆及美术馆建筑面积	8000m²

2）改造过程

2015 年 7 月开始对原有建筑物进行拆除，共拆除建筑物 8 座，拆除面积约 24000m²，完成南区拆除总面积的 40%。2016 年 8 月厂区内完成拆除，仅剩二号、五号车间（即 U 形厂房，见图 4.39）及锅炉房，U 形厂房只保留了原有框架。厂房原层高 7.5m，共两层，现在原来的 1.5 层和 2.5 层进行加层，重新设置钢结构框架，代替原来的框架结构作为承力结构，对梁采取粘钢技术进行加固。改造后的 U 形厂房效果图见图 4.40。

在宝鸡文化艺术中心设计中，并未全部拆除厂区工业建筑，用以体现城市记忆。此外，建筑总体采用往返曲折的布局，将传统周秦文化和现代建筑风格相融合，塑造象征城市飞跃发展的地标性建筑。在不降低工程质量前提下，尽可能节省成本，运用新材料、新技术，融入绿色环保理念，将工程建设成为宝鸡市标志性建筑。

图 4.39　改造中的 U 形厂房
（来源：课题组摄）

图 4.40　改造后的 U 形厂房效果图
（来源：课题组摄）

3）效果评价

该文化中心是市委市政府为广大市民提供的公共文化产品，是真正的民心工程，是提升城市生活质量、丰富人们业余生活的城市开放空间。

项目建成后对进一步完善城市公共文化服务功能，提升城市文化形象，满足广大人民群众对高层次精神文化生活的需求具有重要意义。市民文化生活的方方面面都能在这一个中心内得以实现，使得整个城市的文化艺术资源得到有效的集中。宝鸡卷烟厂的改造将会是一个非常成功的案例，可给周边人群带来极大的便利，有着明显的社会、人文、艺术美学价值。

4.3.3　工业旅游开发模式

广义的工业旅游包括工业遗产旅游（Industry Heritage Tourism）和现代工业旅游（Modern Industry Tourism），是以工业生产过程、工厂风貌、工人生活场景、工业企业文化、工业旧址、工业场所等工业相关因素为吸引物和依托的旅游；是伴随着人们对旅游资源理解的拓展而产生的一种旅游新概念和产品新形式。

现阶段国内外旧工业建筑改造为工业旅游的案例数量不断增加，类型也层出不穷。①以展示自身文化内涵为主题和以展示现代艺术或产品为主题的侧重展示功能的旅游开发，如伦教 Battersea 发电厂再利用——泰特现代艺术馆、成都宏明厂机修车间再利用——成都工业文明博物馆；②侧重商业功能的旅游开发，如维也纳煤气罐再利用——商业综合体、奥伯豪森工业旧址再利用—商业综合区；③侧重休闲功能的旅游开发，如蒂森钢铁公司再利用——杜伊斯堡景观公园、粤中造船厂旧址再利用——中山歧江公园；④与创意产业并行的旅游开发，如美国苏荷区改造、上海汽车制动器厂再利用——上海 8 号桥；⑤多种功能并重的旅游开发，如曾经作为欧洲最大的采矿城市、位于德国西部的鲁尔工业区的改造。

将旧工业建筑改造为工业旅游模式的优点主要体现在以下两点：

1）保持历史的延续性

旧工业建筑是历史长期演变与沉淀的结果，是城市在自然环境下，由不同时期人类经济活动、社会文化发展积累而成的，是一个城市固有的符号。以旅游发展为动力的旧工业建筑改造模式可以将历史进行延续，并以积极的方式与城市的发展相适应，体现一座城历史的层积性与发展活力。

2）保持生活的关联性

旧工业建筑也是城市整体环境的有机组成部分，城市的基本变迁、环境变化和文化走向都多多少少与旧工业建筑有关系。加强旧工业建筑的改造，扩大旅游的范围，给游客以全新的面貌，既可以改善城市旅游的单一模式，又可以让游客从不同角度领略一座城的历史。

（1）案例一：上海 8 号桥

1）历史介绍

上海 8 号桥位于建国中路 8 号，前身是建于 20 世纪 70 年代的占地面积为 12000 多平方米的旧工业建筑，原为法租界时期遗留下来的老厂房，新中国成立后为上海汽车制动器厂的所在地。进入 21 世纪后，由于原企业重组，留下了七栋旧厂房。2003 年，由上海华轻投资有限公司、香港时尚生活策划咨询（上海）有限公司和上海工业旅游发展有限公司共同对"上海汽车制动器厂"旧厂房实施开发、改造。该项目由香港时尚生活策划公司策划，日本 HMA 建筑设计事务所负责设计。整个创意中心分为一期和二期先后建设，一期有 7 幢建筑，二期在建国西路对面，通过天桥与一期相连，在保留其原有建筑架构的基础上，融入新的建筑概念，总建筑面积 1 万余平方米。由于楼与楼之间用桥巧妙连接，因此得名为"8 号桥"（见图 4.41）。

2）改造过程

原老厂区核心区域平面近似梳形，建筑多为单层坡顶，三角形钢屋架，大部分结构稳固，室内空间高大宽敞，层高达十几米，因此改造时应用了多层次的空间设计理念。

改造主要是利用结构与内部空间的实用价值，厂房原来的柱子和钢结构被保留了下来，并进行了粉刷。设计中，设计师还采用了局部保留、局部更新、局部加建相结合的改造思路。原来那些厚重的砖墙、林立的管道、斑驳的地面被保留了下来，使整个空间充满了工业文明时代的沧桑韵味；同时，从大门口大型雕塑到灰砖外墙上鲜亮的红色块，以及内部歌剧院般的层叠式休闲吧等，无不体现出创意风尚。这里最为独特的是园区设计时留出了很多"租户共享空间"，比如商务中心、员工餐厅、休闲后街、阳光屋顶、小花园等，提供了许多互动的空间，使不同领域的艺术工作者和各类时尚元素可以互相碰撞，更能够激发灵感和创意。

图 4.41　上海 8 号桥现状

(来源：www.nipic.com)

3）效益评价

落成至今，8 号桥带来了较大的效益，已如磁石般吸引了诸多国家的近 70 家设计创意企业入驻，包括英国著名设计师事务所 ALSOP、法国 F-emotion 公关公司、设计金茂大厦的 S.O.M、设计新上海国际大厦的 B+H 等。8 号桥业态比例的控制是：创意产业 80%，包括建筑、产品、室内、服装、影视、广告、动漫以及企业形象等十余种设计行业；配套的服务行业占 20%，包括餐饮、打印和书店。

8 号桥创建后一年的时间，共接待旅游参观人数约 12 万人次，举办各类活动近 100 个，包括 2004 年法国文化节、2005 年 4 月上海时装节、2005 年 8 月"上海旅游节新闻发布会"。近 50 家中外媒体报道上百次，旅游业收入近 5000 万元，税收数百万元，解决就业人员约 800 人，取得了很好的社会效益和经济效益。

(2) 案例二：陕棉十二厂

陕西省部分地区属于经济不发达地区，旧工业建筑的保护与再利用仍处于起步阶段，仅西安地区存在较为成功的旧工业建筑改造案例，且多为博物馆、创意产业园单一模式，工业旅游开发模式更是少之又少，具体实施的操作经验相对匮乏。本节以陕棉十二厂为例，对改造为工业旅游模式进行探索，丰富陕西地区的旧工业建筑改造模式。

1）项目概况

陕棉十二厂前身为1938年民族资本家荣德生的女婿李国伟所建的民族工业荣氏集团下属的申新纱厂。原址位于宝鸡市金台区宏文路新风巷7号长乐塬（原名斗鸡台），占地40万 m²，建筑面积19万 m²，职工宿舍10万 m²，有招待所、医院、电影院等附属配套设施。至1990年末，全厂占地面积扩至447006m²，建筑面积207692m²，其中工业生产用地88110m²。当时，荣氏企业为满足生产需求还在纱厂周边陆陆续续建造了造纸厂、机械厂和福新面粉厂，初步形成了十里铺秦宝工业区，奠定了宝鸡早期的工业基础。

1966年该厂更名为国营陕西第十二棉纺厂，2000年12月改制成立大荣纺织有限责任公司，2005年由省属下划宝鸡市政府管理。2008年实施政策性破产，2009年大荣公司重组整合陕棉十二厂破产资产，现为市属国有控股企业。

2）历史回顾

1932年淞沪会战后，工厂从上海迁到武汉。1938年6月日本又占领武汉，此时又将工厂西迁至宝鸡。1938年至1944年，日军又多次轰炸宝鸡地区，工厂不能正常生产，李国伟决定利用北坡的地理优势修建窑洞工厂。窑洞工程由李启民先生负责，历时一年零两个月，陆续开挖了24孔，面积有5000多平方米，最长的一孔窑洞长达100多米。洞内设有交通道、储水窖、棉条洞等，部分窑洞之间还有横洞贯穿，在地下形成了纵横交错的网络，从此把生产活动转入地下，为抗战源源不断地供应军需民用品。

此外，1942年在窑洞工厂附近修建了一栋三层办公楼（申福新办公楼），内部楼梯、地板、门框全为木质。1943年2月为荣德生来宝鸡居住建造乐农别墅，由王秉忱设计，该别墅占地500m²，为砖木结构的两层房，清水砖墙，青瓦屋面，砖柱，松木楼板，家居设施齐全，建筑标准相当高，与无锡梅园"乐农别墅"和汉口"乐农别墅"风格一致。

3）厂区现状

曾经繁华一时的长乐塬如今变为一片萧条的厂区，人烟稀少。目前窑洞的产权归宝鸡瑞德电力自动化设备厂所有，办公楼和乐农别墅为大荣纺织公司所有。两家企业均表示希望对窑洞工厂、办公楼和乐农别墅进行保护，但因企业生产经营困难、亏损严重，已是心有余而力不足。为此也希望社会力量、民间力量参与到纺织工业遗产的保护中，实现保护和合理利用的双赢。

目前纱厂旧厂房一部分被大荣公司用作库房，另一部分租赁给私人作为加工厂或用作仓库等，厂房结构良好。保存最为完整的车间为薄壳结构的加工车间，共六跨，外形优美（见图4.42），结构独特，极具保护价值。厂内靠近坡面的位置有几孔窑洞，外观破旧（见图4.33），当初的24孔窑洞厂房保留下来的只有19孔，目前已被租赁他用。

图 4.42　薄壳结构厂房屋顶

（来源：课题组摄）

图 4.43　窑洞工厂

（来源：课题组摄）

原申福新办公大楼（见图 4.44）现已被列为文物保护，办公楼现在除了地下室闲置外，上面两层仍被用作公司办公。从外部来看，这座办公楼有着浓厚的时代感，青砖，木窗，又有些许破旧，办公楼门口立有一块碑石刻着"宝鸡申新纱厂窑洞车间旧址"。

图 4.44　申福新办公楼

（来源：课题组摄）

图 4.45　乐农别墅正门

（来源：课题组摄）

为荣德生所建的乐农别墅（见图 4.45），由于荣德生从未来过宝鸡，这幢别墅就一直空闲着。作为宝鸡首屈一指的建筑，中外友人到秦宝工业区参观都在此下榻，其中不乏"民国"要员、名人。1949 年 7 月宝鸡解放后，这座房子一度成为解放军第一野战军后勤部的办公地点，部队撤离后成为工厂招待所。1950 年贺龙将军南下解放大西南时曾在此居住。现实行封闭式管理，周围杂草丛生，正门已用砖块堵住，侧门紧锁。

申新纱厂承载了无数人的回忆与辉煌的历史，2016 年 4 月由薄壳车间、申福新办公楼、乐农别墅组成的"宝鸡申新纱厂窑洞车间旧址"被公布为宝鸡市金台区重点文物保护单位。在此前相继得到政府及领导各方的关注和支持大事如下：

① 2009 年第三次全国文物普查时，将申新纱厂窑洞工厂作为文物点进行了登记，登

记名称为"宝鸡申新纱厂窑洞旧址",属近现代代表性建筑。目前,该窑洞旧址已作为文物点由金台区政府进行公布,纳入了文物管理范围。

②陕西古代音乐文化研究院院长李凯,作为纺织弟子,一直很关注纺织工业遗产的保护和利用。他建议相关部门对宝鸡纺织工业遗产进行挂牌保护,并在政府主导下,在文物旅游部门的指导下,在社会各界的监督下,实现多元化保护机制,引进民间资本。

③陕西省文物局副巡视员呼林贵在参观完窑洞工厂遗址后表示:保存这些纺织工业遗产就是希望后人也要像老一辈民族企业家一样具备艰苦创业干事的精神,学习广大人民群众顽强拼搏奋斗的精神。

④陕西省文化遗产研究院副院长、研究员赵静表示:人们应重视近代工业遗产的保护,而不应认为越是古老的东西就越有价值。她希望相关部门能重视纺织工业遗产的价值,给予纺织工业遗产更多关注。

⑤ 2015 年 8 月 27 日,陕西省政协副主席李晓东一行专门到宝鸡考察长乐塬抗战工业遗址,并对保护利用作出重要指示。

4)建议总结

厂区现存的旧建筑是抗战遗址,它见证了抗战的历史,是当时艰苦奋斗岁月的特写,并且在全国范围内,具有如此规模、相对完好的抗战遗址绝无仅有。该建筑群也是民国建筑遗址,因为申福新办公楼、乐农别墅以及厂内现存的建筑群落所具有的典型民国建筑风格,在陕西非常稀有。它还代表了宝鸡市早期工业发展的典型建筑遗产,作为城市近现代化进程中的特殊遗存,是"阅读城市"的重要物质依托。

工业旅游与普通旅游存在着不同,普通旅游以休闲为主,而工业旅游更多的是以考察为主,每到一个地方要看的便是工业基地怎么样转变成后工业服务基地,并将项目背后的理念进行一种经验的分享。因此对陕棉十二厂进行工业旅游开发模式的保护与再利用为最佳策略,利用申新纱厂窑洞工厂、申新纱厂老办公楼、乐农别墅等资源建设宝鸡工业展览馆,以宝鸡工业发展为主线,突出介绍申新纱厂的历史,既可以让市民了解宝鸡的工业发展史,又可以促进宝鸡的旅游发展。

总之,依托工业资源、特别是旧工业建筑,将其开发成工业旅游不仅是旅游开发创新,也是转型经济新思维,更是以新视角审视旧事物而发现新价值,从而进一步加强对旧工业建筑的保护,也实现工业资源的综合集约利用。

参考文献:

[1]温少如,张鑫垚.德国杜伊斯堡风景公园设计思路探讨[J].绿色科技.2012(05):116-119.

[2] 沈浚 . 谈工业遗迹的景观改造与经营——以德国北杜伊斯堡公园为例 [J]. 改革与战略 .2009（25）：176-178.

[3] 章超 . 城市工业废弃地的景观更新研究 [D]. 南京：南京林业大学，2008.

[4] 王韬 . 旅游开发角度下的旧工业建筑再利用研究 [D]. 北京：北京建筑工程学院，2008.

[5] 刘广，刘黎慧 . 旧工业建筑改造中的表皮更新——"8 号桥"旧厂区改造设计评析 [J]. 建筑与文化 . 2013（4）：22-26.

[6] 张姗姗 . 沪地多层厂房改建经济型酒店的研究 [D]. 上海：上海交通大学，2010.

[7] 刘骏 . 旧工业建筑商业建筑调查研究 [D]. 武汉：武汉理工大学，2012.

[8] 常健，刘骏 . 国内旧工业建筑的商业改造分析 [J]. 中外建筑 .2013（1）：69-71.

[9] 彭立磊 . 旧工业建筑再利用过程中问题与对策研究——以面向商业空间的再利用为例 [D]. 西安：西安建筑科技大学，2008.

[10] 周腾 . 工业遗产的整体性与利用——以太原市工业遗产为例 [D]. 西安：西安建筑科技大学，2012.

[11] 张黎黎 . 武汉市旧工业建筑活化利用现状、方法及改进研究 [D]. 武汉：华中科技大学，2011

[12] 李晓红 . 旧工业建筑改造再利用研究 [D]. 北京：清华大学，2008.

[13] 陆飞 . 旧工业建筑改造再利用模式的研究 [D]. 西安：西安建筑科技大学，2011.

[14] 李亦哲 . 旧工业建筑改造与再利用的策略与方法研究——以"柳州工业博物馆"项目为例 [D]. 广州：华南理工大学，2014.

[15] 苏夏 . 从英国对旧工业建筑的保护利用谈中国的旧工业保护 [J]. 工业建筑 .2012（12）：5-8.

[16] 张道君 . 重庆旧工业建筑遗产保护与利用浅析 [J]. 室内设计 .2009（2）：6-11.

[17] 章超 . 城市工业废弃地的景观更新研究 [D]. 南京：南京林业大学，2008.

[18] 胡英，姜涛 . 旧工业建筑的保护和改造性再利用——沈阳重工机械厂矿山设备车间再生模式 [J]. 工业建筑 .2010，40（6）：48-51.

[19] 李慧民 . 旧工业建筑的保护与利用 [M]. 北京：中国建筑工业出版社，2015.

[20] 李丽 . 旧工业建筑再利用价值评估综合研究 [D]. 西安：长安大学，2006.

[21] 贾丽欣，李慧民，闫瑞琦 . 态势分析法在旧工业建筑改造为体育馆中的应用 [J]. 工业建筑 .2013，43（10）：33-37.

[22] 张琳琳 . 基于城市设计策略的城市旧工业区更新 [D]. 西安：西安建筑科技大学，2007.

第5章 旧工业建筑保护与再利用的风险

5.1 保护与再利用的风险概述

5.1.1 风险的涵义

从宏观意义上讲，风险可以理解为某项活动或某事件中消极的、人们不希望的后果发生的潜在可能性。风险是指在一定条件下特定时期内，预期结果和实际结果之间的差异程度。由此可以看出风险主要强调风险发生的可能性和风险发生后所造成的损失。

若用 P 表示风险发生的可能性，C 表示风险发生后可能造成的损失，E 表示风险的期望值，则有关系式 $E = PC$。

对于旧工业建筑保护与再利用项目而言，由于旧工业建筑保护与再利用项目自带的特殊属性，旧工业建筑保护与再利用项目的风险除了具有一般普通建设项目的典型特征之外，还具有以下鲜明特征：

（1）多元性。由于旧工业建筑保护与再利用项目技术复杂度高，参与单位众多，整个过程涉及经济、环境、管理、技术等各方面的风险，风险种类繁多，关系复杂，相互制约，呈现出保护与再利用项目风险多元性的特征。

（2）随机性。由于旧工业建筑存在年代久远，构件遭到了不同程度的破坏，承载力下降（见图5.1），加之保护与再利用过程中对其加固不够重视，存在一定的安全隐患，致使风险的发生具有随机性。

图 5.1 旧建筑的结构问题

（来源：课题组摄）

（3）单向传递性。旧工业建筑的保护与再利用工程是分阶段进行的，前一阶段的风险有可能对后续阶段产生影响。例如设计阶段方案的不成熟有可能导致施工阶段出现变更索赔，成本投资大幅度增加，质量也难以保证。

（4）政策影响性。由于旧工业建筑保护与再利用项目多采取统一开发的模式，政府政策、投资政策和财税政策均会对改造项目产生影响。

5.1.2　风险的现况

当前，城市经济发展已经进入新常态，各城市规划与产业布局面临着重新调整，各界大力弘扬建设资源节约型社会，绿色环保可持续理念渐渐受到重视，城市中大量闲置的旧工业建筑进行保护与再利用正好满足了这一理念的要求，并逐渐成为一种趋势。

但是，旧工业建筑与一般新建建筑物相比，其保护与再利用过程建设周期短、建造技术不成熟、加固企业水平参差不齐、缺乏政策法规及技术标准、施工内容繁星复杂，整个保护与再利用过程中存在着各种不确定的风险因素。尽管国内学者对旧工业建筑的保护与再利用策略、绿色改造、价值评估、功能转型等方面进行了大量的研究，并取得了一定的研究成果，但是，对旧工业建筑再利用的风险研究较少，更没有形成一套针对旧工业建筑的权威的、行之有效的风险管理体系。

陕西省近年来对旧工业建筑的保护与再利用也日益重视，大量案例的成功改造与推广也使得陕西省旧工业建筑保护与再利用项目逐渐步入正轨，专业法规规范、标准也相继编写或出版。由于国内对旧工业建筑保护与再利用的探索始于 20 世纪 80 年代，虽起步较晚，但发展迅速，目前旧工业建筑的转型已经逐步转变成有意识的整体开发，且数量越来越多，规模越来越大。但是过快过热发展的同时隐藏着巨大的隐患，旧工业建筑因各自承载的历史底蕴有所不同，其具有的历史价值和社会价值也就不一样，再附加上特定的地理位置以及内在和外在环境的影响，不同改造模式会引发各种潜在风险。这些潜在的风险因素，严重阻碍旧工业建筑保护与再利用的发展，除了基本的工程风险因素外，主要有以下风险：

（1）旧工业建筑保护与再利用项目缺乏政策引导，政府参与度不高，投资者与政府管理者角色划分不明，导致投资者认识高度不够，经常决策出错，缺乏投资热情，给旧工业建筑保护与再利用带来一定风险；

（2）旧工业建筑保护与再利用过程缺乏有效的监督，导致投资者和其他改造利用的参与者风险意识淡薄，经常出现利益冲突，却没有一套系统的行之有效的管理体系，这无疑给旧工业建筑的风险管理带来难题；

（3）旧工业建筑保护与再利用缺乏雄厚的资金保证，导致投资者对改造项目人力物力投入不够，风险应对措施缺乏，大大增加改造中的不确定性；

（4）旧工业建筑存在年代久远，且年久失修，原有建筑资料信息丢失严重，造成参与者判断失误,极易造成自身结构不稳定等潜在风险,同时也对保护与再利用其原有基础、梁、柱等结构增加了难度;此外,由于旧工业建筑空间高大,保护与再利用过程对节能环保要求较高,风险管理难度大。

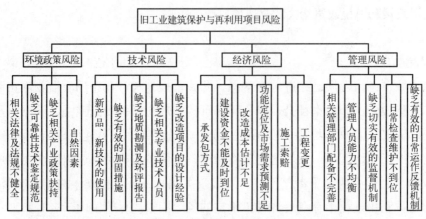

图 5.2　旧工业建筑保护与再利用风险因素

成功识别出图 5.2 中旧工业建筑保护与再利用项目的关键风险因素,并分析各风险的影响程度,以便及时应对风险,降低风险损失,有效地对其进行风险管理。这对于指导旧工业建筑保护与再利用,促进其持续健康发展能够提供重要的理论依据。

5.1.3　风险的类型

通过上文对陕西省旧工业建筑保护与再利用项目实施过程中各类风险因素的分析可知,旧工业建筑保护与再利用项目,不同于新建工程项目,具有一定的局限性和复杂性,局限性表现在旧工业建筑保护与再利用项目是在既有建筑物基础上进行改造,场地、空间和作业平面严重受限;复杂性则体现在旧工业建筑物历史年代久远,建筑物情况多变且难掌握,且保护与再利用过程中新旧建筑和谐结合、功能转换等方面的难度大。故科学分析全国范围内旧工业建筑的现况后,本书将其保护与再利用过程中的风险按因素,分为环境政策风险、组织风险、经济与管理风险以及技术风险分别阐述,见图 5.3。

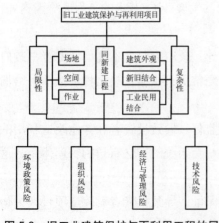

图 5.3　旧工业建筑保护与再利用工程的风险类型

（1）环境政策风险

旧工业建筑保护与再利用项目的环境政策风险主要包括三类:一是政策风险,由于旧工业建筑保护与再利用正处于初步探索阶段，相关法律法规及政策不健全、缺乏可靠性技术鉴定规范且相关管理部门配备不完善；二是"棕地"治理风险，在工业企业生产运营期间，由于产品的特殊性，从而产生废气、废渣、废液等有害物质，再考虑到建造年代久远，工业污染物处理系统不完善，因此造成环境（包括土地）的严重污染，即常见的"棕地"治理，棕地中的污染物大多处于"老化"状态，时间较长，多数为慢性、累积性污染，棕地中的污染物大多为"固定"状态，其迁移扩散能力相对较低，治理难度大；三是建筑污染风险，由于我国的建筑行业采取的是粗放式的发展，这意味着消耗的能源和排放的污染物更多，如水、燃料、土地、建筑所需的原材料以及所产生的建筑垃圾，同样在旧工业建筑保护与再利用过程中，重新施工带来的环境污染也是重要风险因素，如图 5.4 (b) 所示即为建筑改造过程中的建筑垃圾。

(a)　　　　　　　　　　　　　　(b)

图 5.4　旧工业建筑保护与再利用工程存在的环境风险

(来源：课题组摄)

图 5.4 (a) 为调研过程中拍摄的某处灯泡厂厂区内堆放的废弃品。该厂目前大部分建筑物均已停止使用，仅有一两栋建筑被私人承包，仍在生产日用灯。厂区内部多处堆放着大量的废弃品，包括荧光灯管、灯泡、电线等有毒有害垃圾，对空气、土壤、水源等都将产生严重危害，即旧工业建筑中常见的"棕地风险"。对于此类风险，今后如果不严格进行环境影响评价，并实施相应环境改造措施，那么对周围环境，甚至人体健康都将产生严重的危害。图 5.4 (b) 为旧工业建筑改造工程的场地内部，同新建工程一样，存在场地内部堆放大量建筑垃圾的环境风险。此类风险不仅占用了大量土地，还会造成地表沉降，破坏土壤结构，甚至造成严重的环境污染。

(2) 组织风险

组织风险具体包括组织结构模式、工作流程组织、任务分工和管理职能分工、业主方（包括代表业主利益的项目管理方）人员的构成和能力、设计人员和监理工程师的能力、承包方管理人员和一般技工的能力、施工机械操作人员的能力和经验、损失控制和安全管理人员的资历和能力等。组织风险的核心在于"信息传递与反馈",常见的表现形式有管理体制不完善,内部控制存在缺陷,疏于制度化、规范化建设;信息传递不畅通,上传下达效率低下,使项目部对紧急情况缺乏应急方案处理,不能及时做出正确决策,同时内部交易成本和管理成本也会伴随着信息的不畅通而增加。

(3) 经济与管理风险

结合具体旧工业建筑保护与再利用工程的特征及实践,得出旧工业建筑保护与再利用工程主要的经济与管理风险因素。首先在招标过程中确定承包商时存在一定风险,在严格按照招标程序的前提下,不仅要对承包单位的信誉、业绩、单位人员能力和整体素质进行综合考虑,还应考量承包单位的类似工程经验,并把承包单位的方案优劣和控制风险的能力纳入审查的范围,严格按照相关法律规定进行审查,争取从源头上杜绝风险的发生。

其次国家经济政策和形势的变化也会对工程资金管理和成本控制造成潜在风险,包括在保护与再利用前期阶段的项目可行性分析、成本控制方案和资金预支计划的制定;在项目施工过程中的合同管理,是否按照合同要求做好进度款支付;如何保证资金来源充足,从而避免因资金供应不及时带来的工程延期和合同纠纷;如何对承包单位的履约行为进行跟踪以及搜集保存隐蔽记录;此外对于保护与再利用项目零星工程较多的特殊现象,如何加强现场签证的相关管理,来严防索赔的发生,降低因索赔造成的不必要损失等。

最后是由变更引起的风险,包括如何在变更管理中让建设单位依据保护与再利用项目的功能、标准、投资规模与设计单位进行充分地沟通,配合设计单位做出完善合理的设计方案,避免因设计缺陷造成的设计变更,建立严格的设计变更审查制度是值得详细研究的。在施工准备阶段,可能发生变更的环节有招标文件不够全面、完整、清晰,而且建设单位在工程量清单中没有明确自己的需求、材料和设备的指标、施工工艺和施工方法以及工程量等,导致施工过程中因需求描述不清晰、材料和设备更换、施工工艺和施工方法改变以及工程量不准确或者漏项等引起的工程变更;此外在项目施工阶段,建设单位对变更方案了解不透彻或没有进行仔细审核等,也会产生因不必要的工程变更而引起的经济风险。

(4) 技术风险

由于旧工业建筑保护与再利用工程的特殊性,在工程实践中对于技术的控制尤为重要,以下简要介绍几类应该重点控制的技术风险。

首先是设计风险。在进行设计之前,不仅应根据改造项目的功能需求,还应积极借鉴典型保护与再利用项目的设计经验,来选择相应的设计方案、技术标准,避免出现不必要的风险。此外在对改造项目施工图纸和文件进行图纸审查时,应从建筑物的稳定性、安全性、功能性和经济性上进行全面核查,确保设计方案的可实施性,防止设计的重大失误。

二是技术方案。旧工业建筑保护与再利用项目在利用原有部分结构或构件时,为满足节能、节材要求，实现新的功能需求，往往会使用新技术、新材料，那么对新技术和新材料的不合理使用也是一项潜在的技术风险。在进行施工之前，必须组织专家对方案及技术进行充分论证，做好可行性分析，发现其中潜在的技术风险因素，以制定完整的施工方案及预防措施。同时为最大限度降低新技术、新材料施工的不确定性，应由专业技术人员指导现场施工。

三是结构安全风险。旧工业建筑物由于其建造年代久远、当时规范法律不完善且技术水平较低，随着使用年限的增加，建筑材料会出现耐久性问题，结构的稳定性和可靠性也逐渐降低，必然会导致建筑的结构安全水平降低，无法满足现行规范要求和使用要求。因此，在进行旧工业建筑改造利用之前，需要对地基、基础的不均匀沉降和承载力不足，梁、柱表面混凝土损坏、露筋及承载力不足，屋架及屋顶积灰导致的承载力下降，墙体开裂等构件的结构性问题进行鉴定并分级，进而选择耐久性和稳定性加固处理技术，减少在改造中出现的结构安全风险因素。

四是现场施工风险因素。旧工业建筑保护与再利用工程为满足改造后的功能需求，需要积极引进具有丰富改造保护与再利用实践经验的优秀人才。对各专业施工队伍的主要负责人进行有针对性的专业培训和技能强化，完善各专业队伍的人才配备，切实加强对现场施工的专业性指导，加强沟通和交流，相互协商，共同解决专业技术难题。

当前国内学者对旧工业建筑保护与再利用项目的风险管理的研究比较薄弱，研究的风险也仅仅集中在旧工业建筑改造的某一个阶段，缺乏对全过程风险进行系统的、动态的识别和分析，也没有对各风险做出定量评价并提出针对性的风险应对措施，亟待完善旧工业建筑保护与再利用项目风险管理研究体系，即从风险识别、风险评价、风险控制到风险决策的一整套风险管理体系。

5.2　风险的识别

旧工业建筑保护与再利用风险管理的第一步是风险识别。风险识别就是在风险发生之前，通过收集大量的相关资料，运用一定的方法，对项目各阶段存在的风险及产生原因做出判断，找出影响项目成功的主要风险因素并分析其影响程度。风险识别最终目的实际上是为了建立风险清单，从而为风险管理提供前提条件。

5.2.1　风险识别原则

对旧工业建筑保护与再利用过程中风险因素的识别是进行风险评价的前提，因而科学全面地确定风险因素直接影响评价结果的准确程度是至关重要的。但是仅仅保证风险因素的全面性，而忽略其精准度，不但增加评价体系的复杂程度，也不利于操作；反之，如果风险因素太少，可操作性提高，却不能准确地进行风险评价。可见，进行风险因素识别时应遵循一定的原则。

（1）科学性原则

科学性是风险因素识别中最基本的原则。风险识别的科学性就是要保证因素的选取与评价对象的性质特点相一致，客观地反映旧工业建筑物的风险因素。风险因素选取过程中，应考虑单个因素对旧工业建筑改造的影响程度，确保其代表性和独立性，最大限度地保证风险因素识别的科学性。

（2）可操作性原则

风险识别因素的选取不但要考虑其科学性，也应考虑操作上的可行性，许多因素理论意义上可以进行说明，但数据无法度量，不便于操作。因此，风险因素的识别中也应考虑因素的可量化性。

（3）全面性与目的性原则

首先，全面性对风险因素识别起指导性作用。由于旧工业建筑保护与再利用过程涉及政治、经济、技术等多方面，因而其风险因素也较为复杂、多样，因而在风险识别过程中应尽可能全面地辨识潜在风险因素。

其次，风险识别作为项目风险管理的一个组成部分，具有一般性的特点，当运用于旧工业建筑保护与再利用工程中，也具有了一定的特殊性。因此在识别风险时，兼顾全面性的同时也需要有目的地选取旧工业建筑保护与再利用项目特有的风险因素，以确保选取的风险因子是适合旧工业建筑保护与再利用项目的。

（4）定性判断与定量分析结合原则

由于旧工业建筑保护与再利用的决策风险涉及范围比较广，因素复杂，因而首先采用定性分析将范围适当缩小。但是，仅用定性分析，不能准确客观地进行风险识别，需要在定性分析的基础上对风险因素进行定量计算，才能更准确地识别旧工业建筑改造项目所面临的风险。

5.2.2　风险识别方法

旧工业建筑保护与再利用项目的风险具有多元性、随机性和政策影响性，错综复杂的风险因素汇集在一起，全面且精确地识别出其改造过程中的风险难度较大，必须采用科学的方法。识别风险因素的方法很多，且各自的使用范围、优劣势不同，需要依据实际情况来确定具体选用的方法。以下对几种常用方法进行对比研究，见表 5.1。

风险识别的主要方法对比

表 5.1

风险识别方法	适用项目的特点	优点	缺点
专家调查法	原始资料缺乏，无先例可循且目标单一明确	可操作性强，弥补数据资料缺陷的同时得出较为明确的结论	主观性、片面性较强，易受专家知识水平、兴趣以及专家人数影响

风险识别方法	适用项目的特点	优点	缺点
情景分析法	变动因素较多且数据资料比较完整的大型工程项目	了解风险因素的发展趋势	由于依赖分析者的信息水平和价值观而导致结果不够全面、可操作性不强
故障树分析法	直接经验不多但需要较强技术性的复杂项目	比较直观、形象地分解故障发生的原因，有利于提出具体的解决方案	较复杂，使用起来比较困难，且在大系统中运用时容易出现遗漏或错误
核查表法	曾有过类似经验的项目	可以将收集到的项目信息直接与核对表对照，方法比较直观、简单，便于操作	专业的风险核对资料较少，需要花费较高成本大量收集资料，且对于隐含的下级指标识别性不强，结果不够全面
流程图法	普遍适用	便于较为清晰明确地识别项目各环节的风险，动态性较强	使用过程中需要咨询相关专家，带有一定的主观性，对操作者的要求较高
工作分解结构	适用范围比较广	适当减少结构的不确定性，可操作性较强，且不会加大工作量	不能动态识别较大的工程项目

5.2.3　风险识别程序

为保证识别出的旧工业建筑保护与再利用项目风险的精确度，必须事先制定识别计划，按照一定的过程，采取科学有效的方法进行识别，一般工程的风险识别过程如图 5.5 所示。

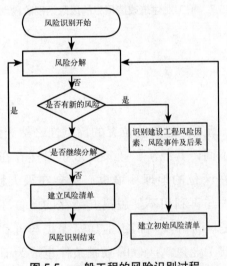

图 5.5　一般工程的风险识别过程

结合我国旧工业建筑改造项目的具体情况及其自身特点，旧工业建筑改造项目的风险识别内容主要包括两个方面：一是特定环境下的一般建筑物的重要风险的识别，二是旧工业建筑与一般建筑物不同的重要风险的识别。在充分借鉴国内外研究成果的基础上，对旧工业建筑改造项目的整个过程进行风险识别，具体旧工业建筑项目的风险识别过程见图 5.6。

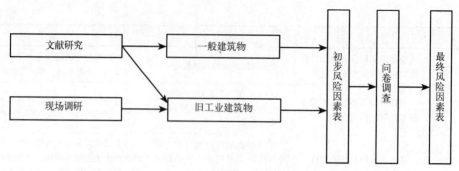

图 5.6　旧工业建筑项目的风险识别过程

此外，理论分析后认为旧工业建筑改造项目的风险识别应该具有阶段性、递进性、层次性的特点，因此需要分阶段、逐层对旧工业建筑保护与再利用项目全过程中的风险进行分析和识别。依据建筑工程生命周期的划分方式，按照各阶段工作内容、性质和作用的不同，也将改造项目整个过程的风险识别划分为四个阶段：决策阶段、设计阶段、施工阶段、运营维护阶段，具体如图 5.7 所示。

图 5.7　旧工业建筑改造项目的风险识别阶段划分

5.2.4　主风险因素

（1）区位环境风险

与一般建筑物相同，旧工业建筑物位置的固定性必然导致其区位环境的特殊性，旧工业建筑所处的地区不同，其经济、政策发展也必然存在差异，使得影响改造项目的因素不同，项目所在区位的地理环境也必然会在很大程度上影响项目的价值。因而，旧工业建筑的保护与再利用不能脱离其所在的区位环境，应充分考虑其区位环境的保护和传承。但是区位环境对旧工业建筑保护与再利用的影响并没有引起开发商的足够重视，因此旧工业建筑区位的限制条件也成为旧工业建筑改造无法避免的风险源。

以西安市纺织城改造为艺术区（见图 5.8）为例。纺织城曾在 20 世纪六七十年代因为纺织业的繁荣被人称作"小香港"，经历了长期的亏损，周边居民的生活水平较低，缺少艺术形成、生长的条件，因而艺术区成立之初，鲜有艺术家进驻旧建筑。纺织城本是西安市较为落后的区域，从建筑形式到居民生活水平都没有突出的表现，没有充分的历史及艺术环境条件，根本无法长出艺术的果实。

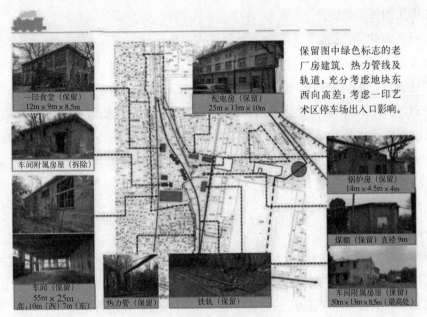

图 5.8　西安纺织城改造项目

（2）政策变化风险

政策方向的风险包括文物保护政策，即工业遗产政策，还有产业政策的变化，详细介绍如下：

1）文物保护政策风险

与历史文化遗产相同，工业遗产也是文物遗产的一个分支。近年来，工业遗产保护与再利用问题引起越来越多的专家学者关注。为了使我国旧工业保护与再利用研究与国际接轨，江苏省在主题为"产业遗产"的国际文化遗产日开展了关于产业遗产保护的论坛活动，参会专家在论坛中探讨了有关工业遗产的保护与再利用的理论方法和实践经验，为以后工业建筑保护与再利用发展起到先导作用。此后，国家文物局也下发了加强工业遗产保护的通知。可见，工业遗产保护已然成为社会各界关注的焦点。

但是，这与我国工业遗产保护政策不完善的现状形成尖锐的矛盾，从而成为开发商投资旧工业建筑保护与再利用项目的潜在风险因素。一旦政策变更，或者新政策出台，必然会对改造项目和改造中项目造成影响，工业遗产保护的力度越大，对其进行保护与再利用的空间越小。再者，文物保护政策也影响着工业建筑的改造力度，改造力度过小，过多地考虑项目的文化性，其经济性便无法满足，影响项目的经济效益，甚至导致整个项目的失败。改造力度过大，无法达到政策中对文物的保护要求，项目也不可能获得成功。

2）产业政策变化风险

产业政策变化风险指政府以国民经济的发展要求为依据，对整体产业构成或产业管理形式进行适当调整的相关政策，改变了房地产商品的需求结构，进而给房地产开发商带来潜在损失的可能性。

西安市在 2006 年发布了《工业发展和结构调整行动方案》，方案指出要求市区二环及沿线企业逐步搬入相应的开发区或工业园区，目的在于"十一五"期间实现政策部门主导性搬迁改造，形成城墙内不存在工业企业，二环内不存在污染企业的新格局。这一政策的发布，使得原本工业比重较大的市内遗留了大批的工业建筑。由于这一政策的提出，项目不可能再改造成为其他类工厂，多改造为其他类型的建筑，如商业中心、办公建筑等，因而对工业建筑的开发商便造成一定影响。在我国，产业政策是国家进行宏观调控的重要机制，因而产业政策变化风险对建筑改造项目影响比较大，可作为旧工业建筑保护与再利用项目的主要风险因素。

（3）建筑产权风险

政府对于工业建筑土地使用权的管理相对分散，厂区所占用的土地归房产局管理，建筑物归城建局管理，环境保护归环保局管理等。以陕西某钢厂的改造为例，由于在陕钢建立之初就没有办理相应的产权手续，相关部门亦没有提出办理要求。但是土地的使用性质却由原本的工业用地，变更为教育科研用地。因此改造后的校区的产权仍然是一个潜在的风险因素。此外北京"798"艺术园区同样遇到了此类问题，由于工业建筑的产权方将产权卖给了开发商，导致在改造过程中面临工业建筑被拆迁的可能，租赁建筑的艺术家也面临被扫地出门的境地。后来北京市人大代表向市政府联名提议后，再加上当时"798"艺术园区已经产生了一定的影响力和良好的社会经济价值，市政府出面进行调解，才解决了艺术园区的使用权问题。

（4）改造空间匹配度风险

当大批的旧工业建筑因不能实现其原始的功能需求而被废弃时，我们仍然不可以忽略其潜在的价值，因而科学分析旧工业建筑物，考虑对其进行功能置换，使其完成新的使命，已成为亟待解决的问题。

功能置换中不可忽视的部分就是旧工业建筑本身的特点。旧工业建筑的常见结构形式有刚架结构和钢筋混凝土排架结构，其内外墙体均作为维护、分隔构件，故其立面的可塑性较强。其平面布置常为 18m、24m、30m 的单跨，保护与再利用过程中需要把大跨度的生产空间转换成新功能的建筑场所，因此在功能、形象以及与周围环境之间的匹配关系等方面的转变跨度很大。但是一个成功的旧工业建筑改造项目既要最大限度尊重旧工业建筑的本身条件，在此基础上为原建筑引入相匹配的功能，又需让旧工业建筑的独特性能与新增建筑或构件达到和谐地共存。

旧工业建筑项目改造的适用度包括两方面，首先是内部空间改造适用度。旧工业建筑形体较为单一，内部空间高大宽敞，这一特点对于改造后的适应度有利有弊。优势在于能使旧工业建筑的新功能有更多样化的选择余地，只需合理选择适当的功能转换及改造，使其继续发挥功能；弊端在于若原有形式与新的功能匹配度不高时，即没有充分发掘并加以利用旧工业建筑内部的潜在优势，则会导致原有建筑结构的破坏和潜在价值的浪费，甚至危及经济收益及建筑本身的寿命。然后是改造后与外部环境的适用度，周边环境因素是决定旧工业建筑改造项目定位的重要指标，如项目周边为文化遗产保护区，并具有较强的文化氛围，便可考虑将其改建成艺术展区或创意艺术区等。旧工业建筑由于考虑其适用度而改造成功的案例见表 5.2。

旧工业建筑保护与再利用适用度相关案例　　　　　　　　　　　　表 5.2

旧建筑原名称	改造后名称	内部空间适用度改造	与周边环境适用度
法国奥赛火车站	奥赛博物馆	火车站大跨度的空间构造，使得室内功能性改造更灵活。通过加层处理，将改建后的大厅分为开敞式的两层，为参观展览品提供更新奇的视角，这样的结构处理，开敞空间的同时也能得到充足的光线	奥赛博物馆位于原奥赛宫的旧址，与被称为巴黎三大艺术博物馆之一的卢浮宫和杜勒里公园仅隔一条塞纳河，是将建筑融于城市环境这一理念的最好表现
唐山市面粉厂	唐山城市展览馆	其内部空间宽阔且布置较纯粹，加之仓库屋顶的侧高窗提供了较好的采光条件，使得建筑具备了展览馆所需的完美展览空间的条件	改造后的建筑与开阔的绿地公园及城市主干道形成了一种新型建设模式，即"公共空间+公共建筑"，与周围环境艺术性地融为一体
西安某大学机械厂锻造车间	西安某大学田家炳艺术中心	建筑内围绕高窗的中庭设置夹层，共有三层，为学生营造学习交流场所。夹层之间除保留原有的巨大牛腿柱外，两侧各增加混凝土柱支撑，东侧为斜柱，内部空间丰富而有变化。中庭空间光线充足，视线流通，适合举办展览和公共活动	原机械厂锻造车间位于西安某大学校园西部，以修旧如旧的原则改造为西安某大学艺术学院专业教学与设计的场所，具有较强的艺术气息和氛围，与周边的机械加工车间共同成为该大学的现代工程教育实践基地
陕西某钢铁厂车间	西安某大学华清校区图书馆	利用旧工业建筑宽敞的空间特点，进行灵活划分。入口门厅和主阅览室为通高形式，建筑西侧划分为上下两层，为电子检索。建筑屋顶侧向天窗，为图书馆提供充足采光并避免阳光直射	改造后建筑整体形象简洁明快，既有现代建筑的设计感，又体现工业建筑美学的特征。与附近高大的砖砌烟囱相协调

（5）结构可靠性鉴定风险

旧工业建筑结构的可靠性是指旧工业建筑在特定的时间和条件下，自身结构完成既定功能的能力。特定的时间指的是旧工业建筑的寿命。旧工业建筑结构的寿命一般取其设计使用年限为 50 年。项目的使用年限是极容易被忽略的部分，也是极其重要的部分。如果旧工业建筑的使用年限已接近其设计年限，建筑物的结构安全性降低，改造过程的难度和成本也会随之增加，一旦发生事故将会造成无法挽回的损失。因此，旧工业建筑改造前后的寿命分析是进行技术可行性分析必不可少的部分，这也是改造工程与新建工程的不同之处。

大量实践表明，某些使用多年的结构并不符合规范要求，但使用中却并没有出现严重的问题，因而在对旧工业建筑结构可靠性鉴定中会灵活选取使用期。此外由于旧建筑存在时间较长，现行规范与原设计规范存在差异，因而可能对建筑结构进行大量加固，所以鉴定标准也会存在一定的弹性空间。但是鉴定中灵活采用使用期和留有的弹性空间较难把握，使得建筑结构可靠性存在一定的模糊性。一方面可能会因为最终结构鉴定的评判准则较严而增大改造加固的工作量，致使成本的加大，造成浪费；另一方面可能因为评判准则放得较宽而导致结构并不能达到预期的使用要求，而在规定的时间内并不能完成项目的预期功能目标，甚至发生损毁、坍塌等严重事故，造成经济损失或人员伤亡的情况。因而旧工业建筑结构鉴定的可靠性属于主要风险因素。

（6）改造后结构适用度风险

结构适用度主要指改造后承重结构的适用度。在对旧工业建筑进行空间拆分重组时，可以拆除的部分只能是非承重结构。表 5.3 对工业建筑常见的排架结构和刚架结构进行了对比。旧工业建筑的改造中，需重点考虑其自身的结构，根据自身结构承载特点进行适当改造，否则不但无法实现改造目标，还有可能致使旧工业建筑的损坏甚至坍塌，造成巨大的损失。所以，改造结构适用度风险属于旧工业建筑保护与再利用项目的主要风险因素。

旧工业建筑常见结构形式对比　　　　　　　　　　　　　　　　表 5.3

结构形式	排架结构	刚架结构
承重构件	基础、梁和排架柱	基础、混凝土梁和混凝土柱
优点	平面内的承载力及刚度较大	约束变形能力强、承载能力大
缺点	排架间承载力较低，容易产生侧移	承重时，梁柱的弯折处易产生裂缝
改造重点	排架间的薄弱部位及梁的设计承载力	仅能做平面空间的重组保护与再利用，在竖向空间内夹层会有一定的危险性

（7）旧建筑原始资料收集风险

在进行旧工业建筑改造设计前，首先必须对建筑原有结构进行精准地调查监测，了解其原有结构的特点，对结构体系进行鉴定，为旧建筑改造中功能构件的增减及老构件的加固提供资料依据，以便改造后的旧建筑更好地适应新的功能。例如为满足其原有生产功能，其外围结构的设计处理方法会区别于其他类建筑，常见处理方式有外围结构较坚固、抗震能力较强、不会做过多地保温处理。如西安某高压开关厂将旧建筑改造为行政楼，该建筑经过翻修及内部功能分区改造，将原有单层大跨建筑分层处理改造为现代行政办公楼，虽未进行抗震加固，仍能满足现代办公要求。

如果前期调查监测工作不够全面完善，会出现信息短缺、不精确甚至错误，这不但影响其改造后的新功能，也会造成巨大的能源浪费，不利于可持续发展的原则和项目的各项收益。如上海一处旧工业建筑改造成创意产业园案例。其室内空间宽敞宽阔，改造时原建筑的木檩条屋面和气窗被保留了下来，但由于室内送风口的位置不太合理，造成巨大的能源浪费。

（8）经济价值评估风险

旧工业建筑保护与再利用的原因之一就是其剩余价值中仍具有比较高的经济价值，因此对工业建筑进行经济价值评估成了是否进行改造保护与再利用的先决条件。经济价值评估体系用于研究旧工业建筑经济价值是否具有合理性，研究内容不仅有项目的建造成本及其自身的经济价值，还应包括改造后的项目能否带来更大的价值，从而为开发商进行项目论证与决策提供依据。

但是，我国经济价值评估体系仍处于初级探索的阶段，对于旧工业建筑保护与再利用的价值评估定量分析较少，且不够完善，并未做到系统准确地对旧工业建筑进行价值评估，还需要建立动态的、更具开放性的评价体系，通过长期的实践和探索，不断完善旧工业建筑的经济价值评估体系，更加系统地了解旧工业建筑，以确定是将旧工业建筑仅仅作为城市用地重新进行开发，还是植入新功能进行保护与再利用。详细介绍见本书第 3 章。

5.3　风险的评价

通过深入研究国内外关于风险管理和工业建筑管理的理论，发现旧工业建筑风险等级评价体系的构建有助于促进对旧工业建筑安全的管理，增强对风险事件的应对与防范。因此以旧工业建筑风险管理为研究背景，通过分析影响旧工业建筑安全的风险因子，建立起建筑风险等级评价体系，为后续风险管理研究提供思路指导。

5.3.1　风险评价方法

当前风险研究中常见的类型有定量分析、定性分析、定量与定性分析相结合、以计算机软件为工具的建模分析研究；常用的具体研究方法有逻辑框架法、成功度评价法、模糊综合评价法、数据包络分析法、灰色综合评价法等，具体各种方法对比见表 5.4。

风险研究的常见方法比较　　　　　　　　　　　　　　　　　　　　　　表 5.4

研究方法		特点	局限性	适用性
定性分析	成功度评价法	项目的成功度受客观因素变化的影响较大	根据专家自身认识和讨论结果确定最终评价结果，主观性强，做出的评价片面，无法进行成功度排序	一般
定量分析	逻辑框架法	主要用来确立项目目标层次间的逻辑关系，分析项目的效率、效果、影响和持续性，分析结果清晰，容易理解	框架的编制工作困难、费时	一般
	数据包络分析法	也叫 DEA 方法，不直接对数据进行综合，无需对数据进行量纲处理，无需任何权重假设，具有很强的客观性	有效决策单元所能给出的信息较少，评价结果缺乏可比性	一般

续表

研究方法		特点	局限性	适用性
定性定量相结合	模糊综合评价法	该评价方法应用模糊数学的方法对受到多种因素制约的事物或对象做出总体评价，在对难以量化的指标进行评价时具有一定优势	评价过程较复杂，指标权重的设定易受评价人员的素质和经验的影响，主观性较强	较好
	灰色综合评价法	可以循环评价，后一评价过程的输入数据可以前一过程的评价结果作为依据，可以对复杂的系统问题进行评价	对所选择问题的性质（灰色、白色）难以界定，影响评价结果的准确性	较好

5.3.2 风险评价体系的建立

根据旧工业建筑风险问题的综合分析，结合风险管理特点和相关实例，将旧工业建筑风险划分为三个部分：灾害事故风险、建筑安全风险、建筑管理风险。在旧工业建筑保护与再利用风险识别模型的基础上，确定系统的存量、速率变量和辅助变量，构建了风险系统的流体图，对系统内部因素利用综合赋权法对各风险因素进行赋值，并通过Vensim 软件建立流程图方程，实现旧工业建筑保护与再利用的风险流程图，见图 5.9，通过进度、质量、费用风险的大小来体现，从而达到风险评价的目的。

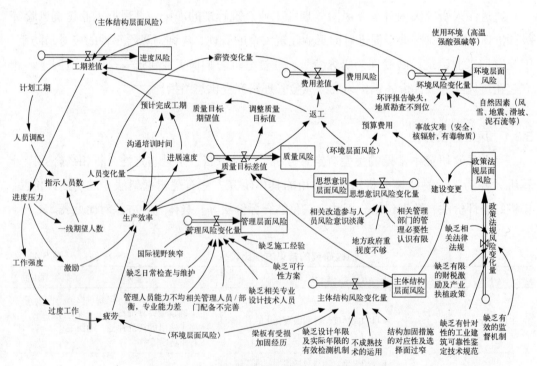

图 5.9　旧工业建筑保护与再利用的风险流程图

旧工业建筑保护与再利用的风险流程图可以清晰地辨别构成风险的各项因素以及各因素之间的正反比关系。并选取"工期差值（工期风险）"进行因果树和反馈回路分析，同时选取较重要的"工程质量风险"进行反馈回路分析。应用系统动力学方法建立城市旧工业建筑保护与再利用项目系统动力学风险因子识别模型，再通过对其因果树和反馈回路的分析，揭示了城市旧工业建筑保护与再利用项目风险因子之间以及与各种因素之间的定量因果关系，展现了系统动力学在识别风险方面的可靠性、动态性，如图 5.10 是某旧工业建筑保护与再利用过程中施工总风险变化的趋势图。尤其是在动态分析的过程中更容易发现被忽略却能引发严重后果的潜在风险，有效避免了"蝴蝶效应"的产生。

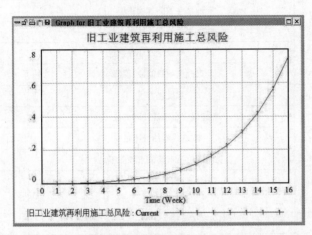

图 5.10　旧工业建筑保护与再利用施工总风险变化趋势图

　　根据风险反馈图模型，构建了旧工业建筑保护与再利用的风险系统流体图。通过该流体图可以识别构成风险的各个因素及其相互之间的关系，而且可用于旧工业建筑保护与再利用项目的风险评估。该流体图可以极大地方便风险评估的过程，将评判结果具体化，为今后旧工业建筑保护与再利用项目风险评估和决策研究提供参考。

5.3.3　风险等级

　　我们立足于保护与再利用项目风险数据库，集风险管理理论、评价理论于一体，对旧工业建筑的保护与再利用全寿命周期进行合理的阶段划分，即分为决策阶段、设计阶段、施工阶段、运营维护阶段。根据旧工业建筑各阶段特点及实例识别出其全过程中的风险因子，建立指标体系，并通过构建 ISM 模型（解释结构模型），得到旧工业建筑保护与再利用项目风险因子集表（见表 5.5）；再利用主成分分析的方法对风险因子进行定量评价，将风险因子分为四个层级，即 L1、L2、L3、L4。

旧工业建筑改造保护与再利用风险因子集表　　　　　　　　　　　　　表 5.5

风险类别	风险因子指标	所属层级
管理风险	缺乏有效的日常运行反馈机制	L3

续表

风险类别	风险因子指标	所属层级
管理风险	相关管理部门配备不完备	L4
	管理人员能力不均衡、专业能力差	L4
	缺乏切实有效的监督机制	L4
	日常检查及维护不到位	L3
技术风险	新产品、新技术的使用	L2
	缺乏有效的加固措施	L3
	缺乏相关的专业技术人员	L4
	缺乏地质勘测及环评报告	L2
	缺乏改造项目的设计经验	L3
经济风险	承发包方式	L2
	建设资金不能及时到位	L2
	改造成本估计不足	L2
	功能定位及市场需求预测不足	L1
	施工索赔	L1
	工程变更	L2
环境及政策风险	相关法律法规及政策不健全	L2
	缺乏可靠性技术鉴定规范	L1
	缺乏相关产业政策扶持	L2
	自然因素	L1

其中第一层 L1 层主要包括功能定位及市场需求预测不足、施工索赔、缺乏可靠性技术鉴定规范、自然因素,这些风险因素是与旧工业建筑改造项目具有紧密关系的潜在因素,属于间接因素。旧工业建筑改造项目的顺利进行需要投资者在决策前期准确定位市场需求,并且需要相关可靠性技术鉴定规范作为技术支撑和保障,另外,在具体实施过程中,施工索赔和自然因素是时时存在的,不可以忽略它造成的潜在损失,这四个方面的风险是影响旧工业建筑改造项目成功的间接原因。

第二层 L2 层主要包括新产品、新技术的使用,缺乏地质勘测及环评报告,承发包方式,建设资金不能及时到位,改造成本估计不足,工程变更,相关法律法规及政策不健全,缺乏相关产业政策扶持。这些风险因素是与旧工业建筑改造项目密切相关的技术与经济方面的直接因素,技术及经济措施的合理性直接影响旧工业建筑改造项目的顺利进展与实施。

第三层 L3 层主要包括缺乏有效的日常运行反馈机制、日常检查及维护不到位、缺乏有效的加固措施、缺乏改造项目的设计经验。这些风险因素是影响旧工业建筑改造项目成功的更深层次的原因。旧工业建筑保护与再利用项目需要根据其改造的功能需求以及市场需求,对旧工业建筑进行合理的改造设计,并采取有效的加固措施,在正常运行阶段,加强日常检查维护,对运行中存在的问题及时反馈,这样才可以在一定程度上降低风险,确保改造项目的正常完成与安全运行。

第四层 L4 层主要包括相关管理部门配备不完善,管理人员能力不均衡、专业能力差,缺乏切实有效的监督机制,缺乏相关的专业技术人员。这些风险因素是导致旧工业建筑改造项目失败的根本原因。如果没有相关的专业技术人员,将会严重影响改造项目的质量与成本,同时,管理部门及管理人员的不合理配置将会影响改造过程中的管理工作,高效的项目管理能够减少各种风险因素的影响,另外,监督机制的缺失将会造成项目参与人员行为的不规范,影响改造项目的正常完成。

此外利用科学方法对旧工业建筑改造过程中的风险进行研究后,再考虑结构可靠性对于旧工业建筑保护与再利用的重要性时,可借鉴工业建筑可靠性鉴定评级的思路,将旧工业建筑的风险等级划分为一、二、三、四共四个等级,见表 5.6。评价等级越高,建筑可能发生风险的概率越大,建筑所处的状态越不安全,为精确迅速判断旧工业建筑危机事件提供合理依据。

旧工业建筑风险等级划分

表 5.6

等级分类	旧工业建筑物情况
一级	建筑结构良好,防控措施到位,风险因素对建筑的安全影响较小
二级	建筑结构基本满足现行规范要求,配备基本的防控措施,风险因素对建筑的安全影响较小
三级	建筑结构不符合现行规范要求,防控措施不足,风险因素对建筑的安全影响较大
四级	建筑结构极不符合现行规范要求,无相应的防控措施,风险因素对建筑的安全影响很大

5.4　风险应对策略

5.4.1　概述

经过前期大量分析研究认为,旧工业建筑无论在文化重建、空间布局、建设周期、后期营销等多方面均具有保护与再利用的改造优势,这也是旧工业建筑保护与再利用引起了国内外学者关注和重视的根本原因。在旧工业建筑改造策略、价值评估、经济效益评估、绿色再生评估等方面取得了巨大突破,丰富和完善了旧工业建筑保护与再利用理论体系研究。但国内旧工业建筑改造水平参差不齐,课题组在对全国范围内旧工业建筑充分调研后,初期建立了在役旧工业建筑物风险数据库,继而构建了在役旧工业建筑风险评价体系。在此基础上,提出旧工业建筑各阶段各类风险事件的应对策略,为更好地开展旧工业建筑保护与再利用项目提供理论依据和方法指导。最后识别出改造项目风险主要存在于环境政策、技术、经济、管理四个方面,再针对各类风险进行分析和评价,具体旧工业建筑保护与再利用项目风险应对过程图，见图5.11。

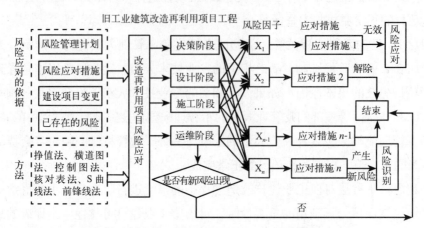

图 5.11　旧工业建筑保护与再利用项目风险应对过程图

如何采取风险应对策略、降低风险损失才是风险管理的最终目的。旧工业建筑保护与再利用过程中必须积极采取各种风险应对策略，不仅能够深化各领域的联系，还有助于形成一套适合旧工业建筑保护与再利用健康发展的风险评价与管理体系，根据项目实施过程中风险的变化随时调整应对方案，对风险进行动态监控。以下从环境政策风险、技术风险、经济风险、管理风险四方面阐述各类风险应对策略。

5.4.2　环境政策风险

（1）建立健全相关法律法规及政策

我国目前还没有出台针对旧工业建筑保护与再利用的全国性的、系统的政策法规，相关管理部门配备不完善。我国要在充分研究国外旧工业建筑改造相关政策与管理体制的基础上，结合我国旧工业建筑改造市场的实际情况，借鉴它们在改造项目上的成功经验，尽快设定与之配套的相关管理部门，并且抓紧制定和完善旧工业建筑改造的地方性政策法规、产业扶持政策和财税激励政策，促使旧工业建筑的改造及运营管理有法可依。此外加快对我国现存旧工业建筑保护与再利用项目的调研工作，对改造过程中的问题进行统计分析，建立改造项目信息库，并针对各类问题完善其应对措施，形成全国系统的政策导向及工业建筑保护与再利用风险管理机制。为今后的旧工业建筑改造项目有法可依，有据可查打下坚实的基础。

（2）制定可靠性技术鉴定规范

我国针对旧工业建筑改造的可靠性鉴定规范目前还是一个空白，亟需政府相关部门进行制定和完善。由于旧工业建筑随着使用年限的增加，其可靠性及承载力逐渐下降，旧工业建筑的一些历史设计资料已失去使用价值，因此，我国可以对当前大量现存的旧工业建筑、已经保护与再利用的工业建筑进行现场勘察，对主要结构构件现状及改造中存在的问题进行统计分析，结合《工业建筑可靠性鉴定标准》GB 50144，制定切实可行的与旧工业建筑密切相关的可靠性鉴定规范，使旧工业建筑改造设计有据可依。此外，各部门要加强对旧工业建筑的可靠性鉴定，降低由于在改造中可靠性低所造成的改造风险。

（3）加强对旧工业建筑保护与再利用项目的产业政策扶持

当前，旧工业建筑改造项目进行得如火如荼，他们的成功改造不仅节约了大量的土地资源，促进城市的发展，还在一定程度上促进了历史文化的传承。我国应该对各种典型的旧工业建筑改造项目进行价值评估，放宽审批要求，采取各种财税激励政策，加大对旧工业建筑改造保护与再利用的保护与支持力度，最大限度地促进旧工业建筑改造市场的发展。

（4）契合环境需求，加强环评工作

由于旧工业建筑保护与再利用是在原有建筑物的基础上进行的改造，为了满足绿色环保要求，必须注重改造项目与周围环境的协调性。因此，良好的环境影响评价工作将是确保改造项目顺利实施的重要前提。

首先，政府部门在引进项目、发展经济的同时完善旧工业建筑保护与再利用环评程序，并做好对建设单位的监督指导工作，对违反建设程序的项目加大处罚力度。

其次，在相关企业进行环评工作时，要提高对评价技术人员的专业性要求，要对旧工业建筑保护与再利用的生产工艺特点有一定的了解，以保证环评报告结论的准确性，降低因环评报告缺失或不准确而引发的质量、进度等风险。

（5）重视自然因素影响

自然风险具有很大的不确定性，虽然各种自然事件发生的概率很小，但是一旦发生，将会造成无法弥补的损失。旧工业建筑改造项目前期，要全面获取项目所在地的地质资料、周围环境资料以及雨水、地震方面的资料，做好应急预案，并由具体人员负责日常监控，一旦发现异常，迅速采取应急预案，减少自然因素给改造项目造成的损失。

5.4.3　技术风险

旧工业建筑保护与再利用过程中的技术风险主要包括检测加固方案风险、改造设计方案风险、改造施工方案风险、工程机械和工程材料风险等。在旧工业建筑保护与再利用之前需对原有结构进行检测，然后做出加固方案，所以检测加固方案对以后的改造起决定性作用。同时，在改造过程中，作业空间局限性大，在完成设计方案和施工方案时，必须考虑到方案的可实施性，与常规新建建筑相比，技术风险更容易发生。

（1）重视前期方案决策中的技术指标

旧工业建筑改造过程中，不仅会充分利用原有结构或构件，还需采用新材料、新技术改善原建筑性能，以实现新的功能需求。但新技术、新材料的使用必须组织专家对方案及技术进行充分论证，做好可行性分析，制定完整的施工方案及预防措施，由专业技术人员指导现场施工，最大限度降低新技术、新材料施工的不确定性。例如节能材料的使用，可抵消原工业建筑热工性能的副作用等。

（2）加强对加固措施的控制

现存旧工业建筑建造年份多为 1950 年—1969 年以及之前，年代久远且没有日常维护机制，建筑材料出现耐久性问题，结构的稳定性和可靠性也逐渐降低，必然会导致建筑的结构安全水平降低，因此旧工业建筑改造前的建筑主体结构加固必不可少。在改造前首先要对旧工业建筑进行可靠性鉴定，根据鉴定结果对构件进行等级分类，差异化地进行耐久性和稳定性加固处理，增加主要结构构件的可靠性，减少改造中的结构安全隐患。

（3）引入专业人才现场指导

旧工业建筑改造为满足改造后的功能需求，需要各方面的专业人才，建设单位需要积极对各专业施工队伍的主要负责人进行现场施工专业性指导，加强沟通和交流，相互协商。

目前，旧工业建筑领域的相关研究正逐渐完善，但我国在该领域内起步较晚，且缺乏一定数量的成功改造案例指导，导致各方面专业人才欠缺。在旧工业建筑改造阶段，建设单位不仅需要积极引进具有丰富改造保护与再利用实践经验的优秀人才，还需结合改造项目自身情况，有针对性地进行专业培训和技能强化，完善各专业队伍的人才配备，以共同解决专业技术难题。

5.4.4 经济风险

旧工业建筑保护与再利用过程中的经济风险主要是由保护与再利用过程中的工程变更、信息不对称、管理不善等原因造成。旧工业建筑保护与再利用是在已有建筑空间内进行施工，具有设计和施工局限性，这种局限性在很大程度上增加了改造项目施工过程中的工程变更风险。

（1）规范招标程序，合理选择承包商

结合项目的实际情况采取工程总承包和专业分包的形式，在选取承包商时，严格按照招标程序，根据承包单位的信誉、业绩、单位人员能力和整体素质进行综合考虑，并把承包单位的方案优劣和控制风险的能力纳入审查的范围，严格按照相关法律规定进行审查，争取从源头上杜绝风险。

（2）做好项目预算，保证充足的资金供应

关注国家经济政策和形势的变化，做好可行性分析，加强资金管理和成本控制；改造前期由专业的成本控制人员制定成本控制方案，制定资金预支计划，做好项目预算和成本预估。项目实施过程中，按照合同要求做好进度款支付，保证资金来源充足，避免因资金供应不及时带来的工程延期和合同纠纷。

（3）加强合同管理，严防索赔

在改造项目实施过程中，建设单位必须严格执行合同，加强合同执行过程的管理，并对承包单位的履约行为进行跟踪，注意搜集保存隐蔽记录，对于改造项目零星工程较多的特殊现象，由专人负责现场签证，严防索赔的发生，降低因索赔造成的不必要损失。

（4）加强变更管理

建设单位必须就改造项目的功能、标准、投资规模与设计单位进行充分的沟通，配合设计单位做出完善合理的设计方案，避免因设计缺陷造成的设计变更。建立严格的设计变更审查制度，无论是设计单位还是施工单位提出的设计变更，都需要得到建设单位的许可。施工准备阶段，建设单位应通过编制全面、完整、清晰的招标文件和工程量清单明确自己的需求、材料和设备的指标、施工工艺和施工方法以及工程量等，减少施工过程中因需求描述不清晰、材料和设备更换、施工工艺和施工方法改变以及工程量不准确或者漏项等引起的工程变更。项目施工期间，对于施工单位提出的变更请求，建设单位需要邀请专家对变更方案进行仔细审核，减少不必要的工程变更。

5.4.5　管理风险

旧工业建筑改造项目的管理是建立在数据信息库的基础上，由于整个改造过程涉及的参与方众多，各方管理相对独立，信息传递不流畅，则管理风险更易发生。

（1）完善组织机构，加强现场监督和管理

建立统一协调的管理部门，明确各部门的职能分工，健全组织架构，加强各部门的信息沟通，形成自上而下的信息反馈机制。

借鉴国内外旧工业建筑改造利用成功案例的经验，定期组织经验丰富的专家对项目管理人员进行讲座培训，定期组织讨论会议，提升管理人员整体素质。组织相关专业技术人员，加强对施工现场各种施工活动及人员的监督，及时发现改造过程存在的问题并妥善解决；及时排除现场安全隐患，降低因现场监督不力而造成的风险。

（2）促进日常运营管理的计算机化，增强风险意识

开发旧工业建筑日常运行管理系统软件，通过管理软件，实现旧工业建筑物使用与维护条例以及专业管理人员的工作细则信息化、透明化。定期对改造后的旧工业建筑运行的技术状况进行预测和检测评估，为专业检测人员提供日常监测的要点和重点。对日常管理的疑难问题提供专家咨询意见，提升管理人员管理水平，促进日常管理的规范化，最终促进旧工业建筑物日常运行管理的信息化、科学化和系统化。对项目参与者进行有针对性的风险意识培训，使其认识到忽视潜在风险的危害及养成风险意识的重要性。在

项目实施过程中，在风险意识养成的基础上辅以风险应对行为培训。制定风险责任制，将各种可能出现的风险进行分类并分别落实到专人负责。对有关人员进行风险管理教育活动，并分期进行考核，对于考核优秀者给予一定奖励。

（3）建立自下而上的日常运行信息反馈机制

在项目改造过程中，由运营部定期与客户进行沟通，对日常运行情况进行调查和统计。鼓励和支持客户积极向物业管理部门反映日常运行问题，对运行过程中的关键问题组织相关人员讨论并妥善迅速解决，排除运营过程中的安全隐患，减少日常运行中各种风险事件的发生，具体运作流程见图 5.12。

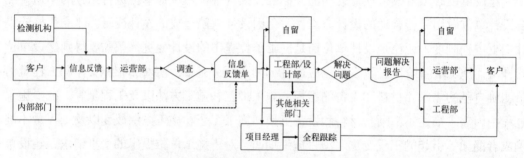

图 5.12　旧工业建筑保护与再利用后的日常运行信息反馈图

对旧工业建筑物全寿命周期风险进行识别及评价，首先可以为今后科学制定旧工业建筑保护与再利用风险管理策略和瞬时的重要投资及管理决策提供科学依据，提高风险应对的可靠性和高效性。其次提高改造保护与再利用项目参与人员的风险防范意识和应对能力，提高应对风险的综合素质，最大限度避免今后相同或类似事件的发生，降低人财物、声誉等损失。最后是促进旧工业建筑保护与再利用行业的健康发展，为进一步深化研究旧工业建筑风险提供理论依据和借鉴，为政府和投资者的宏观决策提供咨询、支持和参考。

5.5　BIM 在旧工业建筑保护与再利用风险管理中的应用

5.5.1　传统风险管理的弊端

在旧工业建筑保护与再利用项目的实际风险管理过程中，虽然有详细的预防措施和计划作支撑，但是各类风险仍经常发生，直接导致整个保护与再利用项目的经济效益的大幅降低，通过分析，传统旧工业建筑保护与再利用项目风险管理中主要有以下常见风险。

（1）工作效率低

在旧工业建筑保护与再利用风险管理过程中，设计阶段需采用精确设计手段，避免设计缺陷，而目前建筑工程多采用二维 CAD 设计，设计过程中工程量大，设计完成后需人工反馈修正设计信息，导致整个过程的效率较低。

（2）参与方众多

业主、设计方、施工方、材料供应商、分包方等诸多单位，需要各方协调才能真正意义上的实现风险管理。例如旧工业建筑保护与再利用项目往往会消耗大量的人力、物力，在保护与再利用的整个改造过程中需要编制一个完整的资源使用计划，计划的实施涉及项目的多个参与方，包括业主、施工方和材料供应商等，如果使用计划不匹配，将造成人力、物力浪费。

当前旧工业建筑保护与再利用项目风险管理过程中，项目各参与方独立控制风险的原因主要包括以下两方面：一是利益，在旧工业建筑保护与再利用过程中，各方人员采取不同措施使各自的利益最大化；二是硬件设施局限，常规旧工业建筑保护与再利用过程，没有相关软件能够集成各参与方信息。

（3）被动式管理

传统的风险管理依据的是事先制定的相关风险计划及措施，但是其中涉及的风险是参考了类似已建工程中的高频风险。那么由于工程项目的差异性，在项目建设过程中的风险因素也不尽相同。并且由于技术或人员方面的原因，通常是风险发生后才进行风险控制，造成预期之外的损失。

（4）阶段性风险管理

传统的风险管理具有一定的阶段性，通常是根据工程项目阶段划分的，由各参与方各自、分阶段进行管理。在保护与再利用项目的全寿命周期中，各阶段的风险管理工作往往相辅相成，需要各方协同沟通控制，如旧工业建筑保护与再利用过程中，施工阶段的风险管理工作与设计阶段图纸精确度息息相关。

5.5.2　BIM 技术的功能体现

（1）BIM 技术的自身优势

BIM 技术是集规划设计、施工和运营为一体的技术管理方法，它以三维设计模型为基础，通过各专业软件之间的数据信息传递，对项目工程相关信息进行了集成、储存和反馈，实现全过程协同的工程项目风险管理。建筑信息模型作为协同工作的基础和平台，既可以提高工程项目各阶段任务实施的效率，避免工程变更引起的进度、成本方面的损失，又可以通过建筑性能设计分析，有效地实现绿色可持续设计。

传统工程项目设计管理体系的核心是 CAD 设计和人的整体管控。在整个管理体系当中，以人为主，人与软件之间的交流集中体现在二维平面图纸上，容易出现由于人的主观经验不足造成管理上有缺陷的现象。而基于 BIM 理念的设计管理体系中，则是以软件为主，BIM 系列软件可以相互传递信息，并集成、更新形成数据库，在进行项目管控时，工程人员可以参照数据库的三维立体信息，保证精准控制。BIM技术的应用优势主要体现在可视化、模拟性、优化性、可出图性、协调性等方面，见表5.7。

BIM技术的应用优势　　表5.7

BIM技术应用优势	具体表现
可视化	减少平面二维设计、施工的弊端； 显示构件的属性和三维表达信息； 可视构件碰撞，减少变更风险； 体现全寿命周期的沟通与协调
模拟性	建筑性能模拟，如能耗模拟和热环境分析等； 施工过程模拟，制定最佳施工方案； 增加工程造价、进度信息，实现5D控制模拟； 模拟突发情况发生，如火灾现场人员疏散模拟等
优化性	决策方案优化、设计优化，有效结合投资效益和项目设计； 施工方案优化，有效避免质量、进度、成本等风险
可出图性	各专业的碰撞检查及信息传递，完成协同设计； 输出建筑图和结构图、综合管线图、结构预留洞口图、碰撞检查报告
协调性	全寿命周期各专业的协调沟通； 处理管线、预留洞口等碰撞问题； 建立各专业三维模型并衔接生成中心文件

（2）基于BIM的风险控制内容

建立以BIM技术为载体的项目信息化管理，以BIM技术为基本平台，实现旧工业建筑保护与再利用项目全过程协同的风险管理。BIM技术在旧工业建筑保护与再利用过程中通过优化决策方案、精细可视化设计、规范模拟施工、可视化运营维护管理等特点，控制项目改造过程中的风险，使建筑改造后达到预期目标。BIM理念在旧工业建筑保护与再利用项目风险管理过程中的主要工作内容有：

1）高效率风险管理

BIM技术的出现弥补了传统建设项目风险管理模式的不足，BIM技术作为集成了工程建设项目所有相关信息的工程数据模型，它可以提供关于旧工业建筑保护与再利用项目改造过程中所需要的相关信息，如工程量信息、构件属性信息等，通过信息传递及反馈，便于项目管理人员提取所需信息，提高风险控制效率。

在设计阶段，与传统的CAD设计相比，BIM可以进行参数可视化设计，对设计方案进行精确的三维表达，提高出图质量和效率，降低设计阶段风险，提高设计阶段风险控制效率。BIM和CAD设计效率平衡点如图5.13所示。

在施工阶段，可以通过BIM系列软件，进行施工现场模拟、施工工序虚拟等。旧工业建筑改造工程的施工场地与传统新建建筑不同，由于旧工业建筑的固定约束，对施工现场布置的要求更高，通过BIM技术的现场模拟，可以合理布置施工现场，还可以对施工过程进行模拟，优化施工计划。

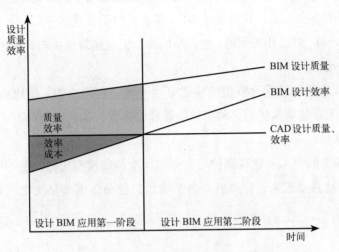

图 5.13　BIM 与 CAD 设计效率平衡点

2）主动风险管理

旧工业建筑保护与再利用的设计和施工具有局限性，改造过程中容易出现工程变更。基于 BIM 理念的旧工业建筑保护与再利用风险管理可以有效避免相关风险，在设计阶段，通过三维可视化设计、协同设计、碰撞检查等功能运用，避免设计缺陷、工程变更，采取主动控制的方式，实现设计阶段及后续阶段的风险控制；在施工阶段，通过施工现场、工序模拟和动态进度管理，优化施工方案和进度计划等，采取主动控制的方式，实现设计阶段及后续阶段的风险控制。

3）协同风险管理

旧工业建筑保护与再利用的过程和供应链是缺乏系统性的，通常由多个参与方来完成，即使在同一个阶段也可能有多个单位进行作业交叉，这就增加了操作过程中各方之间的交流难度。团队之间缺乏交流，数据信息交换不流畅，导致信息流失，很大程度上影响风险管理的效率。BIM 技术提供的协同平台，能够使不同的参与团队协同工作，项目各参与方可以及时精准地进行信息交互。通过软件协同设计，在同一软件平台进行沟通，避免了书面沟通造成的沟通不畅和信息缺失等问题，在此基础上各专业团队之间能有效地协同合作，也有利于及时发现并控制项目存在的风险。

4）全过程风险管理

BIM 以系列软件三维模型为基础，为改造项目的全过程提供三维可视化的几何和非几何资源信息。以 BIM 信息平台为依托，通过各个阶段的信息交互、传达，一方面有效地避免由于上一阶段风险管理缺陷引起的下一阶段新的风险的产生，另一方面通过 BIM 相关软件功能性应用，有效地消除或减轻本阶段的风险。

5.5.3 BIM 风险控制模型的构建

旧工业建筑保护与再利用过程中参与方多、信息量大，周期长，在风险管理方面容易出现前面提到的各类风险，构建基于 BIM 理念的旧工业建筑保护与再利用风险控制模型，可以系统地分析、解决相关问题，也为今后的旧工业建筑保护与再利用项目提供指导。

（1）模型构建原则

基于 BIM 理念的风险管理模型的构建必须遵循一定的原则，使建成的模型合理化、规范化，满足旧工业建筑保护与再利用风险管理的需要。构建原则如下：

1）系统层次性

基于 BIM 理念的旧工业建筑保护与再利用风险控制模型应把问题的提出、方法的引入、方法论紧凑地联系起来，同时针对各个阶段，把整体模型层次化、对应化，合理有序地解决问题。

2）全面性

相对于新建建筑来说，旧工业建筑保护与再利用项目是在已有建筑基础上进行建造，具有场地限制、空间限制的特点，如设计缺陷、工程变更等风险更易发生，在风险管理模型构建过程中应全面考虑，采取建模、优化、反馈等循环机制，建立最优模型。

3）可操作性

旧工业建筑保护与再利用项目风险管理模型的建立基于 BIM 核心软件和分析软件在决策阶段、设计阶段、施工阶段以及运营维护阶段的功能应用，由于涉及的阶段多、软件应用复杂，所以在模型构建过程中，在保证系统模型系统层次性、全面性的同时，还要保证结合后的可操作性。

（2）BIM 风险控制模型

模型的研究路线是 BIM 理念在旧工业建筑保护与再利用项目中的应用，通过 BIM 系列软件在保护与再利用各个阶段的应用，来控制保护与再利用过程中的风险。功能模块层是 BIM 理念在旧工业建筑保护与再利用项目风险管理中的核心部分，通过功能模块层 BIM 系列软件在改造各阶段的功能分析，实现风险管理的目的。每一个 BIM 应用都是一个子 BIM 模型，根据建设项目需求、目标的不同，功能模块可适当地扩展或改变。基于 BIM 理念的旧工业建筑保护与再利用风险控制模型如图 5.14 所示。

如图 5.14 所示，基于 BIM 技术的旧工业建筑保护与再利用风险管理主要分为两大板块，第一板块为三维建模，得到相应的建筑、结构模型；第二板块为模型功能分析，BIM 核心建模软件和功能应用软件相结合对旧工业建筑保护与再利用各阶段进行应用分析。通过三维建模、性能分析、信息反馈、更新模型等功能应用，提高设计效率，避免设计缺陷和工程变更，从技术措施和组织管理措施两方面实现旧工业建筑保护与再利用的风险管理。

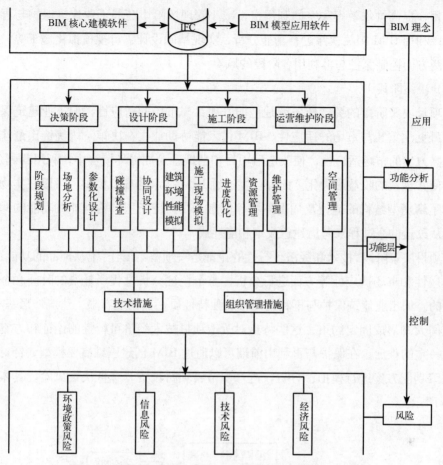

图 5.14　旧工业建筑改造保护与再利用风险控制 BIM 模型

　　功能模块层是指以 BIM 核心建模软件形成的三维模型为基础的功能运用层，由专业人员建立三维模型，结合 BIM 相关模型应用软件进行功能分析。通过功能分析，可以增强改造项目各阶段衔接度，提高各方交流度，深化改造过程的管理深度，最终达到降低改造过程风险，实现项目效益最大化的目的。

5.5.4　BIM 风险控制模型的应用

　　通过旧工业建筑保护与再利用项目风险管理 BIM 模型，分阶段实现改造项目全过程的风险管理。决策阶段，主要包括场地规划和阶段划分等功能应用，通过相关功能应用，提高决策方案的市场适应性，减小市场风险。设计阶段，主要包括参数化设计、碰撞检查、协同设计、建筑性能分析等功能应用，通过应用分析，提高设计效率、避免设计缺陷及后续阶段工程变更，减小设计风险和经济与管理风险。施工阶段，主要包括施工现场模拟和施工进度动态管理等功能应用，通过相关应用，优化施工方案、进度方案和资源配置计划，减小技术风险。运营维护阶段，主要包括可视化运营维护和空间管理等，通过功能应用，提高维修效率和空间利用率，减小管理风险。在旧工业建筑保护与再利用的各个阶段利用 BIM 相关软件进行功能分析，实现精确设计、可视模拟化施工等，从技术和管理两方面控制保护与再利用各阶段的风险。

（1）决策阶段

在项目决策阶段的关键任务就是把握好项目与市场的适应性，旧工业建筑保护与再利用项目更注重其与市场的适应性。BIM 技术能协助业主在决策阶段优选出最佳投资方案，提高方案的市场适应性，使改造后项目和谐地融入周围环境当中，利用其剩余价值，进一步使其创造的收益最大化。此外业主通过 BIM 技术的虚拟模拟，可以在实物模型改造之前了解新型结构的造型及周围环境等信息，在保证新型结构性能和功能的同时，帮助业主从改造的全过程来考虑建造成本和能耗成本。

在项目决策阶段，技术和经济可行性的论证是一项基本工作，需从产品的功能适应性、质量适应性和市场适应性等方面进行分析，整个论证分析过程所耗费的时间和金钱是不可估量的。旧工业建筑保护与再利用项目的独特性质，如场地有限、建筑外形基本固定、内部空间大却形成固定约束，这些特点对改造项目技术经济可行性的论证和方案的抉择增加了一定的难度。在保护与再利用前期可以通过 BIM 创建三维概要模型，针对改造项目的决策功能方案进行模拟、分析，进一步节省项目投资，降低决策风险。具体程序如图 5.15 所示。

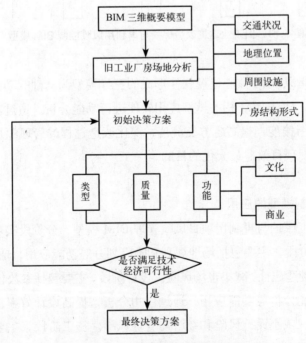

图 5.15 决策阶段功能分析图

基于 BIM 理念的旧工业建筑改造项目决策阶段功能分析,以 BIM 三维概要模型为基础,制定最优决策方案,提高决策方案的市场适应性,降低方案市场风险,具体如图 5.16 所示。

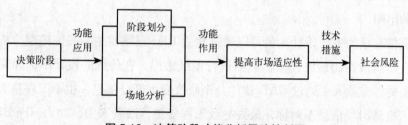

图 5.16　决策阶段功能分析风险控制图

(2)设计阶段

BIM 理念在旧工业建筑保护与再利用设计阶段的应用主要包括参数化设计、碰撞检查、协同设计和建筑性能分析等,通过全方位设计功能的运用,弥补了传统风险控制中相关技术措施的不足,使旧工业建筑改造保护与再利用在设计阶段的风险有效地降低或消除。

1)参数化设计

基于 BIM 技术的参数化设计具体体现在参数可视化建模、创建结构分析模型、多方案优化设计、自动出图、基于经济性的结构优化设计等方面。

①参数可视化建模

参数化建模是 BIM 的核心特征。由于现在审美观念的改变,旧工业建筑在保护与再利用过程中无论是内部空间还是外装饰面,多采用创新设计,如复杂自由曲面或空间起伏等,无形中增加了旧工业建筑在保护与再利用过程中的风险。通过 BIM 的参数化建模可以解决这类问题,工程师可以通过定义参数关系和参数值,在不同的参数化关系间施加一些能够被系统自动维护的约束,从而创建结构形体,以此来处理空间问题。

②创建结构分析模型

BIM 三维模型除了包括建筑构件的几何信息外,还包含结构分析信息等非几何信息。通过族群创建构件时,会自动生成构建信息模型,建立包含材料特性、荷载分布和刚度数据等富含多元信息的有限元结构模型。

BIM 的检查、分析和反馈功能保证结构模型的合理性,首先将处理结果导入到相应的结构分析软件中,进行检查分析,然后根据分析结果,调整构件属性及尺寸数据信息,最后反馈到 BIM 模型,及时更新数据。

③多方案优化设计

旧工业建筑在保护与再利用过程中,空间设计方案可水平设计也可垂直设计,随着改造项目的不断推进，也会出现其他创新方案。基于 BIM 技术的参数化设计通过相关设计软件中的设计选项，如 Revit 中的设计选项卡，在主模型的基础上，设计人员可以进行多方案设计。在进行工程量或假设分析时，可以在模型中选择隐藏其他设计方案，具体方案具体分析，真实可靠地提供给业主多种不同的选择方案。

④自动出图

在建筑信息模型中，设计人员可以通过建立 BIM 三维模型、三维模型分析和三维模型修正等三个阶段得出最终模型，然后进行图纸输出。在传统的设计中，面对设计变更等问题，需要各专业人士通过 CAD 软件分别修改变更部分信息，由于工程量大、信息沟通不协调，极易出现信息不对称，最终导致工程变更，浪费人力、物力。而 BIM 三维模型中，各图纸之间都是相关联的，一处变动则处处变动，大大地降低了施工过程中的风险。

⑤基于经济性的结构优化设计

基于 BIM 技术的工程设计可以显示工程量的相关信息，工程师可以根据需要，运用软件相关功能，如明细表、材料统计等添加所需信息，实现基于"投资—效益"准则的性能化结构设计。而参数化设计在旧工业建筑改造项目风险管理过程中主要体现在两方面：首先是旧工业建筑内部空间设计的部分，借用参数化多阶段、多方案设计等功能，使旧工业建筑内部空间的设计能更好地满足决策阶段的功能定位；另一方面即为旧工业建筑保护与再利用外表皮的设计，由于当前旧工业建筑保护与再利用发展趋向于创意产业园，随着这一趋势的发展，设计师们越来越注重旧工业建筑改造后的外表皮设计，借助 BIM 技术的参数化设计功能，设计师们能更容易地设计出各种复杂结构形式的外表皮，增强市场适应性。

2）碰撞检查

碰撞检查是指在计算机中提前预警工程项目中不同专业空间上的碰撞冲突。在设计阶段，通过碰撞信息，提前发现图纸中存在的问题，优化设计，缩短图纸中问题的发现、讨论、修改和验证过程的周期，减少施工阶段可能存在的返工问题。旧工业建筑保护与再利用是在固定的模型当中，进行重新设计，更容易出现错漏碰撞，导致设计变更，因此在保护与再利用过程中通过碰撞检查能够避免设计缺陷造成的风险。

在旧工业建筑保护与再利用过程中图纸设计种类繁多，运用传统二维 CAD 完成图纸设计后，很难直观地发现图纸中存在的设计缺陷风险，如各专业的碰撞问题，或是某一专业方面设计审核修改，造成不必要的损失。图纸不能进行关联修改，导致设计变更不能及时修改，直至施工时才被发现，不但增加了投资成本，甚至还延误工期。

基于 BIM 系列软件的碰撞检查，能够保证各专业设计信息的同步变更，增强了信息的传递性，提高设计效率。基于 BIM 模型的碰撞检查功能应用流程如图 5.17 所示。

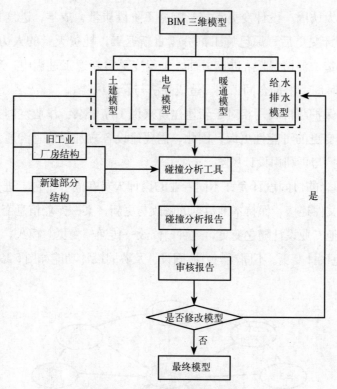

图 5.17 碰撞检查功能分析图

碰撞检查多用于管线检查、结构预留洞口检查等，偶尔也用于建筑设计检查，通过碰撞检查得到各专业之间冲突报告和相关改进方案等。基于 Revit 建施图中改造后新型结构楼板沉降、门窗洞口等碰撞检查报告如图 5.18 所示。

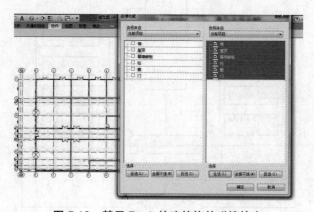

图 5.18 基于 Revit 的建筑构件碰撞检查

3）协同设计

建筑业存在着这样的普遍现象，即错漏碰撞和设计变更，两者一因一果，是导致经济风险产生的最大诱因。设计变更直接影响施工阶段质量、成本、进度目标的实现。成本方面，发生设计变更后，原已施工部分需重新返工，耗费大量的人力、财力、物力，增加预算费用，造成经济风险；进度方面，工程变更重新返工过程中，理论上相当于花费原工序两倍的时间，增加合同工期，造成经济与管理风险。

旧工业建筑保护与再利用相对于新建建筑来说工序繁杂、作业空间拘束性大，在后续施工阶段工程变更的可能性更大，因此，需要建设各方加强信息沟通，精准设计，减少旧工业建筑保护与再利用设计风险。

基于 BIM 理念的协同设计允许不同专业的设计人员在同一平台上进行信息的传递与交流，通过中心文件连接，保持本地数据的修改与更新，某一专业信息变更后，信息传递到中心文件，其他专业设计随之变更，这种"修改—传递—变更"模式，加强了信息的同步性，减少或避免设计变更。不同参与方协同设计及协同设计功能如图 5.19 和图 5.20 所示。

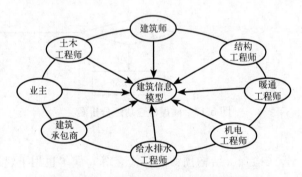

图 5.19　BIM 不同参与方协同设计图

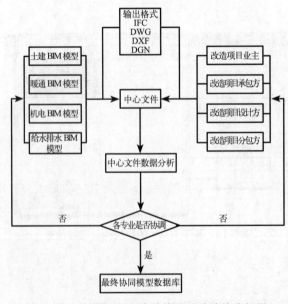

图 5.20　基于 BIM 理念的协同设计功能分析图

4）建筑性能分析

旧工业建筑改造项目设计阶段的建筑性能分析，可以改善改造后新型建筑物的服务功能，如工作、居住舒适度，降低运营维护阶段的销售风险等。传统情况下，由于技术的局限性，多数项目对建筑物的性能分析仍以定性分析或经验主义为主，对于深层次的研究未加以重视，这种观念无形地增加了运营维护阶段的风险。

基于 BIM 理念的建筑性能分析是指以三维模型为基础，通过软件对建筑物的适用性性能，如日照、声环境等指标进行模拟分析。在建筑性能分析过程中，对比分析结果与预期性能指标，进而调整建筑模型，保证建筑物的实用性，提高使用人员的舒适度。具体建筑性能分析程序如图 5.21 所示。

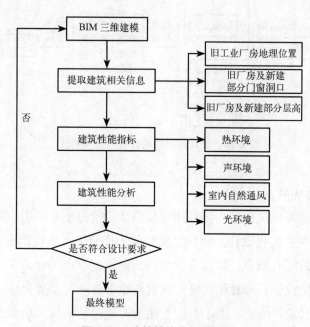

图 5.21　建筑性能分析程序图

旧工业建筑最明显的特点即为其高大空间，具有良好的采光性和通风性；但其劣势也比较突出，旧工业建筑大多构造简单，通过承重柱来传递荷载，其外墙只有隔断作用，在保护与再利用过程中直接影响建筑物的热环境和声环境。因此在旧工业建筑保护与再利用过程中，要协调日照、风环境、热环境、声环境、景观可视度等性能指标，使其均衡发展。日照模拟如图 5.22 所示。

基于 BIM 理念的旧工业建筑设计阶段功能分析，通过参数化设计、协同设计等功能应用，提高设计效率；通过碰撞检查、建筑性能分析等功能应用，避免工程变更，优化设计方案。采取参数化设计、协同设计等技术措施主动控制设计阶段及后续阶段的技术风险和经济风险，具体如图 5.23 所示。

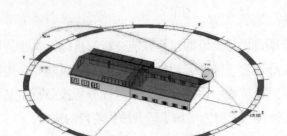

图 5.22 日照模拟图

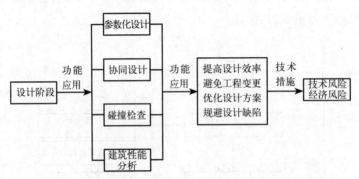

图 5.23 设计阶段功能分析风险控制图

5）设计阶段的 BIM 应用案例

BIM 技术在旧工业建筑保护与再利用项目设计阶段的重要应用，第一项是旧工业建筑保护与再利用空间参数化设计。参数化设计首先把旧工业建筑改造分为两个阶段：第一阶段为旧工业建筑原有部分，第二阶段为旧工业建筑改造部分。在阶段化之后，第二阶段即新建和拆除阶段进行参数化设计。在对新建部分进行参数化设计时，可以进行多方案设计，选择最优设计方案。由于旧工业建筑改造保护与再利用后多为民用建筑，所以本节以 Revit 建筑、结构软件为基础来分析 BIM 理念在单层旧工业建筑保护与再利用设计阶段的应用。基于 Revit 的阶段划分如图 5.24 所示。

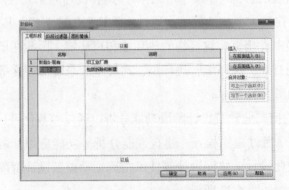

图 5.24 Revit 界面阶段划分

传统的旧工业建筑设计多用 Bently 软件，但在旧工业建筑保护与再利用过程中，旧工业建筑本体梁、柱变化甚微，对整个旧工业建筑保护与再利用过程中的质量、成本、进度目标影响可以忽略不计，故本书将通过 Revit 软件还原单层旧工业建筑。在旧工业建筑保护与再利用过程中，牛腿柱多作为新建部分的承重结构，但 Revit 软件柱族中没有牛腿柱选项，针对这一问题，通过自建族来实现。在实施过程中选用"公制结构柱"，为实现柱子截面大小的参数化设置，需要把牛腿柱分别按照牛腿和柱身两部分进行拉伸放样。

就目前而言，旧工业建筑空间改造设计方案有以下几种：

第一是划分空间，通常来讲旧工业建筑内部空间体积比较大，相对于民用建筑来讲，其内部空间在水平和竖直方向的约束较小，在进行内部空间改造时，可对其进行水平或竖直方向的划分，将原来连续的大空间分割成独立的能发挥相应功能的小空间，提高空间的利用效率；

第二种是合并空间，是在旧工业建筑原有空间的基础上，为了满足新的功能要求，拆除部分墙体或楼板，将空间进一步扩大，直到满足设计要求；

第三种是嵌套空间，是一种外旧内新的结构形式，它最突出的特点是新旧对比，采取完全保留旧建筑的形式进行空间设计；

第四种是延伸空间，即扩建空间，它是在原有旧建筑的基础上通过侧面、顶部等加建构筑物方式实现空间延伸设计。

基于 Revit 的旧工业建筑空间改造设计水平空间划分方案如图 5.25 和图 5.26 所示。

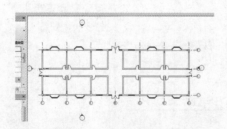

图 5.25　基于 Revit 的水平空间改造平面图

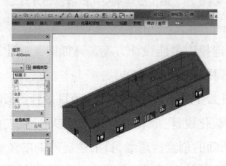

图 5.26　基于 Revit 的水平空间改造三维效果图

应用 BIM 相关软件进行参数化设计，通过使用设计选项，可以实现多方案设计。在进行算量、模型分析以及可视化时，可以通过开启或关闭设计选项，提供给客户不同的选择方案，在达成协议后，便可指定其中一个作为设计方案。

旧工业建筑保护与再利用过程中需考虑社会、市场、周边环境等诸多风险因素，这些风险因素直接影响旧工业建筑空间改造格局，基于 BIM 系列软件的旧工业建筑改造保护与再利用可以恰到好处地解决这些问题。设计人员可以通过 Autodesk Revit 软件在主模型的基础上进行方案设计，即在初步设计方案或主建筑框架的基础上设计空间改造方案，基于 Revit 的空间改造设计方案如图 5.27 和图 5.28 所示。

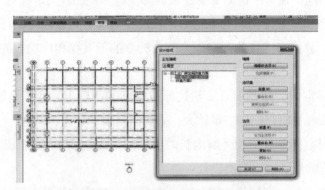

图 5.27　旧工业建筑空间改造设计方案一

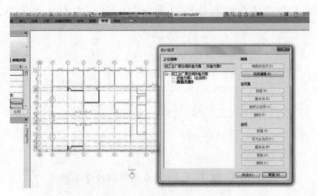

图 5.28　旧工业建筑空间改造设计方案二

通过不同方案对比，选择出最佳设计方案，降低旧工业建筑保护与再利用由于设计方案缺陷带来的风险，达到预期设计目标。

第二项 BIM 技术在旧工业建筑保护与再利用项目设计阶段的重要应用是，旧工业建筑保护与再利用外表皮参数化设计。旧工业建筑改造后外表皮多采用建筑幕墙或墙体外挂装饰材料，结合建筑设计师的创意性思维，目前建筑外表皮多呈现复杂曲面或凹凸立面。在全新建筑表皮设计中，设计师们多采用聚合形态理论进行表皮分析。聚合形态是指大量差异元素或个体的集聚，而差异性个体属于同属的内部差异。我们可以把聚合形态当成一种自适应系统，它是一种动态的、从局部到整体的设计方法。

基于参数化的旧工业建筑保护与再利用外表皮设计，在设计阶段结合 BIM 设计辅助软件（如 3DMAX），可以进行墙体材质的外观渲染，有助于设计师个性化、创意化设计，增强施工后实体墙面的立体效果以及市场适应性。

（3）施工阶段

施工阶段是项目风险管理工作的一项重要环节，能否在施工阶段合理组织施工、布置施工现场，将对工程项目的质量、进度、成本目标的顺利实现产生重大的影响。

旧工业建筑保护与再利用项目在施工过程中与传统的新建建筑均具有质量、进度、成本方面的风险，但旧工业建筑自身的空间拘束性决定其在保护与再利用过程中将面临更大的困难和挑战。BIM 技术从根本上改变了传统建筑施工的协同管理模式，旧工业建筑改造项目在施工阶段，以 BIM 技术的应用为载体，实现信息化管理，提升施工建设水平，保证工程质量，降低工程风险。

1）施工现场模拟

新建建筑在施工前期从无开始，然而旧工业建筑保护与再利用并非单纯的从无到有，是在已有建筑基础上改造更新，厂区位置及厂区外部环境空间固定，具有一定的约束性，因此应合理安排和布置其施工现场，组织正常施工，避免人力、物力方面的浪费。BIM 技术在旧工业建筑保护与再利用施工现场管理应用中主要体现在以下三方面：

第一方面是施工现场模拟，这项工作可以协助场地布置，规划场地道路，布置各种建筑材料加工区以及设备车辆进出通道等；

第二方面是施工机械运行空间分析，以判断各种施工机械的安全运行空间，旧建筑具有空间拘束性，施工过程中施工机械的路线安排应合理，避免不必要的事故；

最后一方面是施工工序虚拟预演，通过预演找出施工过程中潜在的各种矛盾，避免由于工序不当造成的工程风险。

基于 BIM 理念的施工现场管理如图 5.29 所示。

2）施工进度动态管理

进度控制作为建筑项目三大目标之一，一直是业主、施工、设计、咨询等各方的重要工作内容。由于传统管理方法的局限性，进度计划编制周期相对较长且编制过程极易出现主观失误。进度计划编制不合理，容易导致施工阶段的停工、窝工等管理风险。

基于 BIM 理念的改造项目风险控制管理，以 BIM 三维建模软件为依托，在施工过程引入人工智能、虚拟现实、工程数据库等技术，优化进度管理。BIM 系列软件三维建模后，能够导出精准工程量，减少了进度计划编制的工作量，为进度计划的编制提供精准的数据基础。

旧工业建筑的空间局限性，使其在施工过程中，无法使用大型施工机械如塔吊、施工电梯等,自然而然地增加了劳动力的需求量,若进度计划安排不当,容易出现窝工现象。因此,在旧工业建筑保护与再利用施工阶段应精准控制工程量,编制并优化进度计划及资源需求计划,减少改造项目施工阶段风险的发生。基于 Revit 的旧工业建筑改造项目墙、窗工程量明细表分别如图 5.30 和图 5.31 所示。

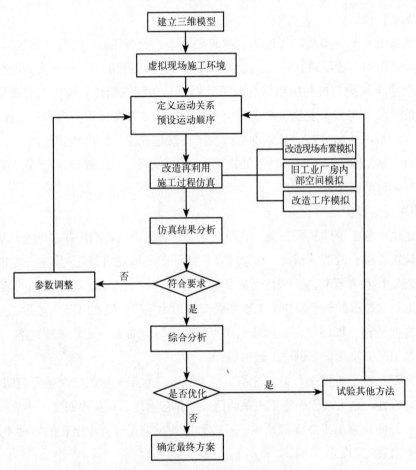

图 5.29 施工现场管理功能分析图

图 5.30 旧工业建筑保护与再利用部分墙明细表

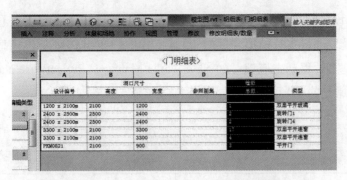

图 5.31　旧工业建筑保护与再利用项目部分窗明细表

目前我国建筑行业 BIM 技术应用不成熟，使用 4D 施工模拟较少，故进度动态管理安排两条路线。施工进度动态管理功能分析如图 5.32 所示。

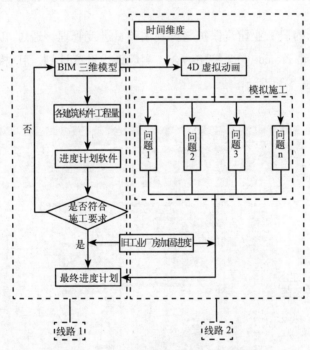

图 5.32　施工进度动态管理功能分析图

其中线路一，进度计划的编制类似于传统进度计划的编制方式，与传统方式不同之处在于通过建立 BIM 三维模型，直接得出编制进度计划所需的各构件工程量，然后借助进度计划软件编制进度计划，相对常规进度计划编制程序，编制效率大有提升。线路二则是通过 BIM 相关软件的应用，对旧工业建筑改造项目的施工过程进行动态分析，得出最佳进度计划方案。应用 4D 建筑模型不仅可以模拟施工过程，还能进行施工过程分析，增强各参与方的交流和协作。BIM 建模软件具有 4D 功能，但功能发展不够完善，如 Revit 软件，设计师可以对对象指定时间参数，通过可视化等特点查看不同阶段的模型，但不能对模型进行实时模拟。目前 4D 施工模拟，多为 BIM 三维模型与专业模拟软件相结合进行施工过程动态模拟，如 Navisworks Manage、ProjectWise Navigator、Visual Simulation 等，常见的 4D 可视化软件见表 5.8。

常见 4D 可视化软件				表 5.8
软件名称	3D 数据输出格式	3D 数据输入格式	进度数据接口	模型实时更新	视频文件输出
Navisworks	自有格式	大多数格式	MPX	否	是
FourDviz	DXW	DXW	无	否	
Visual Project	DXF	DX	Acess	否	是
SmartPlant Review	自有	VRML	无	否	
4D Suite	XML	XML	ODBC	是	是

基于 BIM 理念的旧工业建筑保护与再利用项目进度管理，通过 4D 施工模拟与专业进度计划编制软件如 Project、P3 等相结合，实现最优进度计划。4D 模拟与 Project 对接形成的进度计划如图 5.33 所示。

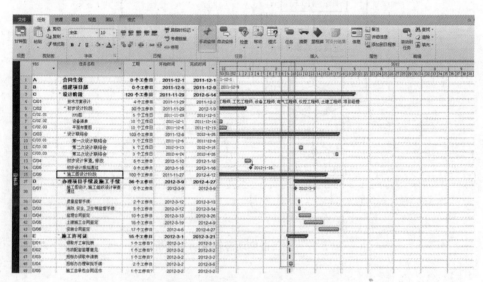

图 5.33　基于 Project 的进度计划编制图

基于 BIM 理念的旧工业建筑保护与再利用项目施工阶段功能分析，通过施工现场及工序模拟，动态资源控制等功能应用，优化施工方案、进度计划和资源配置计划，避免人力窝工和物力资源浪费，采取技术措施，控制施工阶段的风险。具体如图 5.34 所示。

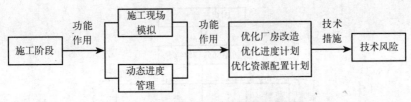

图 5.34　施工阶段功能分析风险控制图

（4）运营维护阶段

随着时代的发展，传统的运营维护面临着诸多的挑战，主要来自以下几个方面：

首先是快速扩张和人才瓶颈。随着我国经济实力的提升，建筑业也在迅猛地发展，呈现在我们面前的建筑物也越来越多。每栋建筑物都有自己的设计寿命，但建筑物投入使用之后，任何时间点都可能出现质量或其他方面的问题，这就要求我们有专门的人才或部门进行处理。相对建筑数量的直线上升，人才的数量却岌岌可危。尤其是旧工业建筑保护与再利用后的新型构筑物，它与传统新建建筑又不完全相同，对运营维护人才的综合素质要求更高。

其次是低碳经济对运营维护的压力。近年来，低碳、节能、环保等名词已成社会关注的热点，我国的建筑使用能耗占全社会总能耗的 28%。旧工业建筑保护与再利用可以理解为绿色建筑的一种形式，在改造过程中应以这些热点为准则，成为真正上的绿色建筑。

第三点是被动式运营维护管理所存在的隐患。每栋建筑都涉及照明系统、通风系统、电梯系统以及通信系统等，这其中包含了大量的管线和设备。对管线和设备的维护，通常是等出现了故障再进行处理，或是等到维护时间或使用年限时再进行保养、更换。任何故障都可能引起安全事故，如若这些故障可以提前发现，可以减少大量的损失。

最后是突发事件的快速应变和处理。对民用建筑而言，最常见的事故即为火灾。旧工业建筑由于空间大，在改造过后有些会成为展厅等人员流动密集型建筑，如何做好人员疏导、安保人员的调配、关闭就近设备、启动相关区域的消防系统等工作，事关重大。

基于 BIM 的建筑设计和施工方式可以很好地改变常规的运营维护方式，通过强大的三维建模系统和项目参与各方的参数交流，使得项目的运营维护管理达到一个全新的层面，减少传统运营维护方式带来的风险。

1）可视化运行维护管理

BIM 在运营维护阶段可进行可视化、精细化、集约化、智能化管理，以 BIM 三维模型为基础，通过相关软件的集成运用，可以进行施工文档资料、建筑设备、资产、突发事件管理等，点击建筑模型上的某一构件，模型马上显示其所有的属性资料。并且，经过二次开发还会发出警报或预警，如当设备使用寿命到期时可发出预警。应当指出，旧工业建筑本体由于建造年代原因需单独维护，具体运行维护程序如图 5.35 所示。

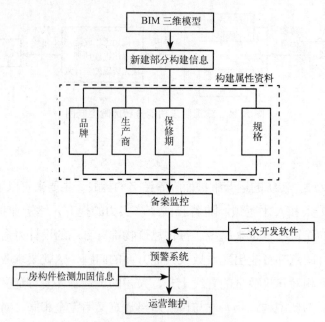

图 5.35　运营维护功能分析图

可视化运营维护管理主要体现在以下几个方面：一方面是设施维护，BIM 三维模型的建立，可以将建筑设备的精确位置和相关的参数相对应地反映到三维模型的每一房间的某一位置，大部分工作可以通过三维模型操作处理，提高工作人员的工作效率；二是节能减排，通过 BIM 与物联网的技术的结合，可以将每个楼层的建筑能耗计量与节能管理系统统一起来，方便日常能源管理系统监控。

2）空间管理

旧工业建筑保护与再利用工程即为空间重新组合的过程，整个过程中相关空间信息复杂多变，在改造完成后的运营维护阶段空间信息进一步积累冗余，很大程度上增加了旧工业建筑运营维护难度。基于 BIM 理念的空间管理优势在于管理过程没有任何盲区，BIM 系列软件与传统 CAD 在管理方面最大的区别在于，可以将建筑设备的精确位置和相关的参数相对应地反映到三维模型的每一房间的某一位置，大部分工作可以通过三维模型操作处理，提高工作人员的工作效率。

结合了建筑的实体模型和非几何信息。它能呈现出改造后新型建筑物的现状信息和计划信息，有效地保证不同数据库之间的信息交流，以三维、动态、关联的数据交流方式实现改造后新型构筑物的空间管理。具体管理程序如图 5.36 所示。

基于 BIM 理念的旧工业建筑改造项目运营维护阶段功能分析，通过可视化运营维护、空间管理等功能应用，及时修缮新建及原建筑设备设施，提高运营维护效率及空间利用率，具体如图 5.37 所示。

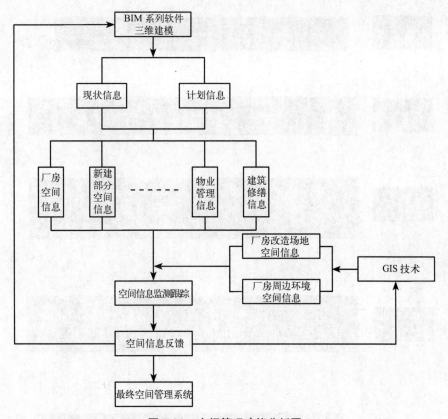

图 5.36　空间管理功能分析图

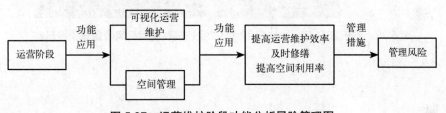

图 5.37　运营维护阶段功能分析风险管理图

　　基于 BIM 理念的旧工业建筑保护与再利用风险管理模型的建立及各阶段的功能分析，加强了项目风险管理的整体性，实现改造项目全过程的风险管理，有效地减小或避免了风险的发生。基于 BIM 理念的旧工业建筑保护与再利用项目风险管理执行思路如图 5.38 所示，以 BIM 三维设计模型为基础，结合相关分析软件，实现从决策阶段到运营维护阶段的旧工业建筑改造项目风险管理。执行思路由五大模块组成，即阶段层、模型层、功能层、问题层和风险层，由阶段层引入，展开 BIM 理念在旧工业建筑保护与再利用各阶段的功能应用，通过功能应用分析，解决问题层中改造过程所面临的工程难题，然后与风险层进行对接，实现以主动控制的方式避免或减小旧工业建筑改造项目风险的发生。

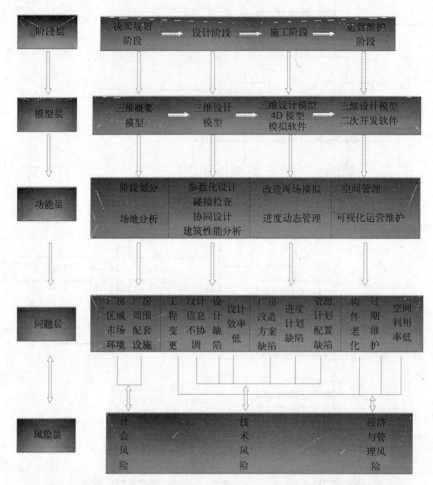

图 5.38 基于 BIM 理念功能应用的旧工业建筑改造项目风险管理执行思路

参考文献：

[1] 邱苑华. 现代项目风险管理方法与实践 [M]. 北京：科学出版社，2005.

[2] Miller R.Lessard D Understanding and managing risks in large engineering projects [J]. International Journal of Project Management，2001，19:437-443.

[3] Zhang D，Zhou Z，Chen S. Diagonal principal component analysis for face recognition[J]. Pattern Recognition，2006，39（1）:140–142.

[4] 百度百科. 风险与隐患的关系 [EB/OL].http://zhidao.baidu.com/question/242042886.html.

[5] 高亚男. 单层工业厂房再利用投资决策风险识别及量化研究 [D]. 西安：西安建筑科技大学，2013.

[6] 郑德志. 基于模糊综合评价的工业建筑危机等级研究 [D]. 西安：西安建筑科技大学，

2014.

[7] 王冲 . 基于系统动力学的城市旧工业建筑再利用风险管理研究 [D]. 西安 : 西安建筑科技大学，2014.

[8] 王松辉 . 基于改造前单层旧工业厂房结构可靠性评价的管理决策研究 [D]. 西安 : 西安建筑科技大学，2015.

[9] 何关培 .BIM 总论 [M]. 北京 : 中国建筑工业出版社，2011.

[10] 刘占省，赵雪锋 .BIM 技术与施工项目管理 [M]. 北京 : 中国电力出版社，2015.

[11] 师小龙 . 旧工业厂房保护与再利用项目的风险控制研究 [D]. 西安 : 西安建筑科技大学，2015.

[12] 余晓松 . 旧工业建筑保护与再利用全过程风险管理研究 [D]. 西安 : 西安建筑科技大学，2015.

[13] 美国国家 BIM 标准第一版第一部分 :National Institute of Buiding Sciences，United StatesNational Building Information Modeling Standard，Version-partl [R].2007.

[14] Lee McCuen，Tamera. Scheduling，estimating，and BIM: A profitable combination [C].52nd Annual Meeting of AACE International and the 6th World Congress of ICEC on Cost Engineering，Project Management，and Quantity Surveying，2008.

第 6 章　保护与再利用策略与展望

6.1　旧工业建筑保护与再利用发展策略

旧工业建筑保护与再利用的发展需要得到政府的支持，因此相关政策与法规的制定尤为关键。本节对北京、上海、无锡、广州、深圳等城市制定的旧工业建筑保护与再利用政策及法规进行了总结和梳理，之后结合陕西的特点提出相关政策与法规的制定建议。

6.1.1　政策层面策略

（1）国内相关政策与法规

在旧工业建筑保护与再利用方面，国内领先的城市主要有北京、上海、无锡、广州、深圳等，这些城市积累了丰富的保护与再利用经验。编者总结与归纳了以上城市目前主要相关政策法规，以便为陕西省旧工业建筑保护与再利用的政策制定提供参考。

1）北京市相关政策与法规

伴随着产业化调整的浪潮，北京市的城市扩张开始于 20 世纪 90 年代，北京市的旧工业建筑改造与再利用也大多开始于这个时期。典型的代表项目有北京市双安商场改建项目，外研社二期改建项目，之后更为有名的便是北京 798 艺术区以及首钢的改造项目等。因此，北京市旧工业建筑相关政策与法规的制定拥有良好的实践基础，其主要相关政策与法规如表 6.1 所示。

北京市旧工业建筑保护与再利用相关政策法规　　　　　　　　　表 6.1

政策法规名称	主要内容	时间
《北京历史文化名城保护条例（草案）》	提出首钢和东郊的纺织城等一些建于 20 世纪 50 年代的大型企业，应作为北京工业化阶段的历史遗迹加以保护，要予以认定，并纳入历史名城保护范围	2004 年
《北京市保护利用工业资源，发展文化创意产业指导意见》	明确指出城区留存的使用价值较高的工业厂房、设施应进行适宜性保护和利用，充分挖掘原工业建筑的新价值，减少推倒重建产生的浪费，减少成本、节约投资	2007 年
《北京市规划委就京棉二厂工业遗产保护利用规划》	提出对工业遗产资源进行妥善保护，同时利用现有用地及厂房资源优势，建设文化创意产业园	2008 年
《北京市保护利用工业资源发展文化创意产业指导意见》《北京市工业遗产保护与再利用工作指导》	界定了工业遗产的具体时间特征，系统阐述了在保护中应采取的工作方法及需要保存、保护的内容，并明确了评价与认定的程序以及再利用的原则。同时结合规划管理、文化创意产业发展政策等工作，提出了鼓励保护工业遗产的相关政策	2009 年

2）上海市相关政策与法规

上海的工业化进程开展较早，因此在新中国成立后很长一段时间里，上海的产业格局并没有发生巨大的变化。改革开放以后，上海市的城市化过程发展迅猛，市区范围开始不断扩张，市区内地价房价不断飙升，地铁等市政设施开始向外延伸，原有的工业建筑很快便被包围在了城市中，这便导致了大量旧工业建筑改造与再利用的出现。而在这其中，最知名的当属苏州河畔的艺术家工作室。1998 年，中国台湾建筑师登琨艳在上海苏州南路租用了一幢 20 世纪 30 年代建造的老仓库，该建筑是一幢上海典型的砖木混合结构仓库。在改建前，整个仓库残破不堪，但登琨艳发现了这栋仓库的历史文化和美学价值，并将其改建成为自己的工作室，将他在美国的 SOHO 居住体验带到了中国。在这之后，一大批艺术工作者纷至沓来，聚集到苏州河畔的旧仓库区并将该类建筑改建成各式各样的工作室、艺术沙龙等。在不到两年多的时间里，上海苏州河畔的仓库区便建立起 100 多个工作室，其中不乏艺术界的大家，使得上海苏州河畔的仓库区迅速成为当地的艺术产业集中地。

上海的旧工业建筑政策与法规的制定在国内是最早的，内容也较为全面，因此相关改造项目也较为成功，其相关政策与法规如表 6.2 所示。

上海市旧工业建筑保护与再利用相关政策法规　　　　　　　　　　　　　表 6.2

政策法规名称	主要内容	时间
《上海市优秀近代建筑保护管理办法》	确定了近代建筑的范围，对重要建筑提出明确的保护措施，提出了经济发展和城市功能及生态环境相适应的工业遗产保护与合理利用模式	1991 年
《关于本市历史建筑与街区保护改造试点的实施意见》	规定历史建筑与街区保护改造的性质和试点范围、组织领导、实施步骤、相关政策、项目的经营管理等方面的内容。深化工业遗产及历史建筑与街区保护的研究	1999 年
《上海市历史文化风貌区和优秀历史建筑保护条例》	明确规定建成 30 年以上，在我国产业发展史上具有代表性的作坊、商铺、厂房和仓库，必须列入优秀历史建筑并实施有效的保护。进一步将具有历史和技术价值的厂房、仓库等工业遗产纳入到优秀历史建筑保护范畴中来	2002 年
《关于加强优秀历史建筑和授权经营房产保护管理的通知》	加强了对于工业遗产的保护与管理，规范了对工业遗产保护和利用的措施	2004 年
《上海市城市整体规划》	第三条明确指出了中心城区风貌保护的基本要求：中心城区风貌保护是上海历史文化名城保护的重要内容，在名城保护规划确定的保护建筑及历史风貌保护区的基础上，对中心城旧区中总面积 80km² 范围内的有保护价值的花园住宅、公寓、新式里弄及其他特色的建筑进行保护	2004 年
2003 年底上海"建立最严格保护制度"以及 2004 年"开发新建是发展，保护改造也是发展"观念的提出和普及	从整个社会的保护观念来看，保护已从过去与发展相对立或被动的地位，向着"保护做好了必然会促进发展"转变。上海近代工业建筑的保护和再利用在整个城市建设大环境新形势下迈向了一个新的发展时期	2003 年 2004 年

续表

政策法规名称	主要内容	时间
设立"十个建筑、十条街道、十片地区"的试点	提出了健全和完善历史建筑的保护政策与机制，并积极推进政府引导、市场运作的新途径。同时出于整体性保护的考虑，上海将对衡山路、愚园路、山阴路等六十四条道路实施"永不拓宽"的政令，真正体现上海推行最严格的城市历史文化遗产保护管理制度。此举意味着近年来上海力推的历史文化风貌区和优秀历史建筑保护系统工程，已深化至道路风貌保护的层面	2006 年

3）无锡市相关政策与法规

无锡市作为我国民族工商业的发源地，拥有大量具有保护意义的工业建筑。无锡市旧工业建筑保护与再利用工作开展也相对较早，早在 2004 年便提出对优秀近现代建筑进行保护并制定了相关法规；2006 年 4 月 18 日，在无锡市召开了首届中国工业遗产保护论坛，并制定了保护工业遗产的《无锡建议》，标志着中国工业遗产保护工作提上了日程，对无锡市旧工业建筑保护的政策与法规制定也起到了积极的推动作用。无锡市相关政策与法规如表 6.3 所示。

无锡市旧工业建筑保护与再利用政策法规　　　　表 6.3

政策法规名称	主要内容	时间
《无锡市历史街区保护办法》（国内首部城市历史街区保护地方性法规）	指出要对古建筑、近现代代表性建筑比较集中，能够基本完整地反映一定历史时期的传统风貌和地方特色的古镇、街巷或地段，进行保护，继承优秀的历史文化	2004 年
《关于开展工业遗产普查和保护工作的通知》	一、充分认识保护工业遗产的重要性和紧迫性 二、全面开展工业遗产普查 三、切实加强工业遗产保护 四、有效落实工业遗产保护措施	2006 年
《无锡市工业遗产普查及认定办法（试行）》	明确了物质遗产中不可移动文物有厂房、仓库、码头、桥梁、故居及办公建筑等	2007 年
《关于公布第二批无锡工业遗产保护名录的通知》	提出了保护不同发展阶段有价值的工业遗存，对于传承工商精神、彰显城市特色、弘扬地方文化、推进"文化无锡"建设，打造"文化名城"品牌，构建和谐社会，具有重要而深远的意义	2008 年
修改《无锡市历史街区保护办法》的决定	在 2004 年的基础上对历史街区建筑的修缮和周围的环境做出了新的规定	2007 年
《关于推进"三旧"改造促进节约集约用地的若干意见》	"三旧"是指城镇、旧厂房、旧村庄，该文件认识到了三旧改造的重要性、紧迫性，明确了改造的总体要求和基本原则，围绕经济社会发展战略的部署，合理确定了三旧的范围，提出了旧厂房改造的多项鼓励性政策	2009 年

4）深圳市相关政策与法规

深圳市旧工业建筑保护与再利用相关政策与法规的制定工作开始于 2005 年，并且将其列为深圳市"十一五"规划发展内容之一，并在其后不断完善和补充相关政策，目前已经初步形成体系，相关政策与法规如表 6.4 所示。

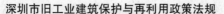

深圳市旧工业建筑保护与再利用政策法规　　　　　　　　　表 6.4

政策法规名称	主要内容	时间
《深圳十一五规划》	首次明确提出将旧工业区列为可进行更新改造地区	2005 年
《关于工业区升级改造的若干意见》	市政府明确了改造的范围和方式、改造的原则和要求，为此专门成立组织机构，提出市政府的扶持政策	2007 年
《深圳市鼓励三旧改造建设文化产业园区（基地）若干措施（试行）》	为全面实施文化立市战略，推动文化产业集约化、规模化、品牌化发展，实现将文化产业培育成为深圳市第四大支柱产业的目标。针对文化创意产业园提出八个政策方面的内容，包括立项原则、财税政策、平台政策、奖励政策、土地政策、保障措施等	2008 年
《关于推进我市工业区升级改造试点项目的意见》	工业区升级改造应坚持以符合城市规划为原则，以符合土地产业政策为核心，以带动产业升级为目标；必须坚持"工改工"的原则，改造后的工业园区以自用为主，严格控制出租，不得转让	2008 年
《关于建立文化产业园区（基地）的实施意见》	对工业园区的分类标准、园区的建设目标、园区的组织管理、园区的认定程序提出了指导性意见	2008 年
《深圳市工业区升级改造总体纲要（2007—2020）》	根据深圳工业园区改造面临的形势提出了改造的指导思想和基本原则，总体目标和策略，以及改造指引和保障机制	2008 年
《深圳市城市更新办法》	分类提出三类城市更新的细则：综合整治类城市更新，功能改变类城市更新，拆除重建类城市更新等	2009 年

（2）陕西省旧工业建筑保护与再利用政策的制定建议

目前陕西省在旧工业建筑保护与再利用方面尚未出台政策，在对陕西范围内旧工业建筑充分调研的基础上，编者认为制定一套符合陕西省实际情况的政策与法规十分必要。因此应尽快开展旧工业建筑保护相关法规、规章的制定工作，使经认定具有保护与再利用价值的旧工业建筑通过法律手段得到强有力的保护。本书提出以下建议：

1）完善相关法律与法规

为制定和完善相关的政策与法规须做到以下几点：一是要逐步形成比较完善的旧工业建筑保护理论，确立陕西省工业遗产的认定标准；二是要建立完善的保护与再利用机制，保障旧工业建筑保护与再利用的顺利进行；三是提供相关优惠政策，激励广大投资者对旧工业建筑保护与再利用的热情，鼓励他们从事相关方面的工作。

①确立陕西省工业遗产认定标准。西方发达国家在 20 世纪 80 年代前就基本已经完成了对于工业遗产的调查、建档、评定等工作，现阶段已经开始广泛涉及保护管理和再利用等诸多方面。而我国真正开始重视工业遗产的保护是近十年，在国家文物局 2006 年向各省市文物和文化部门颁发《关于加强工业遗产保护的通知》以后，全国各地进行了工业遗产的调查和建档。

我国目前对工业遗产的普查分为国家级、省级和地市三级。国家级普查是在 2007 年的第三次文物普查范畴中加入了工业遗产，且是重点普查对象之一，并按照国家统一的标准进行建档。省级普查中，陕西省 2008 年 6 月就开始了对省内的工业遗产进行全面的普查登记和建档，但限于当时人们对工业遗产的价值尚未认可，并且缺少相应的认定标准，许多旧工业建筑未列入保护范围。随着人们对旧工业建筑价值的认可和保护观念的提升，人们越来越重视旧工业建筑的保护，当年没有列入任何一级保护单位的旧工业建筑，现在也不能一拆了之，应该重新评定。因此，制定一套陕西省工业遗产的认定标准成为目前较为紧迫的一项工作。

②建立完善的保护与再利用机制。旧工业建筑保护与再利用的良性发展，需要建立和健全完善的旧工业建筑保护与再利用机制。保护机制的参与主体是由政府主管部门、产权所有者、开发利用者、研究者、社会组织五方组成，其中前三方的利益与旧工业建筑的保护与再利用可谓密切相关，旧工业建筑保护与再利用的效果好坏直接关系政府主管部门的政绩，以及产权所有者和开发者的经济利益，因此这三方是旧工业建筑保护与再利用的直接参与者。研究者和社会组织与旧工业建筑保护与再利用没有直接的利益瓜葛，即为旧工业建筑保护与再利用的外围参与者，但是他们能够公正客观地监督主体行为，为主体提供科学的咨询。一个完善的旧工业建筑保护与再利用机制是在这五个参与者共同协商、互相协作的基础上建立起来的，任何一方的职能缺失都会致使保护机制的失效，从而影响旧工业建筑保护与再利用的发展。完善的保护机制应当由政府牵头，通过各种优惠政策（补助、贷款、共同投资等）加大公众投资，引导旧工业建筑的再开发利用，从而带动旧工业建筑的发展。我国的旧工业建筑保护处于初级阶段，可以借鉴国外的经验，由政府投入启动资金以完善待改造旧工业区内的基础设施，然后卖给开发商，由其进行改造开发。政府可为有良好规划构想但资金不足的企业提供部分资金或帮助企业获得贷款。同时，政府应对整个区域结构进行规划调控，并制定相应的限制性条件，保证旧工业建筑保护与再利用的良性发展。

③提供优惠政策。旧工业建筑保护与再利用的主要阻碍是资金缺乏。此种情况下，国家和地方政府可出台优惠政策，通过提供专项贷款，有效地鼓励旧工业建筑的保护和再利用。为了保护旧工业建筑的物质价值、历史社会价值，减少再利用的建造成本，一些国家和地区还出台了相应的减免税收制度。例如2008年深圳市政府发布的《深圳市工业区升级改造总体纲要（2007—2020）》规定：①将工业区改造为公共服务设施或绿地时，由区政府给予补贴；②业主自行整体改造且规模较大，通过贷款解决改造资金的，区政府应给予贷款贴息。美国1966年通过了《历史保护法》，每年为注册旧建筑的所有者发放基金；1976年《税收改革法》引进了对旧建筑修复和利用的税收减免机制；1981的《经济返还税法》使投资者可以以低于25%的普通税率对建筑进行投资，仅1984年税收减免就达21亿美元。同时美国还利用混合资金对旧建筑进行再利用，利用公积金吸引私人投资，出台一些优惠政策使得投资者能够得到相应的回报，也减免了政府用于建筑保护方面的负担。因此，陕西省也应该在旧工业建筑保护与再利用方面提供一定经济政策支持，一方面减轻投资者的压力，另一方面体现政府部门对旧工业建筑的重视，提高大家对旧工业建筑的认识，激发投资者对旧工业建筑保护与再利用的开发热情。

2）教育宣传与强化公众参与

我国的部分高等院校在早期开展了与教学相关的建筑调研工作，如开始于 20 世纪 80 年代的中国各城市近代建筑的调查活动，至今许多学校仍在对旧工业建筑进行调研和统计。但我国对工业遗产资源的调查和研究在规模上还比较小，还没有在各个地区、各个城市展开。且限于对旧工业建筑个案的研究，对整个城市的旧工业建筑资源缺乏梳理。因此现阶段我们应进一步加强旧工业建筑保护与再利用的教育工作，在本科阶段开设学习课程，让有兴趣的同学有机会参加学习和实地调研。

现阶段对旧工业建筑保护与再利用的意识还只停留在专业的研究者和利益相关者身上，并没有普及。主要原因是对已改造成功的旧工业建筑宣传力度不够，对未改造的建筑保护意识缺失。对已经改造成功的旧工业建筑可以通过定期举办商业活动或者公益活动来扩大自身的影响力。对于没有改造的旧工业建筑可以征求公众的意见，让公众参与进来。美国的旧城更新项目十分注重公众参与，公众的意见不仅能够左右规划的调整和实施，而且能够从根本上决定开发商对房地产项目的选择和具体运作。在旧工业建筑保护与改造中公众参与的形式是通过多种途径实现的，如召开各相关机构参加的会议，通过媒体（电视、报纸等）及时进行项目公示，召开公众听证会，举行有市民、专家、管理人员等参加的评审会，鼓励建设性意见的提出等。

3）多渠道筹集资金

在旧工业建筑保护与再利用的过程中，可以效仿欧美等发达国家和地区的经验，不断探索和尝试新的资金筹措理念和方法，逐步实现筹资方式和融资体制的多样化，推动项目的顺利进行。为此，必须发掘新的融资渠道，鼓励多个投资主体，树立新的融资理念。

①土地资本。无论是发达国家还是发展中国家，土地作为不动产，能够直接带来经济利益，城市基础设施建设的大部分资金都来自土地。我国城市自 20 世纪 90 年代后开始转变土地使用制度，逐渐从土地的无偿划拨转变为有偿使用，以充分发挥城市土地资产的效益。经营土地正逐渐成为经营城市的核心和关键。旧工业建筑大多占地面积大，要充分利用好这一资源优势。

②金融资本。在资金筹集过程中不仅要经营好土地资本，还可以结合金融资本来增强开发实力。融资方式一般有三种：财政拨款、银行信贷、证券融资。

③社会资本。随着国家经济的不断发展，居民储蓄存款不断增长，社会富余资金增长迅速。为了充分利用社会资本，国家及地方制定了相应的优惠政策，例如上海为了降低投资风险，吸引民间资本参与建设，市政府在土地出让、动拆迁、税收、贷款贴息等方面实行了优惠政策。最近，国家又出台了新政策，鼓励非公有制经济进入电力、电信、钢铁等行业，这是社会资本在国家经济建设中起到越来越重要作用的体现。

④利用外资。我们在充分挖掘潜力的同时，也要加大利用外资的力度，拓展利用外资的方式，积极发展 BOT、项目融资、股权投资、企业并购、产业基金与风险投资基金

等多种投融资方式，在由第二产业向第三产业转型的过程中，吸引一批有国际影响力的金融、保险、商贸、物流、中介、咨询等具有国际特色的服务机构进驻，带动"退二进三"的实现。

4）制定适宜的技术规范

至今陕西省乃至全国范围内关于旧工业建筑改造过程中的相关技术还没有一部针对性的规范。旧工业建筑已有几十年历史，修建时适用的规范跟现行规范也有很大的不同，在改造过程中如果完全参照现行规范会产生一些问题。比如现行的《建筑设计防火规范》，对于改建项目均以参照新建项目、最新规范为原则，由于受现存条件的制约，有些旧建筑的改造项目很难完全满足要求，这就需要在旧建筑的改造项目上，有更详细、更具可操作性的政策依据，甚至是独有的规范。

5）解决土地使用权与所有权问题

旧工业建筑实体是依附于土地而存在的，所以讨论旧工业建筑就不能脱离土地的所有权和使用权。我国企业类型按所有制划分，主要包括国有、集体所有、私营、股份制、联营、外商投资、股份合作制等。在当前国企改制中，土地资产一般能占总资产的30%～50%，最高可达70%～80%，而全国上万家国有企业划拨的土地占城市的三分之一。国家对这些早期划拨的土地大多没有处置，而处置的方式一般采用划拨土地的使用权、依法出让、有偿租赁、作价入股、授权经营等五种方式。这些处置方式使土地的无偿使用变为有偿使用，一方面明确了土地使用权属关系，使企业具备了土地使用的自主权，另一方面使政府获得土地出让资金，解决城市建设过程中的资金问题。但在实际操作过程中，由于部分企业负债严重，土地出让金进一步加重了其经营负担；另外在土地资产评估过程中的不规范操作，会造成大量国有资产的流失。

在旧工业建筑改造中，我们不可避免地会碰到土地的使用权和所有权的问题，在一定程度上也是改造成功的阻力之一。鉴于旧工业建筑改造不同于普通土地使用权和所有权的复杂性，由制定土地政策的国土局和制定产业政策的工业促进局、经贸局共同制定适合旧工业建筑保护与利用的土地政策是非常必要的。

6）保护和再利用协调发展

在保护利用中发展，在发展中保护利用，二者的关系是辩证统一的。保护和利用是赋予旧工业建筑新的生存环境的一种可行途径。对于未列入文物保护单位的一般性旧工业建筑，在严格保护好外观及主要特征的前提下，适度地对其用途进行适应性改变通常是比较经济可行的保护手段，可以为社会所接受和理解。这在一些发达国家就得到了很好的实践。国内在北京、上海、无锡等一些城市也开展了旧工业建筑保护运动，并取得了较好的效果，积累了许多经验。我们应提高对现存旧工业建筑的保护，加大改造和再利用的认识与运作力度，对所剩不多且具有价值的旧工业建筑，应立即采取有效的保护性再利用措施。合理利用旧工业建筑，使其发挥更大的价值。在科学研究的基础上，按照"保护为主，抢救第一，合理利用，加强管理"的文物工作方针，对已确定保护、保留的对象逐一进行分析和研究，更进一步地深化设计，严格按照旧工业建筑保护的要求，为旧工业建筑的保护与再利用带来文化与经济的双重价值。认真落实城市设计、建筑设计与景观设计关于旧工业建筑的有关内容，保证设计内容在实施过程中得到全面贯彻。

6.1.2　设计层面策略

针对旧工业建筑改造的策略有很多，本书将要探讨的是对旧工业建筑进行保护性改造，满足旧工业建筑保护性改造基本原则的具体策略。在这种旧工业建筑改造中，我们不需要对旧工业建筑的原有结构做"伤筋动骨"的改动，只需要根据新的使用功能，对原有建筑的外部环境、外部造型、内部空间进行合理改造即可。下面将从旧工业建筑周围环境、外立面以及内部空间的设计三个方面对旧工业建筑改造的设计层面策略进行阐述。

（1）周围环境的设计

旧工业建筑往往集中于城市的若干地段或若干区域内，如果要取得良好的经济效益和社会效益，必须把旧工业建筑的场所重塑放在城市更新的背景下进行，引入城市设计的相关理念和设计方法，把旧工业建筑的周围环境重塑同旧工业区改造、旧城更新结合起来进行。

1）人文环境塑造

人文环境包括两个方面的内容，一是由历史发展和时代演进所形成的独特的文化现象，二是居住和使用建筑物的人们形成的新的社区环境。具体的重塑方法有以下几种：

①利用历史符号。我们每个人对于生活工作在其中的环境，都有着某种体验，这些体验在人与环境的接触中逐渐融入人的感情中，并纳入记忆中，这种记忆称为集体记忆，由组成同一社会的人所共有，如果这些记忆被破坏，或者从人们的日常生活中消失，那么人与场所之间的必要联系就会丧失，随之带来的就是基本生活质量的下降。保留或是适当地利用历史符号、保持集体记忆的连续性能够使整个社会心理结构稳定，利于社会的发展，同时也有利于场所认同感的形成和保持。在工业类建筑遗存的更新设计当中，如果只注重物质环境的更新，就必然会极大地冲击人们熟悉的场所以及相应的行为方式，致使原有的社会交往结构与组织结构分崩离析，这不仅仅是在城市记忆传承上的失败，并且有可能形成新的历史文化沙漠。

图 6.1 原大华纱厂南大门

(来源：课题组摄)

旧工业建筑作为当时先进生产力的承载物，遗留下来许多具有保存价值的历史符号，如锈迹斑驳的铁轨，反映各个历史时期的标语、口号等。在旧工业建筑保护与再利用中，这些形态特征鲜明的标志物往往具有点状、实体化、外向型、差异性等特点，使得他们的可见度非常高，尤其是一些水塔、烟囱、仓库等点状空间，能够轻易成为某一体验场景的空间主导，而不仅仅是景观的作用。图 6.1 所示为原大华纱厂的南大门，如今在改造中完全保留了下来，它见证了大华纱厂近一个世纪的兴衰更替，迎来送往了一批批优秀的大华人，其极具特色的外形已成为改造项目中一道亮丽的风景线，它静静地伫立在那里，将会见证"大华纱厂"的另一种繁荣。

②创造公共空间。公共空间的数量和质量，以及人们可利用的程度，是城市生活水平的重要标志之一。人们在繁忙的工作、私密的家庭生活，以及满足个人需要的购物、文化、教育活动之外，闲暇休憩、私人交往、公共集会和餐饮、娱乐等社会性活动也是日常生活的重要组成部分。借助旧工业建筑场所重塑的机会，创造丰富的公共空间来满足人们对公共活动的需要，是人文精神的重要体现。在我国大多数城市，由于大规模建设，城市中心区域的土地基本上被不断拓宽的马路、立交桥和多层、高层建筑所充斥，城市的公共空间不断萎缩，人们的日常生活逐渐被压缩至室内，城市的空间环境和人们的生活环境受到了损害。在这种情况下，根据周边用地的功能、人群组成和日常活动等实际情况，适当分离出一定比例的旧工业区用地，建设公共性质的广场、公园、绿地和运动场地等，以弥补区域公共空间不足的问题。所分离出的用地规模，应根据旧工业区现状和城市实际需要两方面来确定。在公共空间位置的确定上，没有固定的模式，以服务城市更多的市民和便利到达为基本原则，结合周边环境和人群使用的具体要求，来确定空间的功能性质、形态特征和所需的配套设施。公共空间的建立，将在改善环境、丰富市

民生活方面具有重要的意义，同时也能够提高所在区域的土地价值，具有社会和经济的双重价值。如图 6.2 所示为某厂房改造而成的羽毛球馆，为周边居民提供了运动的场所，既解决了厂房闲置问题，又创造了经济效益与社会效益。

图 6.2　某厂房改造的羽毛球馆

(来源：课题组摄)

③完善环境设施。公共空间、场地的出现会出于各种各样的原因，但最终都不能脱离为人所用的目标，而吸引人们进入和使用的一个基本条件，就是满足人们不同需要的环境设施的完善。在总体上，应首先了解旧工业建筑场所重塑后使用人群的组成情况，根据不同人群的需求特点布置相应的环境设施。比如儿童的好奇心和互动的愿望都很强，喜欢一起嬉戏，因此儿童的活动场地应尽量集中，设施应充满新鲜感，让更多的孩子共同分享一起游戏的乐趣；老年人一般喜欢三五成群地在一起，休憩的座椅应相对集中布置，考虑到老年人行为、分辨、体察环境的能力有所下降，防滑的地面、清晰的标识、无障碍的设施等是必备的内容；青年人则对服务性的功能更感兴趣，很难希望他们在一个没有零售、运动设施的地方停留太久。

环境设施与周围建筑的功能、人们进入的时间有关，商业建筑周边的场地在白天有大量人群的集中使用，室外休憩座位、零售商亭和遮风挡雨的设施是必需的；住宅旁的场地以早晚时间活动的人居多，相对分散的场地布置能够创造安静的环境，晚间充足的照明也是吸引人们到来的重要保证；环境设施还与环境中人们的行为特点有直接的关系，穿过和停留、运动和休憩、多人集会和二三人的交往等不同行为方式，都应在环境设施上有对应性的考虑。在满足功用要求的基础上，丰富多样的环境设施应尽可能利用旧工业建筑遗留下来的材料和构件来制作，这样即可实现生态意义上的物质再利用，还能够进一步强化环境的文化特色。亭、廊、座椅、指示牌、灯具、垃圾箱和运动器械等都可以考虑利用遗留的构件和废弃的金属、砖、石等材料，经重新组合而成。这样就能够保持和延续原有场所精神，使人体会到当年工厂的整体氛围。如图 6.3 所示为改造中设置的创意雕塑、图 6.4 所示为大华 1935 改造项目中设置的休憩空间，旁边是原厂区的锅炉房改造而成的艺术中心。

图 6.3　创意雕塑

（来源：课题组摄）

图 6.4　休憩空间

（来源：课题组摄）

对于不同的重塑模式，人文环境的重塑有不同方式。例如：

a. 将旧工业建筑重塑为博物馆等场所时，体现历史文脉传承应该是设计的主导思想，当然同时也要兼顾人性的尺度、人性的功能，拉近大众的情感距离。

b. 将旧工业建筑重塑为公园等公共空间时，无论从物质层面还是精神层面都要满足于使用者的需求，因此历史文脉传承与人文关怀的展现应该是并重的。

c. 将旧工业建筑重塑为住宅、社区时，必须强调以人为中心的人文主义回归和对人性空间的重视。从人的具体的生活体验和人对城市的实际感受出发，研究人的行为心理、知觉、经验和城市环境之间的联系，体现以人为中心、人文关怀，以宜人的尺度构筑城市空间，从而实现邻里生活和城市生活的和谐与融合。

d. 从旧工业建筑重塑的经验来看，LOFT 无疑是占有较大比重而且相对成功的范例。究其原因，艺术家们是具有特殊心理素质和独特审美的人群，而 LOFT 作为艺术家聚居的场所，历史文脉的传承与人性的尺度就自然而然地达到了完美的结合。

2）生态环境的治理

一般而言，旧工业建筑主要是依据工艺流程和交通流线的要求而建设的，加以在原来的使用过程中存在不同程度上的污染，其生态环境往往不尽人意。现在人们在选择活动场所时对生态环境越来越看重，生态环境的好坏直接影响后来项目运营，只有被广大群众认可的项目才会有人流量。因此，对旧工业建筑进行全面的生态环境治理和设计就非常重要，而设计重点基本上应从以下几方面出发。

① 治污与废物利用。由于原有场地多与工业用途有关，不同程度的污染在所难免，有些经过长期的不断积累，情况还相当严重。因此，对于场所重塑而言，应做出环境污

染整治的措施方案，并尽可能地利用场地内的现有条件，做到既有效又经济。对于不同的污染物，整治方法也各不相同，建筑师在此方面应与相关专业人员密切配合，各尽其能。

② 气候适应性。在进行生态环境设计时应注意与特定气候和地理条件相关的生态问题，采取最普遍且最具实用意义的被动式设计（Passive Design）方法考虑场地原有的气候特征，即地形、地貌、朝向阳光、风、气温、树荫等，应尽可能地顺应这些条件，利用有利因素，避免不利因素。

③ 绿化与水面。绿化和水面对形成良好的外部环境有重要作用。它们不仅能够美化景观，在夏季蒸发降温，吸附空气中的粉尘，同时，植物还能为我们提供新鲜空气，吸收有害气体，降低噪声，夏日遮阳。

3）优化交通环境

在旧工业建筑场所重塑过程中，根据新用途的要求和场所精神对原有道路及停车系统的重新设计是一项必要的内容。一个好的交通流线设计能给外部公共空间划分与使用带来很大的方便。在场所重塑时，我们应注意整合空间环境，注重路径的设计，将交通与空间相联系。路径与场所互相依存，路径给人以连续的知觉和经验，它可以诱导行为、指示方向，使人感知到场所的结构。当场所的子单元之间的关系混乱时，我们就需要利用路径来整合和明确它们之间的关系。交通环境的设计应该以减少干扰、方便快捷为原则。一方面要适当地设置步行体系，包括室外广场、半室外步行街和室内步行街；另一方面应该设置位置合理、数量充足的停车位，这样不但可以缓解停车难的状况，而且可以使更新项目的设施条件更具吸引力。流线设计要以人为中心，还应注意尽量保存原有的主要道路系统框架，这样做，一方面有助于唤起人们对该地段往昔"历史意象"的回忆，另一方面又能对原有基础设施充分利用，节省投资。

另外，进行旧工业区改造项目交通规划时，应综合考虑政府的城市规划以及周边的交通路线，《中共中央国务院关于进一步加强城市规划建设管理工作的若干意见》（2016年2月21日）中提出我国新建住宅要推广街区制，已建成小区逐步开放。伴随城市的发展扩张，大量旧工业建筑逐渐被包含在中心城区范围内，相比于住宅小区，旧工业区具有所有权集中、旧工业区道路较宽、自身具有开放需求等优势。对旧工业区进行开放式改造，逐步地、有选择地开放旧工业区内部空间，建立旧工业区道路与城市支干道路的联系，活化内外交通联系，将区域经济环境与旧工业建筑改造相结合，深入研究开放式旧工业区的改造模式。

4）保持场所整体性

旧工业群体建筑场所的重塑必须注意地段文脉的延续，建筑、环境设计都要在一定程度上突出场地的场所精神。由于旧工业群体建筑以及工业遗产包含了浓郁的工业美学，它们的变迁记录了城市发展、成长的过程，在城市当中是非常具有特色和识别性的地段。因此，对于旧工业群体建筑重塑的设计来说，在设计中通过保持原有整体性印象这一手段来延续场所文脉，无疑是增强地段魅力、促进文化和经济复兴的重要手段之一。旧工业群体建筑不像其他历史地段具有较为明显的"一街一巷一院"空间构成规律。通常来说，旧工业建筑所在地段具有直线性的道路骨架、宏大的建筑实体和因工业生产需要而预留的大片开敞空间。于是这种状态下的旧工业地段的肌理呈现出松散的构图特征，结合场地内的丰富的绿化，往往呈现出宏大而空旷的视觉特征。基于这样的空间特征，我们在对旧工业群体建筑文化性重塑的时候，不妨保留并且强调场地的直线性道路骨架的原有工业特征，同时根据功能的需要去整合建筑空间以及建筑之间的外部环境，突出主体建筑在构图上的控制性同时引入绿色空间，使重塑为其他场所的工业建筑保持原有整体印象的同时与绿色环境交相辉映。图 6.5 为某改造项目，保留了厂区原有的风貌以及宽广的道路，形成了宽广而宏大的改造效果。

图 6.5 宽敞而宏大的改造效果

(来源：课题组摄)

5）突出场所标志性

标志物作为城市天际线的控制要素，是提高城市地段可意象性，增强城市特色塑造的重要元素。旧工业群体建筑更新的标志物主要有两种类型：一种是通过利用场地上原有的构筑物，形成空间上的制高点；另一种是通过加建新建筑或者改建旧厂房形成标志性建筑，在街区内形成新的中心以带动城市区域的发展。标志物对于旧工业群体建筑更新有着双重的作用，首先在形象上，标志物可以丰富旧工业地段的城市天际线，增强旧工业地段的可识别性，是比较有效地提高地段特色的方法；其次，新的标志物或者标志性建筑，在人们的心理上形成了一种破旧立新的影响力，是促使旧工业街区更新转化的催化剂。除建筑物本身，旧工业建筑还有许多构筑物、机器设备或是运输工具也可以成为场所的标志物，比如钢铁厂的高炉、化工厂的合成炉、运输原材料的火车和铁轨、大型天车等。为了保持场所的标志性，可以对这些非建筑类的标志物予以选择性的保留。图 6.6 所示为宝鸡市某开关厂改造而成的 C917 悠生活项目，建筑物上方依然伫立着工厂原有的标志，下方的厂房则以全新的面貌与周围环境相契合，给人一种重获新生、破而后立的感觉。

图 6.6　C917 悠生活改造项目

（来源：课题组摄）

（2）外立面的设计

建筑单体层面的改造在旧工业建筑改造与再利用中是最常见、最重要的一环。新旧交融的建筑面貌、适应新时代的功能置入都需要对建筑单体进行成功的改造，小型的旧工业建筑改造项目的成功与否则直接与建筑单体的改造相关。因此，掌握常见的改造手法非常重要。建筑单体的改造通常着眼于建筑形体、建筑空间、建筑材料、建筑色彩等方面，主要包括两部分的改造，即外立面的整体改造和局部细节的立面改造。

立面是决定建筑外部空间形象的关键要素之一。因此，在旧工业建筑的改造中，立面的改造是极为重要的一点。它直接决定了旧工业建筑改造后的形象能否体现时代特色，能否延续历史文脉，能否激起观者对工业时代的回忆。立面的改造有三种主要手法：

①维修翻新。即只对建筑立面进行必要的维修加固和翻新，围护结构不做颠覆性改动，或者根据改造后的功能要求只对极少部分的门窗构件进行更新、封堵。目的在于最大限度地保留旧工业建筑的历史原貌，是一种"修旧如旧"的方法。常用于建筑结构稳固、建筑空间完全适合新功能的需要、建筑外立面具有一定保留价值的旧工业建筑。采用维修翻新的立面改造手法，具有能节省建设投资且改造工期短的优点。如广州的信义国际会馆项目，由广东水利水电厂的旧厂房改造而成，建筑立面除了更换了少部分的门窗外，只做了翻新，原有厂房的建筑外墙几乎被完整保留，最大限度地维持了建筑的历史原貌。还有由陕西钢铁厂改造而成的老钢厂文化创意产业园，除了入口处进行了简单的装饰，其外墙、混凝土门窗过梁甚至墙上的钢钉都最大限度地保留（图 6.7），很好地

保持了厂房原貌。维修翻新的手法虽简单有效，但仍需注意使用该手法时可能出现的问题：一是对旧工业建筑进行简单的维修翻新将难以创造特色鲜明的外部空间环境；二是维修翻新的施工质量不到位反而有损原有建筑特色，容易让人误解为"假古董"。

图 6.7　陕钢内部保留原样的厂房外墙

（来源：课题组摄）

②新旧对比。这是旧工业建筑单体改造中最常用的方法，通过新构件、新材料、新色彩的置入，达到与原建筑立面形成强烈对比、交相辉映的目的。"新旧对比"通常在"维修翻新"的基础上，根据建筑功能的需要，进行局部调整，使建筑既符合新的功能又能体现新旧并置、浑然一体的特色。新旧结构基本分离，形式上突出新旧对比。适用于建筑结构稳固、旧建筑空间不完全符合新功能、需要别具一格的建筑外部形象的旧工业建筑。该手法的优点是处理灵活，由于新旧对比强烈，外观和室内均能产生一定的视觉冲击力。如图 6.8 所示为陕西钢厂改造项目中的一处摄影馆，其改造过程中保留了厂房的主体结构和大部分围护结构，为了体现其艺术特色，在主入口区域置入了新的建筑立面，采用富有艺术气息的红砖砌出新的肌理，原有的窗洞也用同样的砌筑方式进行填补。新墙面与原有外墙形成了鲜明的对比，从而焕发出新的活力。新旧对比的手法虽然灵活多变，但需注意度的把握，新旧对比不够难以突出特色，新旧对比太过又容易产生原有建筑特色消失、建筑环境杂乱不和谐的情况。如在陕钢一、二期改造中，建筑师保留了原厂房的结构骨架，在建筑立面上置入了青砖、玻璃、木材、钢架等新材料，企图使整个建筑立面达到新旧立面之间既对比又交融的新形象。但从改造效果来看，运用的钢、玻璃、木材、砖等多种新材料种类过多，加上各种材料具有不同色彩，在视觉上造成一种混乱的景象，新材料的介入掩盖了原有建筑的特色。除了颇具工业建筑特色的山墙外观，整个园区反而更像新建而成。

图 6.8　改造中"新旧对比"的应用

（来源：课题组摄）

③表皮置换。表皮置换分为两种情况：一种是仅保留建筑框架和屋面结构，去除或整体更换填充墙体置入全新的建筑表皮；另一种则是将全新的表皮覆盖于原建筑立面上。适用于建筑结构稳固，旧建筑立面单调或残旧、无利用价值，或原建筑外部形象不能体现新功能特色的工业建筑。优点是在保证功能空间可灵活划分的基础上，外立面可营造出和旧建筑截然不同的风格，更好地符合时代审美和新功能的特点。陕西省典型案例如陕西老钢厂创意产业园，建筑师在改造时敏锐地发觉老钢厂艺术区的整个区域都弥漫着一种"工业美学"的气息，他认为过于强调旧工业建筑的某些元素极易变为某种符号化的设计，已经逐渐成为一种不断被重复、拷贝、抄袭的设计方式。因此，从建筑师艺术中心的功能出发，只保留了旧厂房的结构骨架，用红砖重新进行了建筑立面的砌筑，虽然新的建筑表皮代替了旧的建筑表皮，但统一的红砖材质和建构语言使艺术中心仍然与历史发生着对话交流，改造效果如图 6.9 所示。

图 6.9　表皮置换的运用

（来源：课题组摄）

上述三种立面改造手法各有其优缺点，在建筑改造实践中应根据具体情况合理进行选择、搭配，三者的对比情况如表 6.5 所示。

立面改造的手法对比 表 6.5

立面改造手法	适用情况	优点	缺点
维新翻修	建筑结构稳定、建筑空间完全适合新功能的需求，建筑外立面具有一定特色和保留价值	简单易行、节省建设成本、工期短	难以创造独具特色的外部空间环境，施工质量达不到原厂房的建筑特色
新旧对比	建筑结构稳定、建筑空间不能完全符合改造后的功能需求，需要进行独特设计的旧工业建筑	处理灵活，可以根据需求效果自由搭配，能产生新的形象	易使原有建筑特色消失，外立面与周围环境不和谐
表皮置换	建筑结构稳定、旧建筑外立面破损，或者外部形象无特色，需要进行重新设计的旧工业建筑	可以塑造出新的外立面风格，符合当下审美	原有建筑特色全部消失

（3）内部空间的设计

1）水平分隔

旧工业建筑原有的建筑空间一般都是大跨结构，具有隔断少空间大的特点，不能满足新的功能要求时，则可将其原有的建筑空间结构调整以适应新功能的需要。室内空间的水平方向可以利用室内的家具布置、灵活隔断及交通空间或交通设施（如楼梯、坡道等）对原来的宽大空间进行有机的划分，达到既分又合、新老空间并置的流动空间效果。水平分隔的目的是在充分维持原有建筑体量、形态的基础上，对功能进行调整或完善，是在保持建筑及其环境总体形象的基础上进行的更新，适用于将大型厂房改造成展览空间、艺术家工作室、图书馆等项目。如图 6.10 为陕西钢厂改造项目，建筑师在原有厂房内部建立了新的隔墙，既满足了内部空间的需求，也起到了很好的保温隔热的效果。

图 6.10　内部空间的分割

（来源：课题组摄）

2）竖向分隔

工业建筑不仅跨度较大，它的高度也比一般的民用建筑要高出许多。垂直分隔的方法与水平分隔的方法相似，都是在旧工业建筑原有的建筑空间不能满足新的功能要求的前提下，在原有空间中，以垂直分隔的方式将高大的空间划分，在不同高度上建立新的使用空间。竖向分隔包括两种情况：一是利用原有的承重结构，由于工业厂房的荷载比一般民用建筑的荷载要大——工业建筑的楼面荷载可以从 $4kN/m^2$ 到 $120kN/m^2$ 不等，而一般的民用建筑，如办公、住宅是 $1.5kN/m^2$，会议室、阅览室是 $2.0kN/m^2$，剧院是 $3.0\ kN/m^2$，商场、展览等为 $3.5kN/m^2$。因此，原来建筑的一层就可以变为两层甚至更多。二是加进新的结构体系，与原有的结构体系完全脱离开，这种情况下就需要考虑地基的承载力。在原有空间中，以垂直分隔的方式建立新的空间，通过增加楼板和楼梯、电梯等垂直交通的方法将原本高大的空间划分为高度适宜的若干层空间，以满足使用功能的要求。一般的旧工业建筑的层高因建筑本身与工艺要求不同而异，但大都在 4.5m 以上。通过加建夹层，可以提高建筑面积的使用率，同时降低层高还可以减少空调、照明等费用。工业建筑的平面形式一般采用规整的柱网布局，因此内部空间常常比较呆板单调。与水平分隔空间的手法相比，竖向分隔空间的手法不仅获得了更多的使用面积，也使得整个建筑内部空间层次趋向于立体化和多样化。该手法一般使用高强轻质的材料，保证安全同时减轻自重。多适用于将旧工业建筑改造为办公、艺术家工作室、餐厅等项目。大部分旧工业建筑改造的 LOFT，都是在原有大空间中进行竖向的灵活分隔，划分出居住、艺术工作室等功能空间。

例如上海 8 号桥项目改造的上海有名的创意产业园，设计师在设计中保持了旧厂房的整体样貌的同时，在内部空间利用局部垂直的分隔的手法加入了一系列成伞状两层高的圆形休憩洽商台，创造出具有艺术美感和实用性的空间环境，如图 6.11 所示。

图 6.11　改造中夹层的设置

（来源：课题组摄）

3）空间的整合

对旧有的空间进行合并，从而形成完整的新空间是场所重塑的一大特色。建筑中的一些空间往往由于位于旧建筑物中心成为更新后的主要使用部分，同时也形成了独特的双重建筑表皮的特性。我们可以利用这种特性来对内部空间进行合并。空间的整合包括水平合并、垂直合并和群体合并。

①水平合并。通过将原有水平分隔物移除，使原有的空间联立，形成新的建筑空间，从而赋予新的空间以更广阔的用途，多用于非生产性和辅助空间。

②垂直合并。将原有多层建筑内的楼板梁柱等构件局部拆除，形成多层高度的门厅和中庭等高大开敞空间，从而形成丰富的适应新的功能需求的新空间。此时应对结构部分进行必要的加固，对建筑局部构件的拆减不应影响到其整体结构的牢固性。

③群体合并。通过屋顶、薄膜等覆盖物将旧有的建筑群统一在一个新的空间当中。将相邻的建筑物在邻接处加顶封闭，在加顶后的空间内可局部增建，还可用连廊、楼梯等对各幢建筑加以连接，这样一来使原来相互分离的若干单体建筑联结成为一个整体，将室外空间纳入室内，增加了可用面积，同时这种新旧空间的"之间"成为设计乐趣所在，创造了新的设计契机，使设计能通过对原建筑物群的屋顶面的利用形成别有趣味的场所，形成宜人的共享空间。

4）空间的扩充

空间的扩充是指为满足新的功能变化，在原有建筑结构基础上或在与原有建筑关系密切的空间范围内，对原有建筑功能进行补充或扩展而新建的部分，在考虑扩充部分自身的功能和使用要求的同时，还须处理好其与原建筑的内外空间形态的联系与过渡，使之成为一个整体。扩充的方式有垂直加层、水平扩建、空间连接、地下空间利用等。

①垂直加层。垂直加层是在原有建筑物顶部继续增加楼板，在不改变占地面积的情况下，增加建筑面积，可明显提高再利用工程的投资效益，同时还可以起到调整建筑体型和尺度的作用。这种处理手法多见于新功能要求更多的使用面积，同时原有旧建筑结构状况良好，允许加层的情况下。但加层对旧建筑的承载力要求较高，因此不是所有的项目都可采用，一般多适用于结构合理的框架结构建筑。例如德国奥斯莱姆灯泡厂三号建筑，造型优雅，结构坚固，在重塑成办公空间和商业空间的过程中，在砖砌的正面新建了一个玻璃嵌的塔楼，当夜晚降临时，塔楼灯火通明，成了全市的标志，也是这一地区历史的象征。

②水平扩建。当原有建筑规模、层数都较小，无法满足新功能的需要，原有建筑的结构和地基无法承受大规模的调整，且旧建筑周边有发展用地的时候，可以采用水平扩建方法。扩建对原有旧建筑的依赖性最小，技术可行性也最高。

③空间连接。对于有些更新设计而言，单个工业类建筑遗存的个体空间无法容纳或者适应所需要的新功能，设计中采用把若干独立的个体连接或者联合起来，塑造成新的

空间的设计手法。这种设计手法易突破原有建筑空间的限制，在空间形式、界面的材料处理上更加灵活。此外还能够形成诸如庭院等新的空间形式，使建筑的空间更加丰富。不同的空间在连接时可以采用串联或者并联，也可以通过庭院来进行空间的重新组织，形式灵活多样。

④ 地下空间利用。

在地上空间不能满足使用要求时，可以考虑发展地下空间，尤其在那些大的空间结构的建筑物中更为适用。同时由于开发地下空间对旧建筑原有布局、风貌和城市肌理影响最小，因此对于重要的历史保护性建筑多采用这种方法。

5）中庭的整合。

工业建筑由于其生产性质的原因，往往具有较大的跨度和进深，这样的平面和空间形态会对建筑中心部分的采光造成很大影响。因此在重塑过程中，我们可以通过切掉部分空间，即加入中庭的方式来创造比较灵活的使用空间，弥补旧建筑中央部分采光不足的缺陷。中庭是场所重塑的重要组成要素。它能够提供适当进深的周边空间，改善自然采光，减少能耗，同时满足交通、景观等多方面的需要，创造良好的公共空间，成为整个建筑的活跃元素。同时它的投资回报比较高——"在基建投资和使用上的耗费是较低的，但其盈利常常是较高的"。因此，这一设计手法在旧工业建筑场所重塑的设计中被广泛采用。根据中庭增设的不同情况，可以分为两类：

①大进深建筑内部增设中庭。一些工业品仓库或生产车间，由于对自然采光、通风的要求不高，往往具有很大的进深。而改造后的建筑由于功能要求往往需要良好的采光、通风效果，因此在更新设计中引入中庭可以有效地改善其内部的通风、采光问题，并且创造出独特的景观效果。

②利用原有庭院重塑为中庭。部分旧工业建筑中，在外部空间上分散存在着一些天井和内院，在设计过程中可以通过结合现代新技术，将天井或内院改造为中庭，作为开放的公共活动空间或交通转换枢纽。这样可以使原有相对分散的若干支建筑融合成为一个综合体，特别是对于功能多样化的综合性改造项目来说，新建中庭可以成为一个很好的核心枢纽空间。

6.1.3　技术层面策略

旧工业建筑保护与再利用项目的建造技术方案的恰当运用是实现前期设计策略的关键。旧工业建筑在进行功能置换后，不论是单纯的功能变化，还是结构加层增层以及非主体承重结构的建造装修活动，都对结构整体安全提出了新的要求。

（1）地基与基础加固技术

地基与建（构）筑物的关系极为密切，建（构）筑物的安全与正常状态使用，地基基础起着非常重要的作用。我国地域辽阔，软弱土和不良土的分布范围广泛，更增加了地基土的复杂性。对软弱土和不良土的地基处理方法是在建设中逐步积累经验和完善理论的，因此建成时间较早的工业建筑，由于当时缺乏理论支撑和经验总结，导致使用过程中暴露出了地基处理的一些缺陷。随着地基处理计算理论的发展及工程实践中经验教训的总结，新工法、新工艺及新材料的实践应用满足了现代工程的需要，同时旧建筑地基缺陷的加固补强理论和地基加固补强技术也取得了长足进步。下面将着重介绍以下几种地基与基础加固技术：

1）基础加宽技术

加宽扩大既有建（构）筑物基础的底面积，可有效降低基底接触压力。旧工业建筑的基础形式较为简单，埋置深度也不深。因此，采用基础加宽技术，施工费用低，工艺操作方便，技术经济效果非常明显。基础加宽并不能对基础下的地基土进行加固，在湿陷性黄土和软土地区运用时还须对地基的变形以及不良水文条件加以复核，所以往往与托换或挤密等方案同时采用。另外，基础加宽必须将原建筑物基础开挖外露，施工时应考虑周围是否有足够的场地允许开挖施工；同时，施工应选择在非雨期施工，否则必须有周密的防排水措施，以免雨水侵蚀造成严重的后果；冻土地区还应考虑避开冬期施工。基础加宽要求新加部分结构与原基础能够形成整体共同作用。施工中，应有严格的质量控制措施，确保新加部分与原有基础部分的结构的有效连接，保证施工完毕后新旧两部分能共同作用。利用钢筋锚杆植入旧建筑基础部分，可实现与新建加固加宽部分钢筋的有效连接，混凝土施工则必须按新旧混凝土连接的界面处理规程严格施工，将原混凝土凿毛—清洗涂刷界面剂—浇筑新混凝土—有效养护，最终使新旧混凝土能连成一体，形成统一结构，共同作用。必须明确的是，基础加宽是基础补强的范畴，而基础是建筑物结构的一部分，实质上是建筑结构加固的范畴。

2）桩式托换

桩式托换是通过托换桩承担部分或全部建筑物荷载并将之传递到满足承载力要求的地基持力层。因此，桩式托换实质上也是属于建筑物基础补强的范畴，理论上讲，也属于结构加固补强的范畴。还应该明确的是，部分成桩工艺对地基土的挤密作用以及托换完成后的桩土共同作用，在一定程度也起到了地基加固的功效。但是应该注意，在湿陷性黄土地区，当采用桩式托换时，还应考虑黄土浸水湿陷后对桩体产生的负摩擦力而可能造成对托换桩承载力的负面影响。

①锚杆静压桩技术。锚杆静压桩是将压桩架通过锚杆与既有建（构）筑物的基础连接，利用建筑物自重荷载的传递作为静力压桩反力，在建筑物基础下开挖工作面，将分段预制桩用千斤顶压入地基后，通过浇筑混凝土等方式将桩顶与旧建筑基础形成有效连接，最终承担并传递部分或全部既有建筑物荷载。锚杆静压桩施工机具简单，作业面要求小，操作方便灵活，千斤顶压力表能有效测定压力，技术成熟可靠。而且在施工中无振动和噪声，对生活或生产秩序影响小。对多层房屋来讲，除底层须清理外迁提供操作工作面

外，二层以上楼层均可保持正常的生产生活秩序。锚杆静压桩适用于黏性土、淤泥质土、杂填土、粉土、黄土等多类地基土的加固，而且施工费用较低。同样，还应考虑黄土浸水湿陷后对桩体产生的负摩擦力而可能造成对托换桩承载力的负面影响。

②树根桩技术。树根桩实质是一种小直径钻孔灌注桩，成孔直径范围一般为100mm～250mm，有时根据设计计算也可达到300mm。小直径钻孔灌注桩根据设计可竖向、斜向设置，桩成后相互交错如树根般网状分布，故称为树根桩。采用钻机钻孔后，放入钢筋或钢筋笼，利用压力注浆管注入水泥浆或水泥砂浆而成桩。根据设计孔径大小和土质条件，或灌入碎石后注浆成桩。树根桩不同方向的分布使整个地基既可承受竖向荷载，还可承受水平向荷载。压力注浆工艺可使浆体渗入周围土体，使桩的外侧与土体紧密结合，扩大桩体的有效桩径，提高桩身的承载力。单根树根桩的受力特点表现为摩擦桩，与地基土体共同作用承担荷载，设计计算时可视为刚性桩复合地基。而对于整体网状树根桩，可视为加筋复合土体。树根桩技术机具简单，施工要求场地小，施工时振动和噪声小，适用于黏性土、砂土、粉土、碎石土等不同的地基土。由于其可斜向设置的特点，可在旧建筑场外施工，与前两种加固方法相比较，有明显的技术优势。但设计计算较为复杂，不可预见的因素多，施工成本也较高。

③灰土桩和石灰桩托换技术。灰土桩和石灰桩不需在原基础底部开挖，而是在原基础的外侧设置。一方面通过其置换和挤密作用提高整个地基的承载力；另一方面配合基础加宽或横担型钢或钢筋混凝土托梁，将上部结构荷载传递给灰土桩或石灰桩，桩土共同承担建筑物荷载。单纯使用灰土桩和石灰桩工艺，是典型的人工复合地基，属于地基处理的范畴。由于邻近旧建筑基础的部位施工，开挖、回填、夯实都较难采用机械化施工，因此夯实质量难以保证。所以，近年来，这类技术已经较少在旧建筑地基加固中使用。

④ 其他。陕西省幅员辽阔，根据不同地区的土质条件和地下水位条件，以及当地的技术经济条件和施工经验，还可采用挖孔桩、灌注桩、打入桩、一般静压桩等方式进行基础托换。在原基础的外侧地基中设置桩，成桩达到施工条件后通过托梁或扩大承台来承担柱或墙传来的荷载并将其传递到桩体。基础托换施工时尤其需要密切监测施工期间建筑物的沉降以及施工振动对原有建筑物的影响，将其控制在允许范围内。对部分自理能力强的地基土，避免和减少外部干扰因素后，原建筑物基础形式在短期内可以允许局部悬空，也可以直接在基础下施工托换。

3）墩式托换

墩式托换是直接在建（构）筑物基础下开挖大直径孔，然后灌注混凝土形成混凝土墩基础。这种托换适用于地基浅层有较好的持力层情况，通过墩基础将建筑物荷载传递到良好的持力层上。在建（构）筑物基础下挖孔，一般是先在基础侧挖一个导孔提供施工工作面，然后再在基础下挖孔。挖孔到设计标高后即可浇注混凝土，浇注到离基础底面80mm 左右即停止浇注，养护1天后，再将1：1水泥砂浆或早强和膨胀水泥砂浆塞进空隙。混凝土墩在建（构）筑物基础下水平方向的布置可以是连续的，也可以是间断的。

墩式托换是采用人工开挖大直径孔，因此施工必须分段实施，避免和减少外部干扰因素，在施工时应密切检测建筑物的沉降情况，并应有切实的安全措施保证施工作业人员的安全。

4）其他加固补强技术

①高压喷射注浆技术。高压喷射注浆法是在建（构）筑物基础下设置旋喷桩，形成复合地基。旋喷桩可直接设置在基础下，让基础搁置在旋喷桩上；也可在基础边缘设置，通过试桩验算，合理增大注浆喷射压力，将旋喷桩的有效截面向外扩展影响到建（构）筑物基础下。高压喷射注浆工艺要求的作业面和工作空间较小，施工期间仅影响楼房底层工作或生活秩序，影响较小，但施工时应注意避免浆液溢流造成的环境污染。

②灌浆技术。在既有建筑物地基中通过渗入性灌浆和劈裂灌浆改善地基土性质，可提高地基承载力和改善压缩性能。压密注浆可使地基土压密，还可使建筑物承受较大的顶升力，达到小范围部分纠偏的效果。在既有建筑物地基中注浆，要合理布孔。在注浆过程中浆液的渗流一般是向低应力区渗流，通过合理布孔和控制注浆压力以防止浆液流失，达到设计预期的效果。对部分地区，可在设计注浆区域四周提前采用高压喷射注浆法设置防渗墙或板桩墙以防止浆液流失。

（2）结构加固改造技术

旧工业建筑保护与再利用的结构加固是其功能重塑的必然要求。旧工业建筑保护与再利用中加固改造的主要原因来自两个方面：一是建筑物在之前的服役期内由于自然与人力使用的影响已经导致结构构件受损或能力下降而影响继续使用，即使新功能对原结构不再增加荷载要求，仍然需要结构加固；二是功能的变化对结构体系提出了新的要求，经检测鉴定认为原结构（构件）不能满足新功能条件下的承载力要求，而通过加固可满足要求。

结构加固的目的主要是提高建（构）筑物结构和构件的强度、稳定性、刚度及耐久性。由于加固的要求及目的不相同，结构和构件的损坏程度和受损原因也不同，在实际结构加固施工中应根据可靠的鉴定报告结果及加固原因，结合拟加固的建（构）筑物自身的结构特点，满足使用功能要求以及施工方便、经济合理等原因综合分析，针对不同情况择优选用不同的加固方法或采用不同的补强处理措施。在我国的旧工业建筑中，钢筋混凝土结构具有代表性，本书下面将对旧工业建筑混凝土结构加固技术进行介绍。

1）常用的加固改造技术

混凝土结构补强加固方法很多，根据其加固措施是否直接补强原结构构件进行划分，总体上分为直接加固法和间接加固法。下述①～⑤所述的加大截面法、外包钢加固法、预应力加固法、外部粘钢加固法、灌浆加固法或喷射修补法等即为直接加固法；而⑥～⑧所述的增设构件加固法、增设支点加固法、托梁拔柱加固法等方法通过另外增加构件改变原结构体系的传力路径即为间接加固法。以下结合工业建筑的结构特点，重点是针对旧工业建筑保护与再利用，对常用的混凝土结构的补强加固方法介绍如下：

①加大截面法。加大截面法，是采用钢筋混凝土或钢筋网高强砂浆层，来增大原混凝土结构构件的截面面积，提高构件和结构的承载能力。在我国，加大截面法是一种传统的加固方法。其优点是工艺操作简单，可广泛用于一般的梁、板、柱、墙等混凝土构件的加固，尤其是如单层工业厂房牛腿柱，对建筑外观立面影响小，其结构构件布置分布距离大，相互影响少，利于局部加固。其缺点是现场湿作业工作量大，施工作业时间和混凝土养护期较长，对需要保持生产和生活继续进行的建筑物抢修不宜采用，对结构外观及房屋净空有要求的建筑也不宜采用。

加大截面法的加固效果与原结构在加固时的应力水平、结合面构造处理、施工工艺、材料性能以及加固时是否卸荷等因素直接相关。设计中必须有严格合理的构造措施保证新加外包部分与原有部分整体工作，共同受力。试验研究已经证明，加固结构在受力过程中，结合面会出现拉、压、弯、剪等各种复杂应力，其中关键是剪力和拉力。在弹性阶段，结合面的剪应力和法向拉应力主要是靠结合面两边新旧混凝土的粘结强度承担；开裂后及极限状态下则主要是通过贯穿结合面的锚筋或锚栓所产生的被动剪切摩擦力传递。由于结合面混凝土的粘结抗剪强度及法向粘结抗拉强度远远低于混凝土本身强度，因此，结合面是加固结构受力时的薄弱环节，即或是轴心受压，破坏也总是首先发生在结合面。因此，针对不同结构及加固方式，从构造上必须配置足够的贯穿于结合面的剪切摩擦筋或锚固件将两部分连接起来，确保新旧部分的结合面能有效传力，并使新旧两部分整体工作是设计的关键。同理，施工过程的质量控制措施十分重要。针对旧工业建筑的保护与再利用项目，加固施工无须考虑生产，具有操作面。在施工过程中，对待加固构件结合面应清扫冲洗，凿去风化酥松层、碳化锈裂层及严重油污层，直至完全露出坚实基层。然后，在此基础上将表面打毛，其粗糙程度越粗糙越好，然后用水冲洗干净。由于新浇混凝土与旧混凝土的结合强度很低，直接浇筑并不理想。理想的做法是，在浇灌新混凝土前，先涂刷一层高粘结性能的界面结合剂，随涂随浇。这样可使结合面混凝土的粘结抗剪强度和粘结抗拉强度接近或高于混凝土本身强度，避免在应力状态下结合面过早开裂破坏。浇筑混凝土时，如果扩大部分的截面尺寸较大，可采用一般支模方法和普通机械浇灌振捣；如果截面小浇捣困难，可采用喷射高强细石混凝土浇筑工艺，施工较为简便，同时高压喷射可使混凝土质量和结合性能显著提高。

②外包钢加固法。外包钢法是把型钢或钢板外包在加固构件或杆件的外侧，通过外包钢与原有构件的共同作用，提高构件的承载力、增大延性和刚度。外包钢法工艺简单，施工速度快，适用于不允许大幅增大构件截面尺寸，却又要大幅提高其承载力的构件加固，如混凝土梁、柱、屋架以及砖窗间墙、砖柱等构件或构筑物的加固。但在有高温作业和潮湿及腐蚀使用环境要求的部位，应慎用。外包钢加固视外包钢与被加固构件的连接情

况分为湿式外包钢法和干式外包钢法两种：

a 湿式外包钢法：即在外包钢与被加固构件之间填入如乳胶水泥浆、环氧树脂等粘结材料，确保结合面能有效传递剪力，使外包钢与被加固构件形成整体并共同变形，加固后的整体性效果好。但现场湿作业工作量较大，作业周期较长，不宜用于抢修正在使用中的建（构）筑物。

b 干式外包钢法：外包钢与被加固构件之间无任何连接，即便填塞如水泥砂浆之类材料但因其不能确保结合面传递剪力，加固设计计算中也不作考虑。其加固后整体性差，基本上是各自独立工作，承载能力提高不如湿式外包钢有效，但可起到提高构件的延性和紧固构件核心区混凝土的作用，且施工简单方便，工作周期短，适用于工期紧张的旧建筑的改造加固和抢修正在使用中的建（构）筑物。

③预应力加固法。预应力加固法是采用高强度钢筋或型钢等，在被加固构件体外增设预应力拉杆或撑杆的加固方法。加固时，利用拉杆或撑杆对构件施加预应力，体外的拉杆或压杆与被加固构件共同受力，抵消部分荷载弯矩，减少原构件的挠度，缩小乃至闭合构件已经产生的应力超前现象，提高加固后结构体系的承载能力和刚度。预应力加固法对原有的使用空间几乎不产生改变，可广泛用于混凝土梁、板等受弯构件及混凝土柱等轴心或小偏心受压构件的加固处理，尤其因为预应力拉杆或压杆采用钢制，便于与钢梁和钢屋架等构件焊接锚固，加固效果好，施工周期较短且费用低。但其施工工艺要求高，施工过程对构件和加固件的应力应变要求有严格的计算和控制，而且对混凝土结构来讲，拉杆或压杆与被加固构件的连接（锚固）处理较为复杂，因此，在推广中存在一定的缺陷。

④外部粘贴加固法。外部粘贴加固法是用粘结剂将钢板或纤维增强复合材料如玻璃钢、碳纤维布等粘贴于构件表面，使之与构件共同工作，提高构件承载力和延性。受弯构件的受拉区粘贴钢板或纤维增强复合材料，起受拉钢筋的作用，提高构件的抗弯能力；沿构件截面闭合粘贴钢板或纤维箍，既可提高构件的抗剪能力，还可以紧固约束核心区混凝土，提高混凝土构件的整体强度和挠曲延性。由于粘贴所用材料的厚度薄，粘贴强度高，加固截面二次受力特征并不明显，满足平截面假定，具有物理力学性能和共同工作性能良好、加固力学分析简捷等优点。而且，加固后不影响结构外观，施工要求工作面小，方便快捷，对生产和生活影响也较小。目前，较常用的外部粘贴加固方法，依照外部粘贴材料的不同，主要有外部粘贴钢板、外部粘玻璃钢和外部粘碳纤维布等。

a.粘钢加固法，用于承受静力作用的一般受弯或受拉构件可单面粘贴，用于抗剪构件加固设计为沿截面闭合粘贴。由于钢材的材料特性，采用粘钢加固法，要求环境温度不宜超过60℃，相对湿度不大于70%且无化学腐蚀作用等。

b.玻璃钢加固法，用玻璃纤维布与环氧树脂胶分层贴贴于加固构件的表面。加固后形成的玻璃钢复合体表面具有较强的抗腐蚀性，适用于有腐蚀介质作用的工程加固。需注意的是，由于玻璃钢材料的弹性模量和抗拉强度均比钢材低，加固后，构件承载力和延性提高效果没有粘钢加固法好；另外，玻璃钢的耐冲击性较差，对承受直接冲击荷载的构件不宜采用。

　　c.碳纤维加固法。碳纤维具有良好的可粘合性、耐热性和抗腐蚀性，强度高，弹性模量与钢材处于同一个数量级，可同时加固提高构件的强度和延性。因此，适用于各类构件的加固，在结构动力效应、整体效应、抗震性能、抗风化性能等方面均有突出的效果。目前碳纤维材料逐渐国产化，但价格仍比其他加固方法高，因此在使用上受到一定限制，多用于工作面小的情况以及重要结构和少量构件的快速加固。

　　⑤灌浆加固法或喷射修补法。灌浆加固法是采用压送设备将粘结材料注入被加固构件的内部空隙中，以提高其完整性、密实性和材料强度。材料采用粘结性较好的浆液，如环氧树脂浆液（以环氧树脂为主要材料配制而成）、甲液（以甲醛丙烯酸甲酯为主要材料配制而成）、水泥浆液等。因裂缝产生而影响使用功能的结构可采用这种方法修补，如水池、水塔，混凝土梁、板、柱、砖墙等；浆液的渗透、覆盖、填实、包裹可恢复构件的某些使用功能，提高耐久性，防锈补强，因此也用于因钢筋锈蚀导致耐久性降低的结构的修补。

　　喷射修补法是采用压缩空气将水泥浆或细石混凝土喷射到构件表面并凝固形成喷射层的加固方法。喷射层能有效保护构件、共同工作，从而恢复或提高结构承载力、刚度和耐久性。喷射混凝土粘结力强、施工方便，在加固工程中应用十分广泛，既可与其他加固方法共同使用，又可单独用于病弱混凝土的局部或全部更换、梁或板等构件下部无模板增补混凝土、砖墙和砖柱等结构构件补强与抗震需求的断面增大、增设或补强防水抗渗层以及结构中存在的孔洞、缝隙和麻面等混凝土缺陷的修补等。

　　⑥增设构件加固法。增设构件是在既有建筑物的原有结构体系中增加新的构件，以减少局部原有构件的荷载效应，局部改变传力路径，达到结构体系加固补强的目的。如增设一道新梁分担原承重于其他梁上的荷载并将其有效传递至竖向结构，在两柱之间增加新柱分担并传递上部结构荷载等。增设构件实施时对原有结构构件的破坏较小，施工易于操作。但增加的新构件，对原建筑功能可能会产生影响，一般适合于开敞大空间的生产厂房或者新增构件后不影响使用要求的房屋加固。

　　⑦增设支点加固法。增设支点法是在构件长度方向增加支点，减少结构的计算跨度（长度）和变形，从而减小构件的内力和提高其承载能力的加固方法。如在板下的承重梁间增设新梁，梁等受弯构件下增设竖向支撑，在支撑屋架的柱间增设竖向支撑构件等。增设支点将使原构件的计算跨度大幅度减小（如在居中部位，可减小一半），从而可大幅度提高被加固构件的结构承载力，减小其荷载引起的变形挠度，缩小裂缝宽度等。如原有的变形挠度和裂缝宽度已经影响使用，可对增设的支点施加预应力，起到纠正的作用。

增设支点简单可靠，传力路径明确，多用于较大跨度的结构，以及使用空间的缩减不产生功能影响的结构。

⑧托梁拔柱加固法。这种方法是包括托屋架拔柱、托梁拆墙及托梁拔柱等方法的总称，其目的是在不拆或少拆上部结构的情况下实施拆除、更换或接长柱子。一般多用于原有房屋使用功能改变或生产工艺更新，而要求改变原有平面布局、增大使用空间的旧房、厂房、公共建筑物的结构改造加固。

2）加固方法综合选择应用

结构加固的方法很多，只要能够补强原结构构件、减少原结构构件的荷载效应，使结构安全可靠度提高，即是达到了其加固的目的。同一工程的不同类型构件可能采用不同的方法，同一类型不同部位的构件也可能采用不同的方法。

加固方法的选择，应根据可靠性鉴定结果，结合结构的特点、当地技术经济条件、新的功能要求等因素合理确定加固方案。当多种方案并存时，根据其加固效果可靠、施工简便、经济合理原则，综合分析确定。在分析选择加固方法上应注意以下几个方面的问题：

①必须研究、分析、明确原有结构的传力路线，并分析功能改变后的新传力路线，按照新传力路线来计算分析设计加固结构，采取相应优化的加固对策。

②直接加固时，如对梁、板、柱等构件的加固，必须保证新旧结构的协调共同作用，应尽量优先采用预应力加固法、外部粘贴（粘钢或碳纤维）加固法、加大截面法和外包钢加固法等可以减少应力滞后现象的加固方法，充分发挥新增部分结构的设计能力，使新旧结构整体工作共同受力。

③间接加固时，采用增加或减少受力构件以及改变节点约束条件等措施，以改善原结构构件的受力性能，并通过新增构件转移荷载达到综合加固的目的，应注意分析增减构件及改变约束后产生的变形能否同步并采取妥善措施保证。

④旧工业建筑空间大，不同部位构件受损或强度弱化的情况不一，施工的难易程度不同，应针对具体情况，可在同一工程的不同构件、不同部位采用不同的加固方法，甚至对同一构件采用多种加固方法综合使用。

（3）非结构部分建造技术

旧工业建筑保护与再利用项目的建造活动是作用在旧建筑本体上的。新旧材料结合的构造处理方式、材料工艺，以及受限于旧建筑的自身构造等特殊性，是与新建建筑物施工过程大相径庭的。简言之，能否最终实现旧建筑保护与再利用项目的设计意图，合理设计构造节点、选用适宜的材料和施工方法十分关键。因此，在整体设计方案确定后，应组织相关单位和专业工种充分论证、研究、决策，制定切合实际的优化方案，确保施工的可操作性。非承重结构的建筑装饰涉及的分部分项工程的具体内容很多，可采用的方法也无法罗列，本节仅从原则性问题进行探讨，并以新材料、新技术、拆除废旧材料的创新应用实例加以印证。

1）技术、材料的运用例证

结构加固技术的迅猛发展，解决了旧工业建筑结构改造加固的难题。同样，在其他如装饰装修、采暖通风、消防等方面，近年来也发展起来许多新技术、新工艺。通过分析旧工业建筑保护与再利用项目建造中遇到的问题，与设计、施工、材料厂家等共同商讨，可以专项改进或创新解决工程中的难题。

在东校区一、二号教学楼的建造中，宽敞明亮的玻璃幕墙突出了建筑物由旧变新的巨大转变，如图 6.12 所示。玻璃幕墙满足了教室采光通风的需要，采用明框幕墙既比隐框幕墙造价大幅降低，其规则的条块又能表现教室的严谨与规则。设计人员希望幕墙框料颜色内外有别，在建筑外观上为橘红色，用鲜艳来压制旧建筑的破败，形成反差。在教室内侧，应用铝合金原色，不致破坏教室的宁静氛围。在 2003 年，这种内外有别的铝合金着色工艺还无法实现。经过与施工企业和材料厂家的充分沟通与研究，决定重新开发铝合金框料生产模具，将铝合金框料加工成外侧带凹槽的型材，再配合生产橘红色扣条镶嵌在型材外侧。幕墙工程尊重和实行了设计意图，节约了造价，各项要求均得到满足。幕墙框料细部构造如图 6.13 所示。

图 6.12　橘红色外窗　　　　　　　　　　　图 6.13　细部构造

（来源：课题组摄）　　　　　　　　　　　（来源：课题组摄）

2）装饰材料的运用

细部装饰设计是设计意图深入实现的重要步骤，针对旧工业建筑的不同使用用途和特点来处理建筑的细部，构建新元素，运用不同材料与原建筑物的材质表达形成鲜明对比，强调出独特的艺术效果。在大量的优秀成功改造实例分析中，以下几种材料用于装饰具有突出的表现力。

①水泥、混凝土。在对旧工业建筑表皮改造中，混凝土常常用于旧有表皮及新建部分的修补、加固和建造。由于混凝土具有流动、凝固、硬化的特性，用作饰面可创造出丰富多彩的纹理和质感。然而，对于有一定历史价值，或者旧有表皮特点比较突出，现状保护的也较完好的旧工业建筑，表皮再设计时应尽可能避免使用水泥、混凝土等材料，

有两方面原因：一是对于有保留价值的旧有表皮修复时应注意原真性和可读性的问题，应尽量使后人能够清晰地辨认出哪些部分是原有的，哪些部分是后增加上去的；二是混凝土存在中性化的问题。混凝土本来是碱性的，但是在空气中二氧化碳的长期作用下，会从外向内逐渐中性化。已中性化部分中的钢筋会锈蚀，从而加速需要保护的旧有表皮的损坏。

② 金属材料。金属材料是旧工业建筑表皮再设计中最常用的材料之一，具有极鲜明的时代感和工业文化的特征：简洁、明快、洗练、冷漠、富有空间感与力度感，有明显的工业生产的痕迹，具有工业记忆的象征性。金属饰面材料要经过技术性的多重加工和处理才能运用于建筑表皮中，在进行精密的表面处理（如氧化、着色、抛光等）之后能达到细腻、光洁、均匀的表面质感，这是其他材料所不具备的特点。运用于表皮再设计时，更易与旧建筑肌体形成良好的融合的效果。同时，也可以通过色彩、质感、肌理不同手法使其与旧有表皮肌理形成对比。

③ 具有透明性的玻璃等材料。玻璃在旧工业建筑表皮再设计中被大量运用，它种类繁多，如磨砂玻璃、玻璃砖、"U"形玻璃等普遍具有透光、反射和轻盈等特点。玻璃是一种在视觉上没有实体感和重量感的中性材料，能将建筑清晰地展现出来。同时，在其反射效果的作用下，使建筑的表皮与周围景观相互映射，形成极佳的景观融合效果。透明的玻璃毫不掩饰建筑的结构和构造，并且使表皮具有了透明性，建筑内部与外部相互渗透，建筑可以向外部展示其内部空间，同时处于内部空间的人们也可以欣赏到建筑外部的空间环境，从而缓解了界面的封闭感，具有透明性的玻璃等材质的建筑表皮令建筑形象变得非常富有视觉魅力。在旧工业建筑改造实践中，玻璃常常与金属材料结合使用，营造出传统与现代共存的奇效。

④ 砖与面砖。砖与面砖是建筑表皮最常见的材料，其原材料来源于大地，具有质朴的天然属性。因加工工艺以及内部矿物质的不同而又具有丰富的色彩。我国现存的绝大多数旧工业建筑，其表皮仍是以裸露的砖墙呈现在人们的视线里。砖这种历史悠久的建材在工业建筑表皮更新中的应用，使人们感受到传统文明的力量，领悟到历史合理性发展的链条，启发对历史的联想。对旧工业建筑进行表皮再设计时，建筑师为了营造不同个性特质的建筑形象，通常会结合外墙砖的色彩做出合理的选择。砖与面砖的表面没有明显的纹理，砌筑和贴面墙体的灰缝排列组合、色彩和凹凸，以及由面砖砌筑方式的变化所带来的光影变化，一起形成较强的砖墙肌理。

⑤ 涂料。涂料在表皮色彩表现上具有其他建材无法比拟的优越性，同时可以创造出大面积的整体、无缝、相对平整的视觉效果，常常表现出光洁平整和细微的凹凸感两种质感。其形成的基础主要在于涂料基础的抹灰上。平整的抹灰层将带来光滑的质感，反之，若采用拉毛灰、干石、堑假石等抹灰基层则会出现颗粒状的凹凸感。此外，其凹凸质感也会因为施工工艺的不同而出现效果的差异。对旧工业建筑表皮再设计来说，涂料饰面

的成本以及施工技术要求相对较低，运用得当的话就能得到低成本高产出的结果。由于涂料本身大多不能提供太多的视觉节奏变化，因此设计中主要通过体块组合、虚实对比、色彩对比、阴影效果、分缝的形式及比例推敲等手法创造出旧工业建筑的整体美感。可以利用的材料多种多样，材料本身并没有好与坏，重要的是将其恰如其分地表现出来。建筑大师博塔曾说过：材料只是一种道具，它的价值由建筑师的表现方式来决定。材料的表现力来自它内在的自然属性，并且借助材料外在环境和使用方式的变化。

　　3）废旧材料的运用

　　本书所述的保护与再利用的废旧材料，是指旧工业园区废置不用的工业材料、原料，甚至是工业生产造成的无害废渣，以及部分保留价值小的建筑物拆除而来的废旧材料。废旧材料可以变成一种资源，循环利用，在建筑物和场地的景观效果上塑造独有特征，也可以减少建筑垃圾的倾倒处理成本和对新材料新能源的索取。使用时可将废弃材料稍加清理直接使用，也可对废料进行二次加工后再利用，如将其直接作为地面铺装材料，作为挡土墙或地沟的砌筑材料，或是作为园林设施小品（如坐凳），或将钢板钢材融化后铸造成场地设施、砖或石头磨碎后作为混凝土骨料等。

6.2　旧工业建筑保护与再利用展望

　　随着旧工业建筑所具有的历史文化价值逐渐被重视，以及节能和环保意识的增强，全国各地尤其是发达城市的保护与再利用案例逐年增加。正如参加过多项工业遗产改造的北京大学建筑与景观设计院院长俞孔坚说的，厂房之所以赢得艺术和文化创意产业的青睐，是因为旧工业建筑有别于日常生活空间的建筑和景观，可以容纳各种日常的活动，为艺术家的个性设计和创造提供非同寻常的体验；旧建筑是承载着历史价值的，通过物质的元素，给空间带来一种非物质的氛围，并弥漫四周，创造出一种独特的场所感，这是新的建筑设计所不能带来的，充分挖掘这种工业特色，结合区位特点进行改造的保护与利用，脱离单纯的保护，充分发挥建筑价值，这是旧工业建筑保护与再利用发展所要遵循的法则。本节对未来旧工业建筑保护与再利用的发展方向进行介绍，并对改造中BIM 技术的主要应用点进行说明，最后介绍目前最新的保护与再利用模式。旧工业建筑的保护与再利用应跟随政策发展，借助最新技术与最新材料，实现模式的创新与效益的增值。

6.2.1　旧工业建筑的绿色化改造

　　面对日益恶劣的环境问题，为减少对环境的污染，绿色建筑成为建筑业发展的必然要求，旧工业建筑的绿色改造也成为建筑改造的必然趋势。因此，在之后的旧工业建筑改造中，应尽量结合绿色改造技术以及绿色节能材料对其进行保护与再利用。本书结合现有的《绿色建筑评价技术细则》和《既有建筑绿色改造评价标准》，从旧工业建筑改造的节能、节材、节水、节地以及环境保护等方面进行阐述，并对目前适用于旧工业建筑的绿色改造技术以及绿色节能材料进行介绍。随着科技的进步，会涌现出更多绿色技术以及绿色材料，使得旧工业建筑绿色改造得以更好实现。

（1）绿色化改造的主要内容

1）节能改造

①屋面的节能改造。建筑的屋面能耗占建筑总能耗的 8% ~ 10%，工业建筑也不例外，因此屋面节能改造在旧工业建筑改造中不容忽视。当前屋面节能改造主要有以下三种方法：平改坡、屋顶绿化、平屋面加保温层。综合考虑多方面因素，可以采取对旧工业建筑屋面外加轻质高效保温层来改善屋面的保温隔热性能，同时利用旧工业建筑单层厂房层高比较高的特点，对其室内进行吊顶处理以形成一个空气夹层，利用空气导热系数小的特点来进行保温隔热。

②墙体的节能改造。多数旧工业建筑的墙体为 240mm 厚的实心黏土砖墙体。从其裸露在外的红砖以及混凝土的梁柱，可以看到旧工业建筑外墙体没有保温层的做法。而仅靠墙体厚度远远不能满足现今保温隔热的要求，因此，对旧工业建筑的墙体节能改造需要在原有建筑墙体外侧加保温层（EPS 板）来提高墙体的保温隔热性能。

③门窗的节能改造。门窗是建筑能耗散失最大的部位，旧工业建筑中门窗的材料多为钢框单层玻璃门窗，面积约占建筑外围护结构面积的 30%，其能耗约占建筑总能耗的 2/3，其中传热损失 1/3。而且在旧工业建筑中为满足车间操作的采光需要以及车间内外运输的需要，门窗面积远比普通民用建筑大。所以对门窗的节能改造，首先应该减少门窗洞口的面积，前提是满足日照、采光、通风、观景的需要；其次，应提高门窗密闭性，防止空气对流传热，其中加设密闭条是提高门窗密闭性的重要手段之一；再者，将门窗换成新型隔热断桥型节能保温门窗如塑钢门窗，可以大大提高现有钢框玻璃门窗的保温隔热性能，而且相对来说经济成本也比较低。

④冬季采暖系统的改造。旧工业建筑的采暖方式比较简单，一般是在墙壁的内侧安装金属散热器，靠热水或蒸汽锅炉提供热源，通过系统管路和散热设备加热房内空气，通过对流换热方式达到采暖目的。这种采暖方式很难满足大空间采暖的需要，能耗比较大而且舒适性比较差。对于旧工业厂房的采暖系统改善需要对未设有采暖系统的简陋厂房增加采暖系统。对于现有散热器对流采暖，可将其改造成地板辐射采暖，地板辐射采暖的采暖面积比较大，热辐射比较均匀，热舒适性也较好。

2）节材改造

节材也是绿色化改造中的一个重要组成部分。在旧工业建筑的改造过程中，首先对材料的选择应尽可能地使用可循环利用的新型建筑材料，以减少材料的浪费，减少建筑垃圾的输出。其次，在对旧工业建筑改造前要有明确的市场定位或者是客户人群，以避免盲目改造不符合将来业主的需要，出现再次拆改从而造成浪费。再者，对从旧工业建筑中拆卸下来的边角料、建筑构件和厂房中原有设备的再利用，也是节约材料的一个重要手段。这些构件和设备是旧工业建筑的组成部分，也记录着历史的印记，可以将这些构件再利用，作为展品或做成装饰构件摆放在某一空间内，成为记忆留存的提示物。如内蒙古工业大学，在将校区内的旧工业建筑改造成为建筑馆时，将原有厂房拆下来的钢窗框料重新利用，作为室外小品围墙的花格窗料；而原有的设备基础被保留下来，其上安装一块木板，作为席地的茶桌，或是小憩的座位，或是作品的展台，既将废材加以利用，营造了具有文化气息的氛围，又传达了历史的信息。

3）节水改造

水资源短缺是当今全球面临的共同问题，我国更是一个缺水的国家。建筑中节水的技术手段主要有减少用水、废水再利用以及充分利用雨水等，其对于旧工业建筑中的节水改造具有重要的实践意义。

①减少用水。节水不能以牺牲生活质量为代价，通过改善原有旧工业厂房中的用水设备，将其设计改装成为节水型卫生器具和设备，达到减少用水的目的。

②废水再利用。对于成规模的旧工业建筑厂区在改造时应整体考虑运用中水系统，将生活废水回收，通过设备的净化，用作冲马桶用水或者绿化用水，达到节水的目的。

③雨水收集利用。采取必要的措施或手段将屋面、地面雨水进行收集、净化，将其存储于蓄水池供绿化和景观用水。对于非机动车道、地面停车场和其他的硬质铺地采用新型透水材料铺装，可使雨水迅速渗入地下补充土壤水和地下水，保持土壤湿度，改善城市地面植物和土壤微生物的生存条件，改善局部小气候。

4）节地改造

随着我国城市化进程的不断加快，城市用地越来越紧张，耕地逐年减少。节约土地，提高土地使用效率刻不容缓。对旧工业建筑进行保护与再利用，也是节约土地资源的一种最直接、最现实的途径。在旧工业建筑改造过程中，采用垂直绿化的方式也能起到很好的节地效果。将地面绿化转移到屋面、墙面上，既提高了绿化面积，还可以起到很好的保温隔热作用。再者，将绿化与活动场地和停车场结合，设置立体绿化、绿化停车场等，既提高场地的绿化率，又解决了大面积绿地的占地问题。

旧工业建筑绿色化改造投资少，转型大，见效快，利于城市的可持续发展，可以促进土地的充分利用，节约资源和保护环境。但是目前，旧工业建筑绿色化改造还处于发展期，还需在今后的实践中不断探索。

（2）绿色改造技术

1）新型采光墙体

新型采光墙体将半透光材料与新型建筑材料相结合，满足采光要求的同时保证外立面的完整性。目前包括透明混凝土、透明水泥、高透明发电膜等，都在项目中得到了应用。上海世博会意大利馆的大面积"玻璃幕墙"实际上就是透明混凝土墙。只要稍加设计，也可将这项新技术应用到旧工业建筑中，节省后期的运营成本，节约资源。

2）光合作用建筑

建筑表面的绿藻进行光合作用而快速生长，循环系统过滤出部分绿藻，将其转化为沼气并输送到燃烧炉，从而为整栋建筑供能或贮存到热量存储系统中，保证建筑能量自给自足。

3）双层表皮技术

建筑的双层表皮技术也可以叫做双层外墙技术，双层表皮技术应用的基本原理就是利用建筑内外两层墙体之间空气层的热压通风效应实现良好的建筑外墙保温隔热性能。这种技术首先被应用于玻璃幕墙建筑，被称作双层玻璃幕墙系统，经过发展，其他材料的墙体也开始采用双层表皮技术。例如将 PV 板和原有墙体结合成 PV 板双层墙体系。运用这种双层墙体，在夏季可通过空气层中的上升气流对外墙进行降温；在冬季，可以通过其他辅助措施将热空气导入到建筑内。

除此之外，建筑的双层表皮系统还发展出一种更加轻质的内膜技术，即在原有建筑墙体内侧增加一层内膜，并在之间留有空隙，与原有建筑墙体一起形成了双层表皮系统，这种形式的双层表皮系统的保温隔热性能虽不及两层实体墙效果明显，但是却能够最大化地保持建筑的原有形象，非常适用于具有历史保护价值的工业建筑改造项目。例如德国西门子公司办公楼改建项目中，透光薄膜与原有建筑的外墙形成双层表皮系统，保证了建筑的采光与通风效果，提高了建筑的保温隔热性能。近些年来，双层表皮技术越来越多地被运用到旧工业建筑改造与更新实践中，对于这种技术的认识也更加广泛，例如可将双层表皮技术原理与反光板技术原理结合起来，在建筑原有围护结构外侧设置百叶形式的反光板。这种形式的外部表皮除了在建筑热工性能上提供帮助之外，最大的优点就是使设计者更加方便对旧建筑外部形态进行更新。

4）光导技术

光导技术属于建筑的绿色照明技术的一种，它的工作原理是利用高反射率的光导纤维束或光导管作为媒介，将自然光引入室内。这种技术尤其适用于大跨度、大空间工业建筑的改造，可以良好地解决自然采光不足的问题。同时，利用这种技术还可以减少普通人工照明对能源的消耗，充分体现旧工业建筑保护与再利用的低碳、环保特性。建筑用光导照明系统分为三个部分：采光部分、导光部分和散光部分。其中导光部分一般利用之前提到的光导纤维束或光导管。光导纤维束或光导管都可以任意地改变光传递的路径，方便地将自然光传递到建筑中的任何角落。

5）反光板技术

反光板技术指的是在建筑窗口处设置新型材料板材，利用板材对太阳光的反射原理来改善采光效果的一种技术。具体应用的原理如下：夏季时太阳高度角较高，这时反光板可将大部分的太阳光线遮挡，避免太阳光直接进入室内造成"温室效应"。而反光板反射的光线通过上侧窗照在建筑室内天花板上，形成漫反射以保证建筑室内深处的照度值并同时避免了眩光的发生。冬季时太阳高度角较低，反光板只能反射小部分阳光，大部分的自然光将可以直接照入室内，有助于建筑室内温度保持温暖。反光板技术的最大优势是造价低廉，施工工艺简单，反光板构件具有较强的独立性，对于原有建筑的要求较低。同时利用反光板的设置，还可以丰富建筑立面造型。反光板技术的诸多优势使之非常适合应用于旧工业建筑的改造项目。

6）屋顶绿化技术

屋顶绿化是指在建筑物的顶部种植绿色植物，以达到保温隔热和净化空气的效果。屋顶绿化环保概念的体现，它给城市尤其是人们的居住和办公场所带来大自然的清新空气，同时也使那些长期生活在大都市的人们有机会感受大自然的勃勃生机。屋顶绿化可分为轻型屋顶绿化和重型屋顶绿化。其中轻型屋顶绿化又被称为绿色屋面。所谓轻型屋顶绿化顾名思义就是它的材料很轻，壁厚薄，最适合在承重不好的旧建筑屋顶上使用。且在屋顶上种植的绿色植物多为耐旱抗风的植物，这样既能减少建筑成本，又便于管理与种植。而重型屋顶绿化则需要花费大量的人力和物力来大范围地种植与管理。综上所述，轻型屋顶绿化更适合在旧厂房屋面改造中实施。使用屋顶绿化这种改造方法时应注意以下几个问题：①屋面不要作为设备管道层使用；②减少屋顶绿化的荷载，留有安全余量；③做好新屋面的防水防漏措施。

7）立体车库

立体车库是城市建筑有效的节地措施，目前有升降横移式立体车库、巷道堆垛式立体车库、垂直升降式立体车库、简易升降式立体车库等。对于改造旧工业建筑，建筑已经占用了太多的空间，这种可以节省土地的方法能在改造中使用会使改造方案更加完善。

旧工业建筑绿色改造技术当然不止以上几种，本书仅对目前常用的几类技术进行了简单介绍，绿色改造技术是旧工业建筑绿色化改造的基础，为之后的绿色化改造提供了很好的保障。

（3）绿色材料

旧工业建筑民用化绿色改造，绿色建筑材料的应用是必不可少的。对于旧工业建筑的改造，无论是全部拆除还是部分拆除都要在改造中尽可能使用绿色材料。绿色建筑材料是绿色改造结构得以成立、绿色肌体得以表述的最直接因素。再利用中绿色修复材料的选取不仅仅是满足绿色建筑所要求的节能、节水、节地、生态可持续性，更重要的是对存在历史价值的真实和直观识别性的还原。本书在此仅对部分绿色材料进行介绍。

1）承重结构材料

在改造中新增的承重结构体系要选择节能环保型材料，主要的一些节能环保型材料包括预拌混凝土、商品砂浆、散装水泥、预制钢筋制品等。其中预拌混凝土需要按建筑结构设计所需要的性能进行生产，采用专用的盛装工具，在规定的时间内送达施工工地现场，其优点在于质量性能更可靠、节约混凝土的各种组分材料、生产过程零排放；散装水泥，不采用包装直接运达施工现场，与传统水泥相比较节省了由大量木材制作的纸质包装，节省能源，同时散装水泥采用密封无尘作业，水泥残留量可以控制在 0.5% 以下；预制钢筋，可结合设计情况按需采用钢筋规格和形状，比现场加工钢筋节省 10% 废料。

2）围护结构材料

围护结构改造的墙体材料中，绿色材料主要有"蒸压法"制造的加气混凝土砌块与条板、压蒸纤维增强水泥板与硅酸钙板等。其优点在于能部分或全部代替水泥，减少粉尘污染，缩短生产周期，并且具有高强度、低干缩率、高耐火极限等性能。

其他材料包括利用水泥以外的胶凝材料制作的墙体材料，如纸面石膏板、硅镁条板等；利用无石棉纤维水泥板替代石棉水泥板，减少石棉所含细纤维对人体造成的危害，如 GRC 板、无石棉纤维水泥板等。

3）复合墙体与复合墙板

在具有特殊历史价值的工业建筑中，保留原有的墙体但是为满足绿色节能需求需要与高效热绝缘材料相组合形成复合墙体，一般使用混凝土岩棉复合外墙板、彩色压型钢板聚苯乙烯复合板。这样的处理既能满足工业历史肌体的表现，同时又达到绿色设计标准。

4）高强高性能绿色建筑材料

采用高性能建筑材料有利于提高建筑耐久性、节约资源、增加建筑空间面积，是绿色改造材料选择重要的对策之一。采用比较广泛的有高强度钢筋、高强高性能混凝土、高强度钢。相同承载力下，钢筋强度越高，混凝土构件中的配筋率越低，节材效果越显著。同时，旧工业建筑改造中，钢材的使用较为普遍，钢材应用灵活，能够组成多种建筑形态，并且能够回收利用。改造中选用耐久性好的高强度钢，可以明显节约钢材用量，是改造后建筑可持续再使用的有力保障。

6.2.2　BIM 技术的引入

（1）BIM 技术的概念

BIM 是 Building Information Modeling 的缩写，即建筑信息模型。BIM 的概念众说纷纭，本书借鉴美国国家 BIM 标准对 BIM 的定义：BIM 是一个建设项目物理和功能特性的数字表达；BIM 是一个共享的知识资源，能够分享建设项目的信息，能够为项目全生命周期中的决策提供可靠依据的过程；在项目的不同阶段，项目的不同利益相关方可在 BIM 中插入、提取、更新和修改信息，以支持和反映各自职责范围内的协同作业。

建筑信息模型（BIM）集成了建设工程各种相关信息，是对工程项目设施实体和功能特性的数字化表达。BIM 技术是建筑信息化的重要支撑手段，其作用是使建筑项目信息在规划、设计、施工和运营维护全过程中实现共享，并为建筑从概念到拆除的全寿命周期中的决策提供可靠依据。BIM 技术对建筑业技术革新的作用和意义已在全球范围内得到了业界的认可，其在建筑业中的作用也日益凸显。

（2）BIM 技术在旧工业建筑改造中的应用

目前，国家标准《建筑信息模型应用统一标准》已编制完成。其对建筑信息模型及其应用做出了符合我国实际的定义，并将 BIM 在工程项目全寿命周期中的应用划分为策划与规划、勘察与设计、施工与监理、运行与维护、改造与拆除五个阶段。对于旧工业建筑改造而言，至少可以在其设计、施工、运行维护三个阶段应用 BIM。下面本书对旧工业建筑改造中 BIM 技术的应用从设计、施工、运维三个阶段进行阐述。

1）设计阶段的应用

设计阶段是旧工业建筑改造项目中非常重要的一个阶段，在这个阶段将决策整个项目实施方案，确定整个项目信息的组成，对后续阶段有决定性影响。设计阶段一般分为方案设计、初步设计、施工图设计三个阶段。

设计阶段 BIM 项目管理与应用主体是设计方，由于设计方是项目的主要创造者，所以设计阶段通过 BIM 可以带来：

①突出设计的效果：通过创建模型，更好地表达设计意图，满足顾客要求，对于旧工业建筑改造而言，改造的过程是不可逆转的，通过 BIM 技术可提前将改造效果展示在顾客面前，并按照他们的要求进行修改；

②便捷地使用和减少错误：利用模型进行专业协同设计，通过碰撞检查，把类似空间障碍等问题消灭在出图之前；

③可视化的设计会审和专业协同：基于三维模型的设计信息传递和交换将更加直观、有效，有利于各方沟通。在旧工业建筑设计阶段，通过 BIM 技术可以将旧工业建筑改造项目的预期结果在数字环境下提前实现，使设计信息、意图显式化，从而使设计意图和理念能在实施前被改造项目中各利益相关方立刻理解和评价，使建筑设计中的创意、建筑规范、设计要求、时间、成本限制等都能在 BIM 下得到清晰、迅速的表达，使得最终的效果可以显示化，有利于后期的改造工作。

2）施工阶段的应用

与新建建筑相比，旧工业建筑改造项目具有特殊性，对于成本控制、施工质量以及施工工期要求更为严格。在旧工业建筑改造项目施工过程中引入 BIM 技术，可以极大地提升旧工业建筑改造项目的效益。

BIM 技术以建筑信息化三维模型为核心，利用强大的数据支撑和软件支撑能力，协同建设工程项目全信息，实现虚拟建造，全面提升建设工程项目施工技术和精细化管理水平，大幅提高质量、加快进度、降低成本，推动旧工业建筑保护与再利用的热情。具体应用如下：

①施工前可通过 BIM 技术进行施工模拟，提前发现施工过程中的重点、难点以及风险因素等，并做好准备工作。例如，在施工前可通过 BIM 技术对建筑内部空间的重组进行模拟；或者提前将改造中的各类管线进行碰撞检测与优化，减少施工过程中的碰撞问题，确定合理的管线排布方案。

②施工过程中，BIM 管理平台可以实现对各种资源的实时管控。借助 BIM 技术，企业可对施工过程中的质量、进度、成本、安全等进行控制，帮助改造者实时掌握与控制材料需求量、改造的实际进度、施工过程中的质量和安全问题等。

3）运营维护阶段的应用

我国《物业管理条例》（2003.6）及《国务院关于修改部分行政法规的决定》（2016.1）中规定，物业管理是指业主通过选聘物业服务企业，由业主和物业服务企业按照物业服务合同约定，对房屋及配套的设施设备和相关场地进行维修、养护、管理，维护物业管理区域内的环境卫生和相关秩序的活动。

随着城市化进程的加快，房地产产业的变革，传统意义上的"物业管理"（Property Management）的管理范畴过于综合，管理层次不够清晰，尤其是对于智能建筑、绿色建筑、生态社区的新型建筑无法实现专业化管理以及无法满足建立"高效、安全、健康、舒适"的人居环境的服务要求。

BIM 技术可以将改造后的旧工业建筑中各种设备的功能参数与建造过程中的参数进行整合，如空间位置、安装时间、施工单位、材料信息等，建立关联关系，使得各种设备信息处于准确、完备的状态。通过传感网与 BIM 技术的融合，管理建筑的物理、能耗等方面的运行数据，监控建筑的运行状态，优化建筑的运营方案。另外，通过 BIM 软件实现空间优化、资产管理优化，提高利用效率，最大化资产收益，实现旧工业建筑改造项目的增值。

《既有建筑绿色改造评价标准》于 2015 年 12 月正式发布，2016 年 8 月 1 日正式实施，其中将改造项目中运用 BIM 技术列为加分项。目前 BIM 技术在我国正处于快速发展期，由于需考虑应用 BIM 技术的成本以及 BIM 技术的成熟度，目前还不能应用于旧工业建筑的改造项目中。但是随着 BIM 技术的进一步发展与普及，应用 BIM 技术进行旧工业建筑改造将在不久的将来成为现实，而它也将提升改造效果，更好地实现旧工业建筑的保护与再利用。

6.2.3 改造模式创新

通过分析我国多个城市的旧工业建筑保护与改造再利用的效益，发现改造模式是形成差异的主要原因之一。改造不仅要选择符合自身工业特色的改造模式，更要根据社会发展的动向选择新兴的发展模式，不能选择单一重复的改造模式。当下有众创空间模式正在渐渐兴起，2015 年 3 月 2 日，国务院办公厅印发《关于发展众创空间推进万众创新创业的指导意见》指出的第一个任务就是构建一批低成本、便利化、全要素、开放式的众创空间。

众创空间是顺应创新 2.0 时代用户创新、开放创新、大众创新趋势，把握全球创客浪潮兴起的机遇，根据互联网及其应用深入的发展、知识社会创新 2.0 环境下的创新特点和需求，通过市场化机制、专业化服务和资本化途径构建的新型创业服务平台的统称，是众多创业活动在特定地理空间的集聚，所形成的复杂创业生态系统。作为众多的创业者积聚创业的实体空间式众创空间，众创空间基于创客精神促进创客不断成长，为创客们提供社区互动平台与生活休憩场所；作为孵化技术创新、商业创意、促进创业的空间，众创空间是孵化新技术与新商业模式的土壤；作为丰富多样的创业资源集聚空间，众创空间为创业资源和创客们的对接，搭建创业的基础设施平台，同时也是一系列创业政策的集成空间。旧工业建筑经合理改造后完全满足众创空间的要求，理应加以合理的利用。

众创空间模式是旧工业建筑保护与再利用的一种新的探索，旧工业建筑的保护与再利用不可拘泥于一种形式或者生硬地复制，而是应顺应政策与时代发展，结合其自身特色与优势寻求新的突破。

旧工业建筑保护与再利用的积极理念和巨大意义是毋庸置疑的，其产生的巨大经济与社会效益也是我们有目共睹的。尽管实践中还缺乏系统理论的指导，很多问题亟待解决，但随着设计总体水平的提高，问题会慢慢解决。旧工业建筑的改造不同于在白纸上做新建筑，更需要设计师有强烈的责任心及严谨的态度。对旧建筑改造更新的研究还需更多学者关注，需要更多的设计师投入到具体的设计实践中，更加积极地利用这些旧工业建筑，并不懈地努力，使其为当代社会经济文化需求服务，让旧工业建筑真正回归到人们的日常生活中来。希望不久的将来，陕西省内能够出现一批具有自己特色的优秀的旧工业建筑再利用项目。

陕西省旧工业建筑数量庞大，拥有巨大保护与再利用价值，而目前省内旧工业建筑保护与再利用处于起步阶段，之后需要政府有关部门、社会各界学者和专家的共同努力，在借鉴国内其他优秀案例的基础上，顺应社会发展潮流，借助于新技术和新材料，打造出独具陕西特色的旧工业建筑保护与再利用的模式。

参考文献：

[1] 李剑锋. 旧工业建筑改造与更新策略研究 [D]. 太原：太原理工大学，2012.
[2] 王海松，臧子悦. 适应性生态技术在工业遗产建筑改造中的应用 [J]. 华中建筑.2010
（9）:41 − 44.

[3] 魏军涛 . 既有建筑的绿色改造 [D]. 太原：太原理工大学，2010.

[4] 杨洵 . 城市更新中工业遗存再利用研究——以重庆为例 [D]. 重庆：重庆大学，2009.

[5] 李金奎 . 从旧工业建筑改造到高校建筑空间拓展的初探 [D]. 长沙：湖南大学，2011.

[6] 郭雪成 . 旧工业建筑场所重塑研究 [D]. 哈尔滨：哈尔滨工业大学，2008.

[7] 彭立磊 . 旧工业建筑再利用过程中问题与对策研究 [D]. 西安：西安建筑科技大学，2008.

[8] 张宇 . 旧工业建筑的适应性再利用研究 [D]. 杭州：浙江大学，2007.

[9] 李亦哲 . 旧工业建筑改造与再利用的策略与方法研究——以"柳州工业博物馆"项目为例 [D]. 广州：华南理工大学，2014.

[10] 王源 . 旧工业建筑保护与再利用设计研究 [D]. 西安：西安建筑科技大学，2008.

[11] 刘慧君 . 旧工业建筑改造中的表皮更新设计研究 [D]. 青岛：青岛理工大学，2012.

[12] 王静 . 旧工业建筑绿色节能改造技术的应用研究 [D]. 西安：西安建筑科技大学，2015.

[13] 欧阳玮 . 旧工业建筑再利用中表皮再设计研究 [D]. 青岛：青岛理工大学，2010.

[14] 张京成，刘立永，刘光宇 . 工业遗产的保护与利用——"创意经济时代"的视角 [M]. 北京：北京大学出版社，2013.

[15] 杨彩虹 . 初探绿色技术在旧工业建筑改造中的应用 [J]. 煤炭工程 . 2012（9）:23-25.

[16] 梁扬 . 既有工业建筑民用化绿色改造设计策略研究 [D]. 合肥：合肥工业大学，2014.

[17] 何关培，王轶群，应宇垦 . BIM 总论 [M]. 北京：中国建筑工业出版社，2011.

[18] 陈旭 . 旧工业建筑（群）再生利用理论及实证研究 [D]. 西安：西安建筑科技大学，2010.

致　谢

随着陕西省工业经济结构的调整和转型升级不断加快，全省区域工业分布结构发生了重大变化。旧工业建筑的闲置量不断增加，也有很多工业建筑物由于政策的原因，在服役不久就被政府和企业责令拆除，没有对工业建筑充分利用，在造成社会资源极大浪费的同时也对周边环境形成一定的威胁。

在对全陕西省范围内旧工业建筑存在现状及分布情况进行实地调研的基础上，本书对陕西省旧工业建筑保护与再利用进行分析总结。通过对旧工业建筑进行不同的分类统计，发现存在的问题、探索再利用的模式、寻找各厂房和旧址的保护途径。最后结合风险管理理论，形成旧工业建筑保护与再利用管理模式及风险应对体系，为企业和政府决策提供理论支撑。本书不但介绍了相应的理论知识，并列举了大量陕西省旧工业建筑改造再利用的案例，案例中包含了创意产业园模式、体育场馆模式、展览中心模式、商业改造模式、综合开发模式以及其他的保护和再利用模式，力求使更多的读者对旧工业建筑保护与再利用有更深的认识。

如今的城市面貌千篇一律，很难凸显特色、彰显风采，但旧工业建筑作为工业发展的载体，见证了城市的进步、承载着人类的工业文明，可以显现出与其他建筑不同的特有属性。希望我们出版的图书可以对陕西省旧工业建筑保护与再利用提供一定的帮助和提示，这也是我们最大的心愿。

本书的编写离不开许多人的帮助和支持，我的内心充满着深深的谢意：

首先感谢陕西省住房和城乡建设厅付涛、赵鹏、韦宏利，陕西省建筑标准设计办公室主任梁晓农，陕西省城建档案工作办公室樊兵高级工程师和陕西省工信厅王武军副厅长，是他们不辞劳苦的帮助和全力支持，我们的调研工作才得以完成。

感谢陕西师范大学商学院武增海副教授对我们一贯的支持和信任，感谢他给予我们调研前期的指导，教我们如何利用现有的资源去有效地收集信息，分类归纳处理信息。

感谢汉中市城建档案馆的黄晓刚馆长和汉中市无线电管理处的刘江处长对我们汉中调研工作的大力支持与帮助。

感谢榆林市城建档案馆的申波馆长，给我们提供关于榆林地区旧工业建筑的信息，并对重点项目进行详细介绍；感谢榆林市无线电管理处的姜风北处长给予我们的关心和慰问。

感谢延安市城建档案馆的张红霞馆长以及延安市无线电管理处的李红兵处长，为我们耐心解答各种疑惑和困难。

感谢宝鸡市城建档案馆的彭军伟馆长和彭金荣主任，不仅为我们的调研工作提供查阅资料，还给予参与调研的学生们悉心的关心和照顾；感谢蔡家坡经济开发区挂职副区长杜强（长安大学管理学院副教授）老师，给我们提供了调研的思路，对我们的研究方向以及框架结构提出建设性的意见。

感谢安康城建档案馆的徐启平馆长和南庆亚老师对我们安康调研工作的大力支持与帮助。

感谢咸阳市科学技术协会的亚斌建主席，为我们实地走访和项目深入研究提供相关帮助，让我们可以顺利完成咸阳市的调研工作。

谨此书稿付印之际，再次衷心地对以上帮助过我们以及给予指导的单位、个人及相关工作人员表示感谢。正是有了这些帮助和鼓励才使我们一直拥有不断进取的动力。本人水平有限，书中难免有疏漏和错误之处，敬请各位指正。

2017 年 2 月于西安